U0186785

赤水河流域酒文化廊道

黄小刚 著

光明日报出版社

图书在版编目（CIP）数据

赤水河流域酒文化廊道 / 黄小刚著. -- 北京：光
明日报出版社，2023.6
ISBN 978-7-5194-7336-5

Ⅰ.①赤… Ⅱ.①黄… Ⅲ.①酒文化－研究－西南地
区 Ⅳ.①TS971.22

中国国家版本馆CIP数据核字（2023）第116396号

赤水河流域酒文化廊道
CHISHUIHE LIUYU JIUWENHUA LANGDAO

著　　者：黄小刚	
责任编辑：郭思齐	责任校对：史　宁　蔡晓亮
封面设计：小宝工作室	责任印制：曹　净

出版发行：光明日报出版社

地　　址：北京市西城区永安路106号，100050

电　　话：010-63169890（咨询），010-63131930（邮购）

传　　真：010-63131930

网　　址：http：//book.gmw.cn

E－mail：gmrbcbs@gmw.cn

法律顾问：北京市兰台律师事务所龚柳方律师

印　　刷：北京圣美印刷有限责任公司

装　　订：北京圣美印刷有限责任公司

本书如有破损、缺页、装订错误，请与本社联系调换，电话：010-63131930

开　　本：170mm×240mm			
字　　数：250千字		印　　张：15.75	
版　　次：2023年6月第1版		印　　次：2023年6月第1次印刷	
书　　号：ISBN 978-7-5194-7336-5			
定　　价：68.00元			

序

    酒是人类社会一项重要的饮食发明，是人类饮食文明的重要组成部分。在世界各个角落，几乎都有酒的存在，都盛行着各具特色、各具风格的酒文化内容。酒，作为一种饮品，早已渗透到社会生活的方方面面，成为人们寄托情怀、舒缓压力、驱逐苦恼、抚慰彷徨、交流感情的重要载体。酒文化，作为一种研究对象，也被诸多研究者从不同视角展开了长久研究，形成了有关酒文化内涵与外延、酒文化习俗、酒文化遗产、酒文化产业、酒文化建设等诸多研究成果。但是以文化生态与文化廊道为理论视角，从纵向的历史演进与横向的地理拓展，对酒文化的生成、传播、流变及其发展进行研究，本书当属首创，具有显著的创新性和学术价值。

    赤水河是中国长江上游南岸的一条支流，因河流含沙量高、水色赤黄而得名。古称赤虺河、安乐水、大涉水等，发源于云南省镇雄县，穿流于云南、贵州、四川三省交界处，在四川省合江县汇入滚滚长江。"集灵泉于一身，汇秀水而东下"。赤水河不仅生态优美，而且盛产优质白酒，酿酒历史悠久，酒文化底蕴深厚，被誉为"美酒河"，是一条铺陈在中国西南地区的酒文化廊道。

一、这里孕育了众多的全球知名白酒品牌

    "上游是茅台，下游望泸州。船到二郎滩，又该喝郎酒。"赤水河流域沿线汇聚了中国白酒领域众多知名品牌，尤其以茅台为代表的酱香型白酒品牌，是赤水河流域独一无二的地理性标识，推动赤水河谷成为世界级酱香型白酒核心产区。地处赤水河流域中游的仁怀市、习水县、古蔺县是酒企分布最集

中、酒业经济最发达、白酒品类最丰富、酒文化内容最富集的地区。赤水河流域作为世界酱香型白酒的主产区，由仁怀市、习水县和古蔺县所构成的区域则是该主产区的核心，是世界酱香型白酒的核心产区，也是赤水河流域酒文化廊道最为核心的区域。

提起赤水河，大家首先想到的是毛主席带领中央红军长征期间创造的"四渡赤水"伟大奇迹，是川黔古盐道上船夫们低沉整齐的号子，是一摔成名、香飘世界的茅台美酒。事实上，赤水河流域从其源头到入江口，几乎所经过的每一个县市都有自己的白酒品牌，如其源头所在的云南省镇雄县生产小曲清香型赤水源头酒、威信县有号称云南第一酒的云曲酒、毕节市有毕节大曲、金沙县有金沙回沙酒、仁怀市有茅台酒、习水县有习酒、赤水市有赤水老窖、古蔺县有郎酒、叙永县有稻香村酒、合江县有普照酒等。其中仁怀市茅台镇、习水县习酒镇、古蔺县二郎镇依托其独特环境，所生产的茅台酒、习酒和郎酒成为当前赤水河流域直接流经区域最具影响力的白酒品牌。尤其是茅台酒，无论其产值、市值抑或社会影响力等，都是当之无愧的中国白酒行业龙头。

除了赤水河直接流经的县市之外，其所辐射的遵义市、泸州市其他地区同样具有悠久的酿酒历史和赓续不断的酿酒传统，且形成了遵义市董酒、湄潭窖酒、鸭溪窖酒以及泸州老窖等众多知名白酒品牌，这些多元而又独特的白酒品牌代表着不同发展历史、不同酿造工艺以及不同香型结构的多元化酒体，是赤水河流域酒文化廊道最直观的呈现。

二、这里荟萃了厚重的酒文化遗产资源

赤水河流域沿线分布着丰富多彩的酒文化遗产，这些宝贵的酒文化遗产不仅类型多样，而且拥有极高的历史价值、文化价值和艺术价值。出土于遵义市务川自治县的春秋战国时期的蒜头壶和出土于仁怀市城区东郊云仙洞遗址的以大口樽为代表的商周时期陶制酒器和酒具等，无不向我们诉说着生活在赤水河流域的古代先民成熟的酿酒技艺和高超的酒器制作技艺；习水县大合水出土的《侍饮图》更是直观而生动地呈现出了古代先民的酒文化习俗和规范，表现了古代先民丰富多彩的酒文化生活；茅台酒酿酒工业遗产群、习

水县土城镇春阳岗糟房等酿酒遗址遗迹的发掘，不仅进一步证实了赤水河流域悠久的酿酒历史，更将一幅古代酿酒图徐徐铺展开来，为我们营造出一种置身古代酿酒作坊的现场感。

近年来，随着国家对非物质文化遗产的逐渐重视，赤水河流域在历史发展进程中不断传承、创新发展的各种酿酒技艺也开始受到关注，并被纳入各级非物质文化遗产名录予以保护。如茅台酒酿制技艺和泸州老窖酿制技艺于2006年被列入第一批国家级非物质文化遗产名录、郎酒传统酿造技艺于2008年被列入第二批国家级非物质文化遗产名录、董酒酿制技艺于2021年被列入第五批国家级非物质文化遗产名录、习酒酿造技艺于2014年被列入遵义市第三批非物质文化遗产名录等。

此外，在数千年的历史动态发展过程中，赤水河流域沿线还形成、积淀和传承了诸多关于茅台酒、习酒、郎酒等白酒品牌的传说故事、诗歌等非物质文化遗产内容。这些分布于赤水河流域沿线、传承于当地老百姓中间的物质与非物质文化遗产，有些已作为文物被保护起来，有些在当代社会经济发展的新背景下得以活态传承与发展，它们共同构成了赤水河流域丰富的酒文化遗产体系，成为赤水河流域酒文化廊道的重要组成内容。

三、这里汇聚了格外迷人的酒文化景观

生活在赤水河两岸的淳朴人民不仅善于酿酒，世代传承和延续了独特的酿酒工艺，而且基于酿酒这一生产活动而创造了独特、迷人的酒文化景观。那一排排整齐划一、错落有致的白酒酿造厂房和车间沿赤水河流域呈带状分布；一片片红彤彤、沉甸甸的糯红高粱在赤水河两岸的有机种植基地自由舒展；以茅台酒荣获巴拿马万国博览会金奖为主题的1915广场和摔破的酒罐雕塑格外显眼；浓缩我国悠久酒文化历史与精髓、展现茅台悠久酒文化发展历史的中国酒文化城宏大而又精致；呈现酱香酒酿造历史和工艺特色的《天酿》演艺剧场犹如四只巨大的酒坛矗立在西山之巅，俯瞰着茅台镇酒文化的当代书写；被誉为"天下第一瓶"的茅台酒瓶巨型模型代表着茅台镇兼容并包的酒文化发展特点；明清时期遗留下来的酿酒设施和设备见证了茅台镇酒文化发展的悠久历史；茅台小镇里依山而建的黔北民居鳞次栉比、错落有致等。

这些格外迷人的酒文化景观，见证了赤水河流域源远流长的酒文化发展历史，展现了赤水河流域深刻的酒文化内涵，是赤水河流域酒文化廊道不可分割的重要组成部分。

赤水河流域是中国白酒文化的重要发祥地，是世界酱香型白酒的核心区、原产地和主产区。本书对赤水河流域酒文化的生成动因、历史流变、线性延展等进行系统回顾、梳理和剖析，对赤水河流域酒文化在当下的存续与保护，以及对未来可持续发展的探讨，都将对我国酒文化遗产系统性保护与利用以及创造性转化与创新性发展产生积极作用，推动我国酒文化走向世界，促进我国酒文化在当代的国际化传播与发展，塑造并提升我国酒文化的国际形象和国际地位。

黄小刚博士出生在茅台镇，是喝赤水河水长大的，对这条母亲河有特殊的情感。他以赤水河流域酒文化在历史时间轴和地理空间面作为考察研究对象，以线性文化廊道理论为支撑，穷数年之功，终成《赤水河流域酒文化廊道》一书，既是一种创新思考的结果，更是一种探索精神的体现，我们期待他坚守本心，不断推出新成果。

云南省社科联原主席、华中师范大学特聘教授　范建华

2023 年 3 月

CONTENTS 目 录

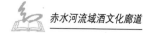

绪 论

第一节　选题缘起与研究意义

一、选题缘起

中华酒文化源远流长，我国古代先民早在数千年前就通过谷物发酵而获得了酒，成为一代又一代的人品饮、沉醉的重要饮品之一，并围绕酒这一独特饮品而形成了多姿多彩的酒文化内容，成为中华民族饮食文化的重要组成部分。在浩瀚的历史长河中，酒始终伴随着中华民族的不断繁衍和社会的不断发展而传承、发展至今，呈现出复杂多元的历史发展特点，形成了当代社会普遍存在而又各具特色的酒文化内容体系。沿赤水河流域广泛分布的悠久、多元而丰富的酒文化内容是我国酒文化的重要构成部分，赤水河流域酒文化发展所呈现出的独特历程、特点及其影响，是我国酒文化发展史上的特殊现象，具有显著的学术研究意义。

（一）赤水河流域独特地理空间

赤水河在秦汉时期被称为"鳛水"，因西南夷君长之一的鳛部所治而得名；后汉至两晋时期称为"大涉水""安乐水"；唐代时期称为"赤虺河"；明代时期，因在今四川省叙永县设置赤水卫，又将"赤虺"改为"赤水"，此后赤水河之名一直沿用至今。赤水河流经不同地域时，当地百姓又赋予了赤水河多样化的称谓。如在仁怀市段曾被称作"仁怀河""茅台河"，在习水县段被称作"安乐溪""小江"，在古蔺县段被称作"齐郎水""枝溪"，在合江县段被称作"之溪"等。赤水河流域作为长江上游南岸的一级支流，发源于云南省镇雄县赤水源镇银厂村，主要流经云南省镇雄县、威信县，贵州省毕节市七星关区、金沙县、仁怀市、习水县、赤水市和四川省古蔺县、叙永县、合江县3省10县市区域，是长江上游唯一一条没有修筑大坝的支流。赤水河干流全长436.5千米，流域面积19007平方千米。[①]现代地理学通常将赤水河划分为上游、中游和下游三段，其中贵州省仁怀市茅台镇以上河段为上游，茅台镇至赤水市丙安镇河段为中游，丙安镇以下至四川省合江县河段为下游。赤水河上游的毕节、遵义一带系大娄山西南端东北向"华夏系"构造与"黔西山字型"构造体系脊柱南北向构造交互带，地形复杂，局部海拔1500余米，是赤水河与乌江的分水岭。而从茅台镇至合江县这一中下游河段则是沿"古蔺山字型"构造体系脊柱南北向挤压断裂带分布，并于合江县城东北角汇入长江。

赤水河地处云贵高原向四川盆地过渡地带，冬季干旱少雨，夏季高温多雨，冬季最低气温约为-5℃，夏季最高气温约为39℃，年平均气温在15℃~20℃。[②]降雨方面，每年6月至9月是赤水河流域的雨季，降雨频繁而集中，这一时期的降雨量占全年降水量的60%左右，冬季则是赤水河流域的干季，降雨量稀少，12月至次年1月降水量仅占全年的4%。[③]黄壤广泛分布在赤水河流域上中游地区，每年6月至9月的降雨集中时期，大量黄壤在雨水的冲蚀下汇入赤水河，使得赤水河呈现出浑浊赤黄且水流湍急的状态，这也是赤水河名称的由来。随着降雨量的减少，赤水河复又逐渐变得清澈而缓慢。赤水河这种随四季更替、季节变换而呈现出的水质和水量差异也成为沿线区域开展酿酒活动的客观条件之一，塑造了赤水河流域端午制曲、重阳下沙这一重要酿酒程序安排和重阳祭水这一民间酒文化习俗。

① 黄真理.自由流淌的赤水河——长江上游一条独具特色和保护价值的河流［J］.中国三峡建设，2008（3）：11.

② 黄真理.自由流淌的赤水河——长江上游一条独具特色和保护价值的河流［J］.中国三峡建设，2008（3）：11.

③ 黄真理.自由流淌的赤水河——长江上游一条独具特色和保护价值的河流［J］.中国三峡建设，2008（3）：11.

（二）赤水河流域酒文化历史悠久

赤水河流域酒文化发展历史悠久。有学者根据历史资料认为，"最迟在殷周时期，中国酒文化已进入一个发达阶段"①。关于赤水河流域具体于何时出现了酿酒活动虽尚无定论，根据现有历史文献记载和考古发掘，学界大多倾向于将赤水河流域开始较大规模开展酿酒活动的肇始时间定位于西汉。从历史文献记载看，《史记·西南夷列传》记载了汉使唐蒙在南越初次品尝枸酱，后又问蜀贾人南越的枸酱从何而来，贾人回答曰："独蜀出枸酱，多持窃出市夜郎。"②这成为有关赤水河流域酒酿造活动的最早记载。从出土酒文物来看，1983年在泸州市新区麻柳湾出土的汉代画像石棺"巫术祈祷图"，展示了两个巫师相对举起酒器进行祭祀活动的场面；1987年在泸州市区出土的汉代画像石棺"宴饮图"，表现了汉代家庭宴饮的场景，表明在汉代时期，酒已经进入人们的日常生活中，成为人们日常饮食中的重要内容之一。此外，还有在习水县土城镇天堂口汉代墓葬中出土的大量陶酒坛、陶酒甑、陶酒杯等陶制酿酒与饮酒器具等，都表明在两汉时期的赤水河中下游地区已经形成了较为繁盛的酒文化。

赤水河流域酒文化具有历史延续性。赤水河流域酒文化始终处于不断的流变与发展之中，从未中断过。酒作为一种基于谷物发酵而形成的饮料，是以相对发达的农业和足够的粮食剩余为基础的。从西汉开始，历代统治者都会根据社会经济发展情况采取相应的酒类管理政策。每当遇到灾荒或食物短缺年代，统治者几乎都会采取禁酒政策，以限制酿酒，确保充足的粮食供给；而当社会经济较为繁荣稳定、粮食充足的情况下，酒又会成为拉动社会经济发展、实现国家财政增收的重要来源。赤水河中下游地区相对开阔、肥沃的土地和便捷的水源，尤其是随着大批汉人进入带来先进的生产技术，促进了这一区域农业经济的发展，为酒文化的发展奠定了物质基础。同时，由于地处偏远，受国家酒类管理政策限制较小，甚至统治者因该区域湿寒、多瘴疠的地理环境而"驰酒禁"，对该地区实施较为宽松的酒类管理政策，为酒文化的繁荣提供了较为宽松的发展环境。可以说，基于不同时代社会生产力的发

① 龚若栋.试论中国酒文化的"礼"与"德"[J].民俗研究，1993（2）：61.
② 司马迁.史记：西南夷列传[M].北京：中华书局，1982：2294.

展水平、统治阶级对酿酒业的态度与管理以及社会人文活动与酒的互动等多元化因素的共同作用，推动了赤水河流域酒文化始终处于不断传承与传播的历史进程中，在历史的流变与发展过程中积淀了丰富的酒文化内容和深厚的酒文化底蕴，成为我国酒文化的重要发祥地之一。

（三）赤水河流域酒文化遗产丰富

赤水河流域沿线分布的众多酒文化遗产，是赤水河流域古代先民们留给当代社会的宝贵财富。这些多元丰富的酒文化遗产中，从遗产类型上看，既有以窖池、作坊、酒器等为代表的物质文化遗产，也有以酿造技艺、传说故事等为代表的非物质文化遗产。从遗产级别上看，既有以茅台酒传统酿造工艺、泸州老窖传统酿造工艺、郎酒传统酿造工艺以及董酒传统酿制技艺等为代表的国家级非物质文化遗产，也有以仁和曲药制作技艺、习酒酿造工艺、天宝洞贮酒技艺空间、金沙酱香型白酒酿造技艺等为代表的省、市级非物质文化遗产。此外，还有以泸州老窖窖池及酿酒作坊、茅台酒酿酒作坊等为代表的国家工业遗产等。如何保护好、利用好这些丰富而又宝贵的文化遗产资源，促进赤水河流域酒文化在当代社会实现可持续发展，是当代社会亟须解决的重大课题。

（四）赤水河流域酒文化品牌多元而集中

赤水河流域是全国白酒产业最为发达、白酒文化品牌最为多元而集中的区域之一。从上游的云曲窖酒、金沙回沙酒、董酒、珍酒、湄潭窖酒，到中游的茅台酒、国台酒、怀酒、习酒、郎酒，再到下游的赤水老窖、稻香村、泸州老窖等，不同香型、不同工艺和不同发展历史的多元化知名白酒品牌依次分布在赤水河流域两岸，可谓集美酒于一身，赋予了赤水河名副其实的"美酒河"称号。在这些多元化的白酒品牌中，既有诸如茅台酒、泸州老窖等全国知名，乃至在全球都具有一定影响力的白酒品牌，也有云曲窖酒、怀酒等知名度和影响力都相对较弱的区域性白酒品牌；既有诸如茅台酒、泸州老窖等发展历史悠久的古老品牌，也有国台酒、习酒等在当代新崛起的白酒品牌；既有以茅台酒为代表的酱香型白酒品牌，有以泸州老窖为代表的浓香型白酒品牌，也有以郎酒为代表的兼香型白酒品牌和以董酒为代表的药香型白酒品牌。这些多元化白酒品牌在赤水河流域两岸的汇聚与发展，充分彰显了赤水河流域独特的白酒酿造环境和发达的白酒产业发展现状，在历史的发展进程中逐渐创造并积淀了丰厚的白酒文化内容，成为我国乃至全球罕见的白酒文化富集区。

（五）赤水河流域酒文化分布呈现出显著的廊道整体性

赤水河流域酒文化的分布与发展具有明显的廊道整体性，这种廊道整体性的形成和发展与赤水河流域在古代政治、经济、军事和文化发展中的廊道作用密切相关。地处我国西南地区云贵高原向四川盆地过渡地带的赤水河，系长江流域上游的一级支流，是散布在广袤中华大地上的众多河流之一，在西南地区崇山峻岭间默默流淌了数千年。然而，正是这样一条地处祖国西南边陲山区、水量并不太大的普通河流，却在我国古代政治、经济、军事和文化等方面都发挥了重要作用，成为"我国南方丝绸之路的重要支柱"①。西汉时期，赤水河是西汉王朝在巴蜀向"西南夷"腹地推进的重要军事廊道；东汉时期，赤水河是巴蜀繁盛之地向"西南夷"腹地传播先进文化技术的经济廊道；西晋时期，赤水河是"西南夷"腹地向巴蜀地区移民的民族迁徙廊道；明清时期，赤水河是川盐入黔、皇木采办、滇铜黔铅进京的重要航运廊道。近现代以来，赤水河流域则是中国工农红军长征途中"四渡赤水出奇兵"的历史见证，还是黔北经济区和川南经济区的连接廊道。可见，赤水河流域自古以来就是我国重要的政治、经济、军事和文化廊道，对沿线区域的社会发展、经济合作与文化交流等产生了巨大的促进作用。

酒文化作为赤水河流域多元文化内容的重要组成部分，也是极具特色的构成内容，正是在赤水河流域鲜明的廊道作用推动下得以沿流域不断传播与发展。同时，赤水河流域独特的地质地貌、优质水源以及气候环境等自然生态环境又为酒文化的发展提供了必要的基础。因此，对赤水河流域酒文化的研究，尤其是对其发展历史的研究，就不能仅仅以现代行政区划的条块分割

---

① 张铭，李娟娟.赤水河在"南方丝绸之路"中的支柱意义研究［C］//刘一鸣.赤水河流域历史文化研究论文集（一）.成都：四川大学出版社，2018：257.

为基础，针对某个市、县或镇进行探究，也不能仅仅以某个酒企或酒品牌为对象进行分析，而是要将赤水河流域酒文化发展视为一个在地理空间上表现为沿赤水河流域线性分布的整体，从整体性、大尺度的宏观视野上对赤水河流域酒文化的整体发展进行讨论。

随着赤水河流域沿线的茅台酒、郎酒、习酒、泸州老窖酒等众多知名白酒品牌的崛起及其产生的巨大社会影响，赤水河也被赋予了更多的神秘感，被称为"美酒河"。这更多是从赤水河流域两岸酒厂林立、酒业发达、知名酒品牌汇聚的经济现象出发给予的评判，而当代赤水河流域沿线不仅酒产业发达，本身也有着悠久的酒文化历史。新时代我国社会主要矛盾从人民日益增长的物质文化需要同落后的社会生产之间的矛盾转变为人民日益增长的美好生活需要和不平衡不充分的发展之间的矛盾，表明我国社会已经从之前的物质资料相对匮乏，以解决人民大众温饱问题为主的"物质经济时代"迈入了物质资料极大充裕，以满足人民大众精神文化需求为主的"文化经济时代"，人民大众对精神文化的诉求愈加强烈，对生活品质的要求越来越高，以满足精神文化需求为目的的消费越来越成为当代社会消费的主流。对于酒产业而言同样如此。人们对于酒的消费将不再局限于口腹之欲和酒精带来的感官刺激，而是更加注重酒的品质、酒的历史等深层次的内涵以及以酒文化为主题的各类相关产品和服务等，人们不仅饮用作为物质性的酒体本身，更体验独特酿酒工艺、感悟酿酒与饮酒文化、追寻酿酒与饮酒历史等作为非物质性的酒文化内容。茅台美好文化建设、郎酒庄园、习酒文化城等文化发展战略的提出和文化项目的建设，无不表明文化建设越来越成为赤水河流域白酒产业发展转型的重要方向。而要成功实现白酒产业在当代的文化转型，通过回溯历史，弄清楚自身文化的来龙去脉，并从优秀的传统文化中汲取营养，推动优秀传统文化的创造性转化与创新性发展，是当代赤水河流域酒文化建设与发展的重要路径选择。

因此，本书从历史学和文化地理学的视角出发，以文化生态和文化廊道为理论支撑，深入阐释赤水河流域作为一条酒文化廊道的深刻内涵及其形成原因，并将其置于历史发展的长河之中，系统分析该廊道在不同历史阶段的发展流变过程，进而从整体上对赤水河流域酒文化的发展历史进行勾勒与呈现。同时，赤水河流域酒文化廊道多元丰富的酒文化遗产是赤水河流域酒文化悠久发展历史的见证，是赤水河流域传统酒文化的当代遗存，也是赤水河流域酒文化廊道的核心构成，对其进行科学保护与合理利用是当代赤水河流域酒文化建设与发展的重要途径，是推动赤水河流域酒文化廊道实现可持续发展的必然要求。但是对赤水河流域酒文化的保护与利用必须是可持续的，通过科学保护与合理利用，实现传统酒文化在当代的创造性转化与创新性发展以及赤水河流域酒文化廊道在当代的历史延续与发展。

二、研究意义

从现有关于酒文化的研究成果来看，从文化廊道的整体性视角探讨赤水河流域酒文化廊道形成及其发展流变方面鲜有系统研究成果出现。因此，探讨赤水河流域酒文化廊道的形成原因及其历史流变以及在当下的发展现状和发展策略等，无论是从理论上还是从实践上无疑都具有重要意义。

（一）理论意义

1.进一步拓展西方文化线路与遗产廊道理论的本土化实践

文化廊道理论是在欧洲文化线路理论和美国遗产廊道理论引入国内后演变形成的本土化理论，其理论核心与文化线路或遗产廊道理论并无二致，始终强调文化遗产或文化资源的线性分布、动态发展和交流互动，是线性文化遗产的主要形式。赤水河流域作为线性分布的流域空间，沿线分布着多元而独特的酒文化遗存，分布着多样化的酒文化资源，是一条中国独有、世界罕见的酒文化廊道，对该廊道的探索必将进一步拓展和丰富文化廊道理论的具体实践。

2.进一步丰富文化生态理论

文化生态理论作为一项由西方引进的、历史尚短的最新理论成果，是学术前辈们在长期研究过程中不断总结提炼出来的新知识，为当代学人进行文化研究与分析提供了一个新的视角和新的工具。赤水河流域作为一条线性分布的酒文化廊道，其沿线居民与所处自然环境、社会环境在长期互动过程中塑造了独特的酒文化形态，形成了独特的酒文化生态。从横向与纵向的角度，结合酒文化廊道的形成与流变，探讨该生态的发展演变历程，分析其现状与问题，并就该生态的保护与未来发展提出策略性思考，必将进一步丰富文化生态理论在国内的具体应用。

3.进一步丰富人地关系理论

人地关系描述的是人类与其所处地理环境之间的互动关系，是一种不以人的意志为转移的客观存在，对这种客观存在的主观认识与理解构成了人地关系理论。酒文化资源或文化景观作为赤水河流域酒文化生态的基础单元，是沿线居民在长期认识、适应、利用与改造自然环境过程中逐渐形成和积淀下来的文化特质。探索赤水河流域酒文化廊道，必然就要对流域沿线不同历史时期的人地关系模式及其影响进行分析，是对人地关系理论的进一步丰富与拓展。

4.进一步丰富酒文化研究成果

现有关于酒文化研究的成果大多围绕酒器、酒俗、酒政等酒文化的某一层面展开，抑或对酒文化的内涵进行学理探讨、分析酒与文学、酒文化与旅游互动发展等，对酒文化形成与发展的过程及其生态环境缺乏系统研究，尤其是针对赤水河流域这一独特线性空间，探索围绕这一空间形成的酒文化廊道的动态发展、重要价值、当下现状、发展困境及未来策略等进行系统探讨更是鲜有触及。为此，从文化廊道理论视角出发，对赤水河流域酒文化廊道的形成原因、历史流变、当下现状与困境及其可持续发展策略等进行系统探讨，有助于拓宽酒文化研究理论视角，丰富酒文化研究成果宝库。

（二）实践意义

一是有助于对赤水河流域酒文化资源及其存续状态进行系统梳理与分析，构建起较为系统全面的赤水河流域酒文化资源库，打破现有相对零散、独立的酒文化资源研究状况，为后续研究奠定坚实的资料基础。

二是有助于从整体上梳理赤水河流域酒文化发展历史，呈现出赤水河流域酒文化发展的历史脉络及流域沿线各区域酒文化之间的互动关系。

三是有助于对当地酒文化保护、传承与发展中存在的问题及其成因进行诊断，并提出相应的调适与优化策略，为推动当地酒文化实现可持续发展、促进酒业经济发展提供有益参考。

四是有助于系统构建赤水河流域酒文化廊道，为沿线各区域实现酒业经济跨区域合作与带状发展、酒文化资源整合利用与协作开发等提供理论参考与策略选择。

第二节　国内外研究综述

一、国内研究现状

（一）赤水河流域酒文化研究

赤水河流域独特的地质地貌环境、优质的水源以及独特的气候和微生物环境孕育了茅台酒、习酒、郎酒等众多知名白酒品牌，在历史发展过程中积淀了厚重的酒文化内涵，成为名副其实的"美酒河"。近年来，对赤水河流域酒文化的历史挖掘、文化保护、文化利用等主题研究日益受到大批学者关注，形成了诸多研究成果。这些多元化的研究成果不仅推动了该区域酒文化的理论研究与实践发展，研究成果本身也是对这一区域酒文化内容的进一步丰富与拓展。通过对中国知网等学术平台上刊载的近年来有关该区域酒文化研究成果梳理来看，针对单个酒类及其相关文化研究较多，以酿造环境、酿造工艺、酿造历史等主题居多，且主要集中在茅台酒、郎酒、习酒、泸州老窖等知名品牌，其余相关酒类及其文化研究很少涉及，反映了酒业发展水平及其品牌知名度与相应的酒文化研究成正相关关系。从赤水河流域整体视角对该区域酒文化的探讨则相对较少，以酒文化旅游研究为主。

1. 关于酿造环境的研究

赤水河流域独特的地质地貌、水质、气候以及微生物环境是孕育沿线多姿多彩的酒体及其酒文化的独特环境，沿线居民正是在充分认识、适应和利用这些独特地理环境的基础上创造了多元而丰富的酒文化内涵。关于酿造环境的研究，尤以茅台酒最为突出。李聪聪等人[①]在分析地质环境、水质、微生物三者与茅台酒生产之间关系的基础上认为，离开茅台镇生产不出同样品质

---

① 李聪聪，熊康宁，苏孝良，等.贵州茅台酒独特酿造环境的研究［J］.中国酿造,2017（1）: 3.

的茅台酒，这是茅台镇独有的自然地理环境所致。王恺[①]则从茅台酒异地生产的失败案例着手，探讨了茅台酒酿造环境的无法复制性和独有性。范光先等人[②]依托茅台酒股份有限公司技术中心对茅台酒生产中的微生物环境展开研究，通过对茅台集团厂区生产环境、人居生态环境、自然生态环境的土壤、空气中的微生物进行了分离、鉴别和保藏。在分离出来的147种微生物中，至少有50种微生物与茅台酒制曲、制酒过程中出现的微生物一致，足见茅台镇独特的微生物环境对茅台酒生产的重要影响。黄萍[③]认为特殊的"茅台群"地层、优质的酿造水源、移不走的气候环境和独有的微生物种群共同构成了茅台酒独特的酿造环境，是茅台酿造区域文化景观遗产的重要特征。

2.关于酿造工艺的研究

酿造工艺是实现粮食和水等原料向酒转变的关键环节，是人类创造的独特酒文化内涵的重要组成部分，是先辈们代代传承而留存下来的重要文化遗产。赤水河流域的白酒酿造工艺以其独特性而被列入各级非物质文化遗产名录，如茅台酒酿制技艺、泸州老窖酒酿制技艺被列入第一批国家级非物质文化遗产名录；郎酒传统酿制技艺被列入第二批国家级非物质文化遗产名录；董酒酿制技艺被列入第五批国家级非物质文化遗产名录，同时董酒酿制技艺还被认定为国家机密予以保护；习酒酿造技艺被列入第三批遵义市级非物质文化遗产名录等。随着现代经济的发展，传统白酒酿造技艺和流程逐渐公开化，有关白酒酿造技艺的表述与研究越来越多。如赵金松等人[④]指出，泸州老窖酒以高粱为主要酿造原料，以中高温大曲为主要酿造曲药，通过泥窖发酵，按照开放式操作生产、多菌密闭共酵、续糟配料循环、常压固态甑桶蒸馏、精心陈酿勾兑等工艺酿制而成，其主体香味物质是己酸乙酯。沈毅等人[⑤]指出，郎酒"酿造周期为1年，通过2次投粮、9次蒸煮、8次发酵、7次取

① 王恺.茅台酒的不可复制："天"、"人"纠葛 [J].今日科苑，2007（13）：102-104.

② 范光先，王和玉，崔同弼，等.茅台酒生产过程中的微生物研究进展 [J].酿酒科技，2006（10）：76-77.

③ 黄萍.景观遗产与旅游应用——国酒茅台的区域案例 [J].文化遗产研究，2011（9）：154-168.

④ 赵金松，张宿义，周志宏.泸州老窖酒传统酿造技艺的历史文化溯源 [J].食品与发酵科技，2009（4）：7.

⑤ 沈毅，许忠，王西，等.论酱香型郎酒酿造时令的科学性 [J].酿酒科技，2013（9）：43.

酒，再经常年洞藏、盘勾勾兑、精心调味而成，具有'端午制曲、重阳下沙'的时令特点，以及'四高两长'的工艺特点和'酱香突出、优雅细腻、酒体醇厚、回味悠长、空杯留香持久'的风格特点"，并认为"端午制曲、重阳下沙"作为郎酒酿造工艺的重要组成部分，"符合自然变化规律、微生物学原理、生化反应原理和资源的合理利用，具有很强的科学性"。[①]事实上，整个赤水河流域酱香型白酒酿造几乎都遵循这一传统工艺，这既是充分适应和利用赤水河流域独特地理环境的共同表现，也是酱香型酒文化在赤水河流域的传播与扩展所致。然而，人类总是富于创造的，共性之中也有其特殊性。一方面，同为传统酱香型白酒酿造工艺制作出来的茅台酒、习酒、郎酒等酱香型白酒因其地理环境以及人工酿造过程中的偏差，尤其是储酒、勾调等层面的差异最终形成了不同口感和品质的酱香型白酒。另一方面，以董酒为核心的药香型白酒则在传统酱香型白酒酿造工艺基础上进行创新，贵州遵义董酒厂在1992年就在《酿酒》杂志上详细阐述了其"使用大、小曲作糖化发酵剂；制曲时添加少量中药材；采用特殊窖泥材料；采用独特串香工艺"[②]的独特酿造技艺，生产出具有独特药香的董酒，开创了"药香型"这一独特白酒香型。此外，作为传统酱香型白酒品牌之一的郎酒，早在20世纪七八十年代就通过工艺创新，生产出兼具酱香和浓香特质的兼香型白酒——郎泉酒。2002年，郎酒公司改制后则将"郎泉酒"更名为"新郎酒"，成为郎酒旗下兼香型白酒主打品牌。杨大金等人指出，兼香型新郎酒通过在酿造环节和勾兑环节上的创新而形成了两种不同的酿造工艺，这两种不同工艺的最终结果都是形成了兼有浓香和酱香特点的兼香型新郎酒。其中，在酿造环节的创新主要是"采用大曲酱香型白酒和浓香型白酒相结合的生产工艺"；在勾兑环节的创新则是通过"分型发酵，按酱香、浓香各自的工艺特点分型发酵产酒，分型贮存，按比例勾兑成型"。[③]可见，无论是对酱香型白酒和浓香型白酒生产工艺的有机结合，还是分别按照酱香型白酒和浓香型白酒生产工艺独立生产与贮存之

① 沈毅,许忠,王西,等.论酱香型郎酒酿造时令的科学性［J］.酿酒科技,2013（9）:48.
② 贵州遵义董酒厂.董酒工艺、香型和风格研究——"董型"酒探讨［J］.酿酒,1992（5）:55.
③ 杨大金,蒋英丽,邓皖玉,等.浓酱兼香型新郎酒的发展及工艺创新［J］.酿酒科技,2011(4):53-54.

后再按一定比例进行勾兑，兼香型郎酒的酿造都必须对酱香型白酒和浓香型白酒的生产工艺尤为熟悉。可以说，兼香型郎酒是在充分掌握传统酱香型和浓香型白酒酿造工艺的基础上，对二者进行整合与创新的智慧结晶。

3.关于酿造历史的研究

龚若栋根据历史资料认为，"最迟在殷周时期，中国酒文化已进入一个发达阶段"[①]，但是关于赤水河流域具体于何时出现了酿酒活动却尚无定论，根据现有历史文献记载和考古发掘，学界大多倾向于将赤水河流域较大规模开展酿酒活动的肇始时间定位于西汉。从历史文献记载来看，《史记·西南夷列传》记载了汉使唐蒙在南越初次品尝枸酱，后又问蜀贾人南越之枸酱从何而来，贾人回答曰："独蜀出枸酱，多持窃出市夜郎。"[②]这成为有关赤水河流域酿酒活动的最早记载。从考古发掘来看，习水县土城镇天堂口汉代墓葬中出土的大量陶酒坛、陶甑、陶酒杯等陶制酿酒与饮酒器具再现了两汉时期赤水河流域发达的酿酒业和繁荣的酒文化。

宋代是我国古代商品经济较为发达繁荣的时期。宋代不仅延续了自汉代以来实行的官榷制度，以强化酒的专卖权，还发展壮大了独特的以私人承包经营为核心的买扑制度。刘超凤等人认为"宋代酒品买扑制度主要经历'募民买扑''酬奖衙前''募民买扑'再回归和'实封投状法'四个阶段"[③]，不同发展阶段反映了宋代政府针对酒业市场进行的宏观管理政策调整，但其始终围绕国家酒业收入与酒业产权控制为核心诉求。宋代时期，赤水河流域中下游地区隶属于潼川府路，路以下的各州、府分别设立酒务坊场作为基层酒业行政管理机构，负责对酒坊、酒场进行管理。禹明先指出，遵义新舟出土的宋代陶制豪华酒瓶正是"宋代滋州行政当局向播州杨氏等馈赠'滋州风曲法酒'时用的酒瓶"[④]，滋州正是今赤水河畔习水县土城镇所在地。这表明早在宋代时期，赤水河流域已经形成了较为成熟的以陶制酒器设计与制作为核心的酒器文化。现流传于土城镇旁边隆兴镇的制陶工艺或许正是滋州陶艺文化历

① 龚若栋.试论中国酒文化的"礼"与"德"[J].民俗研究，1993（2）：61.
② 司马迁.史记：西南夷列传[M].北京：中华书局，1982：2294.
③ 刘超凤，郭凤平，杨乙丹.宋代酒类买扑制度的演变逻辑[J].兰台世界，2016（24）：133.
④ 禹明先.美酒河探源[C]//刘一鸣.赤水河流域历史文化研究论文集（一）.成都：四川大学出版社，2018：119.

史发展的遗存，已于2009年入选遵义市第二批非物质文化遗产保护名录。

明清时期赤水河航运通道的开发极大地推动了沿线商业经济发展，"川盐走贵州，秦商聚茅台"，尤其是川盐入黔的推动，使得大批商人汇聚赤水河流域主要口岸和集镇，不仅形成了茅台村"偈盛酒号"等大型卖酒商号，还引入了"略阳大曲"等制酒必需品，推动了沿线酿酒产业的聚集和发展，促进了赤水河流域酒文化的交流与传播。正是赤水河航运通道的开发以及以川盐入黔为核心的航运经济的发展，为酒文化沿赤水河流域的传播与发展创造了必要的条件。

近代以来，尤其是改革开放以来，赤水河流域酒业经济取得快速发展，达到历史最繁荣阶段。郭旭认为："茅台酒在巴拿马国际博览会获奖，成为人们津津乐道的话题；1935年与途径茅台的红军将士发生广泛联系，建国后一跃而成为国酒"[①]是对近代茅台酒发展历史的集中概况，并进一步从生产情形、技术发展、新品类形成的影响、茅台酒文化的形成与传播以及限制茅台酒发展的因素等视角对近代茅台酒发展历史进行分析。胡云燕则以贵州酒文化博物馆馆藏文物为切入点，对茅台酒酿造历史进行梳理，认为在"明末清初，仁怀市茅台镇出现了在烤过酒的糟子里加入新原料——高粱（当地俗称'沙'），再进行发酵、烤酒的'糙沙'工艺，茅台酒'回沙'工艺初具雏形"，到了民国初年，"'两次投料，八次发酵，七次取酒'的茅台酒独特的'回沙'工艺基本形成"[②]。

4.关于酒器的研究

酒器不仅是一种容器，更是酒文化的物质载体，不同时期、不同材质、不同形状和不同功能的酒器充分反映了特定时空下独特的酒文化内涵。酒瓶作为白酒流通必不可少的载体，是承载优质白酒的物质载体和沟通企业与消费者的重要桥梁，酒瓶文化研究也成为赤水河流域酒器研究中最为突出的部分。蔡炳云是酒瓶文化研究的积极倡导者，她认为酒瓶文化"是以酒瓶为载体的及其有关的各种文化现象的总称，它包含人们对造瓶、用瓶、藏瓶、赏瓶的全部思维和行为"，"酒瓶是盛酒容器，酒文化与瓶文化同缘共存，酒瓶

---

① 郭旭.中国近代酒业发展与社会文化变迁研究［D］.无锡：江南大学，2015：241.
② 胡云燕.茅台酒的文化记忆［J］.酿酒科技，2009（4）：114.

文化是酒文化的重要组成部分"。①酒瓶承载着酒的历史，见证着时代的发展。胡云燕②梳理了茅台酒盛酒器具从"支子"、圆形鼓腹瓶到赖茅酒瓶，再到当代经典柱形酒瓶的历史变迁，以酒瓶为载体，呈现出茅台酒文化的历史变迁，反映了当地社会生产力水平的发展历程。酒瓶的设计、制作、收藏等重要酒瓶文化内容，伴随着时代的变迁也呈现出不断丰富和细化的发展趋势。酒瓶文化作为酒文化的重要构成部分，其发展演变的历史不仅构成了酒文化发展演变历史的重要一环，也见证和反映了不同时代酒文化的发展状况和发展特点。事实上，乾隆以前，赤水河流域盛酒用的器具大多以"支子"为主，这是一种经过特殊加工的竹篓。通过在竹篓内部糊上猪血、生石灰和皮纸，再经当地出产的桐油浸泡，就能在一定程度上避免酒体泄漏，体现了在当时社会生产力条件下当地居民的智慧创造。每个"支子"能够容纳50千克的酒体，"支子"较为轻便，当地居民挑着盛满美酒的"支子"沿街叫卖或对外运输。除了用"支子"盛酒贩运与叫卖，固定的零售点则以各种陶制酒坛为主，消费者如需购买酒喝，则需要自备盛酒器皿，极为不便。乾隆二十年前后，在茅台地区开始出现了专门用于盛酒的小型酒器，这是一种大约能容纳250克酒体的圆形鼓腹陶瓶，当地人形象地称为"罐罐儿"。"罐罐儿"的出现，不仅极大地方便了消费者购买和携带不同酒体，也丰富了酒器的类型，促进了酒器的发展。1915年，在巴拿马万国博览会上获奖的茅台酒正是装在这种"罐罐儿"里面，这种"罐罐儿"古朴粗糙、其貌不扬，受到西方人的藐视，以至于参展方选择了摔罐的方式，让美味的茅台酒扑鼻而来，充斥着整个展厅和每个人的嗅觉，茅台酒也因此"一摔成名"。关于茅台酒在参展过程中的"摔罐"这一故事，也有人认为是在搬移盛装着茅台酒的"罐罐儿"过程中意外摔落，而非故意为之。至于茅台酒"一摔成名"是参展方有意为之还是意外收获，并非本书探讨的重点。本书对"支子"和"罐罐儿"的论述，主要在于强调不同历史时期赤水河流域酒瓶的变迁与特点。关于这种早期盛酒用的"支子"和"罐罐儿"，现今收藏于贵州酒文化博物馆内，作为赤水河流域

<hr />

① 蔡炳云.加强酒瓶文化研究，促进白酒产业发展［J］.泸州职业技术学院学报，2011（3）：46.

② 胡云燕.茅台酒的文化记忆［J］.酿酒科技，2009（4）：115-116.

酒器文化的典型代表，见证和反映了赤水河流域酒文化的发展历史。

5.关于酒文化传承与发展的研究

酒文化是一个动态的发展过程。长期的酒业经济和酒文化发展为当代社会积淀了丰厚的酒文化遗产。面对这些宝贵遗产，我们既需要取其精华，对优秀酒文化遗产进行历史传承与弘扬，也需要结合酒文化遗产特点和时代需求进行创造性转化与创新性发展，这是推动酒文化在当代实现可持续发展的根本诉求，也是当代酒文化研究的重点关注领域。酒文化遗产保护以及酒文化旅游产业发展作为相互关联的两方面，是当下酒文化传承与发展的普遍路径选择。李聪聪等人①结合世界文化遗产评定标准和要求，对茅台酒酿酒区域遗址的遗产构成和文化价值进行阐述，对茅台酒酿酒区域遗址保护与发展以及申请世界文化遗产具有指导意义。何琼②以文化生态理论为观照，探讨了茅台古镇文化生态的唯一性，并就茅台古镇白酒产业与酒文化传承保护提出了相应策略。探索赤水河流域酒文化的旅游产业开发是目前针对该区域酒文化传承与发展的重点研究领域。如杨娟③从赤水河流域整体视角出发，认为丰富的酒俗酒史、以酒厂为核心的酿酒设施、独特的酿酒工艺以及多元化的酒具是赤水河流域独特而集中的酒文化旅游资源，并提出了开发赤水河流域酒文化旅游的实施对策。吴晓东④则以四川省泸州市、宜宾市和贵州省遵义市所构成的"白酒金三角"区域为对象，探讨了该区域依托丰厚的酒文化资源发展酒文化旅游的具体策略。郭旭等人⑤分析了中国酒都仁怀市发展酒文化旅游产业的资源条件与存在的问题，认为其发展酒文化旅游产业须以酒文化为核心，整合各种旅游资源，多策略组合运用，进而构筑起酒文化旅游发展体系。刘姗和吴红梅⑥以国外工业旅游资源开发模式为借鉴，从资源禀赋、区位条件、

① 李聪聪,熊康宁,向延杰.贵州茅台酿酒区域的世界文化遗产价值 [J].酿酒科技,2016(12): 122-125.

② 何琼.文化生态视野下茅台古镇文化保护与发展研究 [J].酿酒科技, 2016 (10): 127-130.

③ 杨娟.赤水河流域酒文化旅游开发研究 [J].传承, 2011 (9): 58-59.

④ 吴晓东.中国"白酒金三角"的酒文化旅游开发策略 [J].中国商贸, 2011 (10): 140-141.

⑤ 郭旭,周山荣,黄永光.基于酒文化的中国酒都仁怀旅游发展战略 [J].酿酒科技,2016(4): 106-110.

⑥ 刘姗,吴红梅.白酒企业工业旅游开发研究——以贵州茅台酒厂为例 [J].酿酒科技, 2013 (10): 109-113.

开发程度、开发前景等方面对茅台酒厂发展工业旅游进行分析与阐述。

总体而言，学术界对赤水河流域酒文化研究的关注度越来越高，酒文化研究成果数量呈增长趋势，但是对酒文化的研究始终滞后于酒产业的发展，酒文化对酒产业发展的先导作用不足。此外，还存在整体性不足、过度集中、理论研究不足等局限，对该领域的未来研究需重点关注和弥补现有研究上的缺陷。

一是缺乏对赤水河流域酒文化的整体性研究。现有研究成果较为零散化和具体化，要么在地域上以茅台镇、二郎镇、习酒镇等知名酒镇的酒文化保护、利用为核心，要么在内容上以酿造工艺、酿造环境等单一具体问题为主，要么在品牌上以茅台酒、郎酒、习酒、泸州老窖等知名白酒品牌的发展历史、酿造工艺为研究焦点，缺乏从整体上对赤水河流域酒文化进行宏观阐述与分析，对赤水河流域不同区域、不同白酒品牌之间的历史渊源、交流互动关系研究不足。从宏观上看，赤水河流域酒文化作为一个整体，具有较强的区域性和独特性，是以赤水河流域独特地理环境，尤其是以中下游地区为核心而形成的独特酒文化形貌。这一独特文化形貌与国内其他地区酒文化形貌具有明显的差异性，彰显了该区域酒文化的独特性。从微观上看，赤水河流域酒文化整体由内部具有异质性的不同酒文化区构成，这些文化区之间既相互关联，又相互区别。因此，深入开展赤水河流域酒文化研究，必须坚持系统论和整体性的观点，将赤水河流域酒文化视为一个复杂而完整的生命有机体，从整体上探索这一有机体的生长与发展过程及其机制，分析有机体内部各组成部分及各部分之间的相互关系。

二是对赤水河流域酒文化研究的内容过度集中。从现有研究文献来看，关于赤水河流域酒文化研究在内容上主要集中在酿造环境、酿造工艺和酒文化旅游三方面，酒俗、酒器、酒史、酒政等酒文化的其他重要内涵等方面研究严重不足。酒文化具有丰富而深刻的内涵，赤水河流域酒文化研究不仅需要加强酿造环境、酿造工艺等自然科学研究，更要加强酒俗、酒器、酒史等人文科学研究，从多角度、多层面挖掘和丰富赤水河流域酒文化内涵，构建赤水河流域多元复杂的酒文化内容体系。

三是以应用研究为主，缺乏理论提炼与探索。赤水河流域作为孕育了众多知名白酒品牌的"美酒河"，在历史发展中积淀了丰厚的酒文化内涵。然而，现有成果大多从较为具象的酿造环境、酿造工艺、酒器等视角展开对该区域酒文化的分析研究，就文化现象而论文化现象，缺乏对该区域酒文化独特内涵的形成与发展进行理论上的提炼与阐述，对酒文化现象背后的复杂关系与理论内涵分析不足。因此，需要从文化廊道、文化生态、人地关系、文化变迁等理论视角出发，深入分析酒文化现象背后的深层次关系，探索人类、环境、酒文化三者之间的互动关系，提升酒文化研究的理论深度。

（二）文化廊道研究

文化廊道是在欧洲文化线路和美国遗产廊道理论引入国内后逐渐形成的一个本土化概念。首都师范大学陶犁教授是文化廊道概念的开创者和积极倡导者。陶犁教授在《"文化廊道"及旅游开发：一种新的线性遗产区域旅游开发思路》一文中，首次提出了"文化廊道"的概念，主要是指"以建立在历史时期人类迁移或交流基础上的通道文化为基础，并拥有代表线路空间自然与文化环境的特殊文化景观，由通道、节点和线路辐射区域共同组成的线（带状）空间，它代表了多维度的商品、思想、知识和价值的持续交流，具有历史的动态演变特点"[①]。事实上，文化廊道是对西方遗产廊道和文化线路的本土化解读与综合性整合，三者在核心理念上并无差异，都强调文化遗产的线性分布与互动交流，只是文化线路重点关注线路的文化意义和社会意义，强调线路文化的交流互动及其影响力，且具有明显的欧洲性倾向。遗产廊道则更加关注线性文化景观和文化资源分布，在强调沿线文化意义的同时，更加关注基于文化资源和文化景观的产业发展与经济振兴。文化廊道则是对二者基于中国国情的本土化创造，既从文化性与社会性的视角强调文化遗产的线性分布、互动交流与动态演变，也从经济性视角强调沿线文化遗产的产业开发，尤其是作为一种新的旅游开发思路被关注。就现有研究成果来看，对文化廊道的直接研究较为不足，在中国知网中以"文化廊道"为主题词进行搜索，仅有5篇文章，而明确探讨文化廊道的仅2篇，分别是陶犁、王立国等人

---

① 陶犁．"文化廊道"及旅游开发：一种新的线性遗产区域旅游开发思路［J］．思想战线，2012（2）：100．

于2012年发表的《"文化廊道"及旅游开发：一种新的线性遗产区域旅游开发思路》和《文化廊道范围计算机旅游空间构建研究——以西南丝绸之路（云南段）为例》。鉴于文化廊道与文化线路、遗产廊道在核心理念上的一致性和现有文化廊道研究的稀缺性，回顾和梳理国内文化线路和遗产廊道研究历程与成果，就成为开展文化廊道研究的一种路径选择。

1.关于文化线路的研究

在理论内涵层面。李伟、俞孔坚[①]二人发表的《世界文化遗产保护的新动向——文化线路》一文首次将起源于欧洲的文化线路引入国内，开创了国内文化线路研究先河。随后，姚雅欣、李小青以"文化线路"的马德里共识为基础，探讨了文化线路的多维内涵，指出文化线路是"融会有形遗产与无形遗产的'非物质形式的熔炉'，为民众的精神世界提供历史的注解和诠释"[②]，文化线路与线性文化景观之间具有一定的差异性，二者之间并不是相等的关系。相比而言，文化线路更能够细化和深化"文物史迹网"的构建。吴建国[③]认为文化线路是与一定历史时间与空间相联系的人类迁徙、交往的路线，文化线路的内容是人类社会文化与自然的有机结合，具有线性文化景观多样性、跨文化性以及价值构成多元性等显著特征。章剑华[④]从历史与现实相续、人文与自然合一、时间与空间的多维度以及遗产价值多元化4个层面强化了文化线路的判定标准。王丽萍[⑤]认为文化线路必须由物质和非物质要素共同构成、与其所依存的环境之间具有密切联系、具有整体跨文化性和典型的动态性特征。从以上关于文化线路的探讨中可以发现，文化线路是在历史动态发展过程中形成的，从内容上看既有物质性文化内容，也有非物质性文化内容。文化线路反映了人类与所处地理环境之间的互动关系以及人类社会自身的历史发展进程。

在价值评定层面。文化线路作为一个跨区域、动态性、复杂性文化区域，

① 李伟，俞孔坚.世界文化遗产保护的新动向——文化线路 [J].城市问题，2005（4）：7–12.

② 姚雅欣，李小青."文化线路"的多维度内涵 [J].文物世界，2006（1）：9–11.

③ 吴建国.以世界文化遗产的视角看南方丝绸之路——兼谈南方丝路申报世界文化线路遗产问题 [J].中华文化论坛，2008（12）：159–164.

④ 章剑华.江苏文化线路遗产及其保护 [J].东南文化，2009（4）：7–11.

⑤ 王丽萍.文化线路：理论演进、内容体系与研究意义 [J].人文地理，2011（5）：43–48.

具有历史价值、文化价值、生态价值、经济价值等多元价值。如崔鹏[1]认为，浮梁茶文化线路具有重大的文化价值、历史价值、生态价值和旅游价值。周剑虹[2]从时间性、空间性和功能性三个维度探讨了文化线路的重要价值。莫晟[3]从文化线路视域下探讨了清江流域不同商路的发展问题，认为其具有历史价值、美学价值、科技价值和生态价值等。陈静秋[4]重点探讨了沧州运河文化线路的遗产价值和功能价值。李博等人[5]则从地域文脉、线路内容、跨文化性、动态性和地理环境等层面探讨了万里茶道湖南段的特殊价值。每一条文化线路都具有其独特的价值，总体而言，绝大多数文化线路都具有历史价值、文化价值、生态价值、旅游价值、经济价值等多元化价值。

在线路保护层面。文化线路作为文化遗产保护的一种新方式，对文化线路的保护始终伴随着文化线路理论研究与实践操作的各个层面。吕舟[6]认为，构建一个跨区域、跨部门、高效率的遗产保护体系是保护和管理文化线路的有效方式。李林[7]以"丝绸之路"文化遗产保护为切入点，从整体性保护战略和跨国合作保护机制层面构建起"丝绸之路"文化遗产保护体系。单霁翔[8]指出，需要从遗产调查、保护规划、法律法规建设及阐释方法4个维度开展文化线路遗产保护。杨福泉[9]基于茶马古道文化线路保护现状，认为需强化沿线合作、制定统一规划，并提出切实可行的保护措施。王薇[10]在分析梅关古道具体构成基础上，提出了由点到线、再到面的层级式整体性保护模式。都铭[11]重点

① 崔鹏.试论茶马古道对浮梁茶文化线路构建的意义［J］.农业考古，2011（2）：216-219.

② 周剑虹.文化线路保护管理研究［D］.西安：西北大学，2011.

③ 莫晟.文化线路视域下的清江流域商路研究［D］.武汉：华中师范大学，2012.

④ 陈静秋.从文化线路的角度看明清大运河的演变与价值研究［D］.北京：北京理工大学，2015.

⑤ 李博，韩诗洁，黄梓茜.万里茶道湖南段文化线路遗产结构初探［J］.湖南社会科学，2016（4）：136-140.

⑥ 吕舟.文化线路构建文化遗产保护网络［J］.中国文物科学研究，2006（1）：59-63.

⑦ 李林."文化线路"与"丝绸之路"文化遗产保护探析［J］.新疆社会科学，2008（3）：95-99.

⑧ 单霁翔.关注新型文化遗产：文化线路遗产的保护［J］.中国名城，2009（5）：4-12.

⑨ 杨福泉.茶马古道研究和文化保护的几个问题［J］.云南社会科学，2011（4）：57-61.

⑩ 王薇.文化线路视野中梅关古道的历史演变及其保护研究［D］.上海：复旦大学，2014.

⑪ 都铭.大尺度遗产与现代城市的有机共生：趋势、问题与策略［J］.规划师，2014（2）：102-106.

强调遗产保护与城市发展之间的统筹关系，提出了"遗产—城市"共生的保护模式。邓军①认为川盐入黔古道遗产体系需要沿线各地协同参与，进行整体性、多层次的保护与利用，探索川黔渝跨省（直辖市）际大型文化线路保护利用新路径。温泉、董莉莉②探讨了从整体分级保护、动态延续、主题强化等层面对重庆工业遗产进行保护利用。钟灵芳、郑生③以红军长征路线为例，从协调一致、法规先行、以点带面、强化保障等层面探讨了红军长征路线的保护策略。文化线路是一个跨区域、大尺度的文化空间。这就决定了对文化线路的保护必须以整体性的视角，通过跨区域、跨部门、跨领域之间的协同与合作，按照不同主题，从关键节点、线路走向、辐射范围等层面，推动对文化线路进行整体性、动态性、协同性保护。

在线路开发层面。旅游开发是文化线路开发最主要的形式。王啸④认为，西北丝绸之路存在旅游资源开发不足、发展不协调等问题，最终导致其资源价值挖掘不够、旅游产业发展滞后等困境。刘小方⑤以茶马古道滇藏线为研究对象，认为该线路上的旅游产品较为分散和孤立，沿线各地区旅游市场不均衡和交通通达性等极大地制约了沿线旅游发展，强调申报遗产是推动沿线旅游产业发展的重要途径。赵娜⑥指出，蜀道文化线路旅游产业发展面临基础设施落后、旅游产品挖掘不深入、区域合作不足以及缺乏合理的发展规划和有效的环境保护等亟待解决的困境，提出了从宏观、中观和微观三个层面强化秦岭生态度假旅游区的开发模式。李芳⑦则认为滇越铁路沿线旅游发展面临资源开发程度不足、产业发展缺乏整体考虑等问题，提出需从区域合作、创意

① 邓军.文化线路视阈下川黔古盐道遗产体系与协同保护［J］.长江师范学院学报,2016（6）：19-25.

② 温泉，董莉莉.文化线路视角下的重庆工业遗产保护与利用［J］.工业建筑,2017（增刊）：54-57.

③ 钟灵芳，郑生.线性文化遗产的保护研究——以红军长征路线为例［J］.中外建筑,2018（12）：21-23.

④ 王啸.西北丝绸之路旅游的文化价值及其开发［D］.西安：陕西师范大学,2004.

⑤ 刘小方.中国文化线路遗产的保护与旅游开发［D］.成都：四川师范大学,2007.

⑥ 赵娜.基于蜀道文化遗产线路的秦岭山地生态度假旅游发展与布局研究［D］.西安：西安外国语大学,2014.

⑦ 李芳，李庆雷，李亮亮.论交通遗产的旅游开发：以滇越铁路为例［J］.城市发展研究,2015（10）：57-62.

策划、旅游宣传等层面强化沿线旅游开发。大部分文化线路汇聚了诸多高品质的历史、人文、自然、民族等多元化旅游资源，为旅游产业开发提供了良好的基础和条件，因而旅游开发也就成为当下对文化线路进行开发利用的普遍选择，很多文化线路本身也是知名的旅游线路。然而，对文化线路进行旅游开发过程中的文化内涵挖掘深度不够、跨区域合作与联动发展不足、重开发利用轻保护传承等问题似乎也成为大部分文化线路旅游开发中存在的普遍性难题。

2.关于遗产廊道的研究

2001年，北京大学的王志芳和孙鹏[①]发表了《遗产廊道——一种较新的遗产保护方法》一文，首次将美国遗产廊道理念引入国内，为国内遗产保护提供了一种新的研究视角，标志着遗产廊道理论研究在国内的起步。随后，北京大学的李伟和俞孔坚[②]延续了对遗产廊道的研究，他们以遗产廊道为支撑，探索了大运河整体性保护的实施框架。国内现有关于遗产廊道的研究成果集中表现为以下几方面。

在遗产廊道的价值解读层面。俞孔坚、李迪华等人[③]以京杭大运河为例，认为大运河在文化遗产、沿运河区域生产生活基础设施、国家生态安全等多个层面存在可持续利用价值，并指出构建京杭大运河遗产廊道是推动大运河沿线文化、经济、生态等可持续发展的重要途径。奚雪松[④]则以京杭大运河济宁段为对象，指出其具有重要的生态和文化价值，并提出通过判别、评估、保护与管理的步骤构建大运河遗产廊道。吴其付[⑤]则将研究视角转向西部民族地区，从文化、生态、经济等多重价值层面详细论证了构建藏彝走廊遗产廊道的现实意义。袁姝丽[⑥]则从民族民间传统手工艺角度切入，并以整体性

① 王志芳,孙鹏.遗产廊道——一种较新的遗产保护方法 [J].中国园林,2001（5）：86–89.

② 李伟,俞孔坚,李迪华.遗产廊道与大运河整体保护的理论框架 [J].城市问题,2004（1）：28–54.

③ 俞孔坚,李迪华,李伟.京杭大运河的完全价值观 [J].地理科学进展,2008（2）：1–9.

④ 奚雪松.实现整体保护与可持续利用的大运河遗产廊道构建——概念、途径与设想 [M].北京：电子工业出版社,2012.

⑤ 吴其付.藏彝走廊与遗产廊道构建 [J].贵州民族研究,2007（4）：48–53.

⑥ 袁姝丽.构建藏彝走廊民族民间传统手工艺文化遗产廊道的可行性研究 [J].西南民族大学学报（人文社会科学版）,2014（11）：21–25.

视角探讨了构建藏彝走廊民族民间传统手工艺文化遗产廊道的可行性及其价值。王丽萍①在系统梳理滇藏茶马古道文化遗产面临的原真性、整体性问题基础上，分析了滇藏茶马古道遗产廊道所具有的历史、遗产、文化教育、旅游、生态、经济等多维价值。同文化线路类似，绝大多数遗产廊道都具有历史价值、文化价值、生态价值、旅游价值、经济价值等多元化价值。

在遗产廊道的构建层面。俞孔坚、朱强等人②提出了构建中国大运河工业遗产廊道的具体设想及其策略。李春波等人③以京杭大运河天津段为对象，结合运河沿线遗产分布格局，对运河遗产廊道宽度的确定进行了深入分析。王肖宇等人④探索了构建清文化遗产廊道的可行性问题，并以此实现清文化遗产的保护与管理。詹嘉等人⑤从区域经济发展的角度，对构建景德镇陶瓷之路遗产廊道进行理论上的分析与展望。王雁⑥对齐长城遗产廊道构建进行了初步探索，王新文等人⑦则对大西安"八水"遗产廊道构建进行了分析。张定青等人⑧重点探讨了大西安渭河水系遗产廊道的系统构建问题。王亚南等人⑨以遗产廊道构建为研究视角，重点探讨了城市绿地系统规划建设问题。可见，遗产廊道的构建涉及廊道文化内容、廊道空间范围、廊道发展历史、廊道主题定位等问题。

在遗产廊道保护与管理层面。现有关于遗产廊道保护与管理研究，既有

① 王丽萍．遗产廊道视域中滇藏茶马古道价值认识［J］.云南民族大学学报（哲学社会科学版），2012（4）：34-38.

② 俞孔坚，朱强，李迪华．中国大运河工业遗产廊道构建：设想及原理（上篇）［J］.建设科技，2007（11）：28-31．

③ 李春波，朱强.基于遗产分布的运河遗产廊道宽度研究——以天津段运河为例［J］.城市问题，2007（9）：12-15.

④ 王肖宇，陈伯超，毛兵．京沈清文化遗产廊道研究初探［J］.重庆建筑大学学报，2007（2）：26-30．

⑤ 詹嘉，何炳钦，胡伟．景德镇陶瓷之路和遗产廊道的保护与利用［J］.陶瓷学报，2009（4）：570-575．

⑥ 王雁．齐长城遗产廊道构建初探［J］.理论学刊，2015（11）：115-121．

⑦ 王新文，毕景龙．大西安"八水"遗产廊道构建初探［J］.西北大学学报（自然科学版），2015（5）：837-841．

⑧ 张定青，冯涂强，张捷．大西安渭河水系遗产廊道系统构建［J］.中国园林，2016（1）：52-56．

⑨ 王亚南，张晓佳，卢曼青.基于遗产廊道构建的城市绿地系统规划探索［J］.中国园林，2010（12）：85-87．

针对国内特定遗产廊道保护与管理进行的具体分析与深入探讨，也有对以美国为代表的国外遗产廊道保护与管理实践、经验的介绍、总结与启示分析。前者如奚雪松[①]探索了京杭大运河遗产廊道济宁段遗产保护区与生态环境保护区的划定原理及其对应的保护管理策略。王丽萍[②]针对滇藏茶马古道遗产廊道现状，提出了"点、线、面"不同层级的保护策略，并针对不同层级提出了具体的保护管理措施。后者如奚雪松、陈琳[③]从资源、游憩、市场等不同维度分析了美国伊利运河国家遗产廊道的保护管理策略，进而从完全价值认识的视角提出了针对我国遗产廊道保护、管理与发展的实施策略。龚道德等人[④]在分析美国遗产廊道管理的动态性特征与运作机理基础上，认为我国京杭大运河遗产廊道的管理也应该具有动态性，并从文化的高度审视遗产廊道的保护工作，从物质、制度与精神三大维度探讨了我国遗产廊道的保护与管理。

在遗产廊道开发层面。遗产廊道具有极大的经济价值，其经济价值的实现主要依托对廊道沿线资源、景观的产业开发，而旅游开发是现有遗产廊道开发最普遍的经济价值实现方式。吕龙等人[⑤]通过 AHP 和 Delphi 方法，从资源状况、区域社会、空间生境等方面构建了旅游价值评价指标体系，以此分析古运河江苏段不同地段的旅游综合价值。施然[⑥]以京杭大运河为例，构建了遗产廊道旅游开发的时空模式，并通过价值曲线的方法提出了优化遗产廊道的具体路径。王敏、王龙[⑦]则从区域旅游竞合空间维度比较了"点—轴"、核状辐射和网络开发三种模式，指出我国遗产廊道旅游开发中的空间结构应采取"点—轴"开发与圈层开发相结合的梯级网络型结构模式。

① 奚雪松.实现整体保护与可持续利用的大运河遗产廊道构建——概念、途径与设想［M］.北京：电子工业出版社，2012.

② 王丽萍.滇藏茶马古道文化遗产廊道保护层次研究［J］.生态经济，2012（12）：136-141.

③ 奚雪松，陈琳.美国伊利运河国家遗产廊道的保护与可持续利用方法及其启示［J］.国际城市规划，2013（4）：100-107.

④ 龚道德，张青萍.美国国家遗产廊道的动态管理对中国大运河保护与管理的启示［J］.中国园林，2015（3）：68-71.

⑤ 吕龙，黄震方.遗产廊道旅游价值评价体系构建及其应用研究——以古运河江苏段为例［J］.中国人口·资源与环境，2007（6）：95-100.

⑥ 施然.遗产廊道的旅游开发模式研究［D］.厦门：厦门大学，2009.

⑦ 王敏，王龙.遗产廊道旅游竞合模式探析［J］.西南民族大学学报（人文社会科学版），2014（4）：137-141.

从以上关于文化线路和遗产廊道研究成果来看，二者无论是在内涵、价值还是保护与开发路径层面都具有很强的相似性和共通性。现有研究不仅从学理上对二者进行了理论剖析与阐释，而且作为一种新型遗产保护的方式，二者在实践应用中的模式、路径与策略等都具有很强的借鉴性。

（三）文化生态研究

20世纪初，李大钊、冯友兰、梁漱溟等学者曾从生态环境的角度分析文化的差异性和民族性问题，20世纪五六十年代的民族调查高潮也推动了文化生态研究的发展，但始终没有形成系统的文化生态理论。自20世纪90年代文化生态理论引入国内以来，首先在人类学、社会学领域引起了国内广大学者的关注和研究，如吴文藻[①]认为，斯图尔德提出的文化生态理论是将自然科学引入文化研究，具有一定的意义，但是社会科学有其不同于自然科学的独特规律，对社会科学的研究可以借用自然规律去解释但不能完全代替；黄淑娉等人[②]从人类学的角度出发，强调文化对环境的适应不仅要关注技术，还应关注生产力与生产关系之间的关系；司马云杰[③]分别从村落文化生态系统和城市文化生态系统的角度对文化生态理论进行了探讨。随着国内文化生态理论研究日盛，文化生态研究成果日益增多，涉及学科范围也更加广泛，涵盖了人类学、民族学、社会学、文化学乃至经济学等学科领域。

1.关于文化生态的内涵研究

从现有研究成果来看，关于文化生态的内涵主要有两种基本观点：一种观点认为文化生态是指影响文化产生、发展、变迁的外部复合生态环境，侧重研究文化演变与文化生态（包括自然生态）的关系，强调从生态环境的视角对地域文化的产生与发展进行研究，是对斯图尔德文化生态理论的延续与发展。如司马云杰[④]认为，文化生态学是从人类生存的整个自然环境和社会环境中的各种因素交互作用来研究文化产生、发展、变化规律的一种学说，文

① 吴文藻.吴文藻人类学社会学研究文集［M］.北京：民族出版社，1990：333-335.
② 黄淑娉，龚佩华.文化人类理论工作方法研究［M］.广州：广东高等教育出版社，1998：320-321.
③ 司马云杰.文化社会学［M］.北京：中国社会科学出版社，2001：152-155.
④ 司马云杰.文化社会学［M］.北京：中国社会科学出版社，2001：153.

化生态系统则是影响文化产生、发展的自然环境、科学技术、生计体制、社会组织及价值观念等变量构成的完整体系。邓先瑞①认为，人类与其生活的环境是一个密不可分的有机统一体，人类创造的灿烂文化与人类所处环境紧密相连、相依相伴。罗康隆等人②在梳理斯图尔德文化生态观的基础上，认为文化生态不仅仅强调文化对周围环境的单向适应性问题，而且更加强调文化与所处生态环境之间的双向互动与制衡过程，指出正是文化与周围环境的磨合过程以及通过磨合而形成的相互兼容实体，构成了文化生态。江金波在从文化人类学、生物生态学、社会学与哲学、地理学4个层面梳理文化生态理论来源的基础上提出了文化生态学理论的新构架，指出文化生态学"是以文化生态系统为研究对象，着重研究文化群落与其地理环境之间关系的发生、发展及其演变规律的科学"③。文化景观、文化群落、文化生态系统、文化变迁和文化区域是其核心概念。对文化生态的研究就是研究区域人群或族群在创建区域文化过程中，如何通过感知地理环境、开发与利用资源、改造自然界，从而形成区域文化特质与风格，以及在这一过程中的人地关系协调程度如何。

另一种观点把文化类比为生态整体，认为文化生态是各种文化相互作用、相互影响而形成的动态系统，侧重研究不同文化以及文化内部各要素之间的复杂关系。该观点是对前一种观点的进一步深化，前一种观点更加关注文化与其外部环境之间的适应性、互动性等相互关系，这种观点则将关注的视野转向文化系统内部，强调文化系统内部各要素、各类型之间也存在各种有机复杂的关联。并进一步指出，推动文化生态实现可持续发展的重要途径是要协调好文化内部各要素之间的关系，促进文化各要素的和谐共生，从而实现文化生态平衡。如黎德扬等人认为，对文化生态的研究应包括4方面的内容，即"从文化与整体环境的关系中，研究文化的产生、发展、变异规律；研究文化自身的生长和衰亡的内在机制，寻求具体的某种文化的微观结构和特有的功能，及其在整个文化生态系统的地位和作用；研究人类文化的传播和交

---

① 邓先瑞.试论文化生态及其研究意义［J］.华中师范大学学报（人文社会科学版），2003（1）：93-95.

② 罗康隆、刘旭.文化生态观新识［J］.云南师范大学学报，2015（7）：10.

③ 江金波.论文化生态学的理论发展与新构架［J］.人文地理，2005（4）：122.

流的规律；研究文化生态平衡，保障文化的可持续发展"①。同时，他们还指出文化生态系统是一个由多元文化组成的人类文化的整体，该系统具有特定的空间结构和时间结构。孙兆刚认为，"人类所创造的每一种文化都是一个动态的生命体，各种文化吐故纳新、交流互动而形成不同的文化群落、文化圈、文化链，具有自身价值的每一文化群落作为人类文化整体的有机组成部分，为维护整个人类文化的完整性发挥着自己独特的作用"②，这一动态的文化网络即文化生态系统。方李莉③认为，文化生态不仅仅是斯图尔德所强调的人类文化与其所处自然生态环境之间的关系，而是强调人类文化的各个部分是一个相互作用的整体，人类文化正是在历史动态的相互作用过程中历久不衰，导向平衡。刘春花④认为，文化生态是指特定文化各构成要素之间、文化与文化之间、文化与其外部环境之间相互关联制约而达到的一种相对平衡的结构状态，是一个较自然生态更为复杂的系统。

2.关于文化生态的特征研究

文化生态作为一种新的文化研究视角，是对人类文化产生、发展、变化规律及其影响因素的系统性、整体性研究，具有鲜明的特点。如王长乐⑤认为文化生态具有以下几个特点：①时代性和发展性，文化生态是对当代人类精神和观念的体现，任何时代的文化生态都具有本时代的典型特征，而且会随着社会的发展而发展；②有序性和逻辑性，文化生态是一个庞大的体系，该体系中众多的文化现象依据一定的逻辑有序排列；③非组织性和间接作用性，文化生态的形成虽然有外在的规律性和内在的逻辑性，但这些逻辑性和规律性都是社会结构的自然作用，并非社会某个团体和机构的组织结果；④作用渗透性和交互作用性，文化生态的社会作用大量地通过隐蔽途径渗入其他领域，对社会产生基础性影响。戢斗勇⑥认为，文化生态具有整体性、相关性、

---

① 黎德扬，孙兆刚.论文化生态系统的演化［J］.武汉理工大学学报（社会科学版），2003（2）：98.

② 孙兆刚.论文化生态系统［J］.系统辩证学学报，2003（3）：100.

③ 方李莉.文化生态失衡问题的提出［J］.北京大学学报（哲学社会科学版），2001（3）：105.

④ 刘春花.文化生态视野下的大学校园文化建设［J］.湖南文理学院学报，2007（5）：117–119.

⑤ 王长乐.论"文化生态"［J］.哈尔滨师专学报，1999（1）：47–52.

⑥ 戢斗勇.文化生态学［M］.兰州：甘肃人民出版社，2006：84.

有序性、动态性和主体性特征，其中整体性是认识文化生态系统的前提，相关性表现为文化存在和发展的关联性，是文化生态学最基本的理念，有序性强调文化生态系统内部结构的多层次和有序特点，动态性则强调文化生态系统是一个动态开放型稳定系统，主体性是文化生态系统区别于自然生态系统的根本所在。邓先瑞[①]以长江流域文化生态为例，认为文化生态具有整体性、开放性、动态性和人地相关性等特点。

3.关于文化生态的结构研究

任何整体都是由部分所构成，同理，任何一个作为整体的系统都是由一定的要素所构成的，不同的要素按照一定方式结合起来便构成了文化生态系统的特殊结构。谢洪恩[②]将文化生态的结构归纳为纵向的（历时的）建构和横向的（共时的）建构两方面。从历时的纵向来看，文化生态系统在纵向上总是处在不断建构又不断解构的过程之中，形成一个"过去—现在—未来"的历时性链条。从共时的横向来看，文化生态系统拥有一个可在一定程度和能级上涵盖该社会生活各个方面、满足社会各个层次需求的横向网络。黎德扬认为，文化生态系统具有空间结构和时间结构，空间结构反映了文化的横向关联，包括地理位置和种族的空间划分以及不同的结构模型和范围，也叫文化圈或文化环。时间结构强调文化随着时间的推移而不断变迁，"文化是靠传承而延续的，因而有文化链的形成。无论是文化生态系统的整体还是每一个具体的文化，无论是种还是群，都是文化链上的环，文化的历史就是这些环的相互连接，并维系文化的连续性而不至于中断"[③]。可见，文化生态的结构包括横向和纵向两个层面，表现为横向的文化地域延伸与文化内容交流以及纵向的文化传承与发展，正是这一横一纵的独特结构推动了文化生态系统的稳定发展。

---

① 邓先瑞.试论长江文化生态的主要特征［J］.长江流域资源与环境，2002（5）：199–202.

② 谢洪恩，孙林.论当代中国小康社会的文化生态［J］.中华文化论坛，2003（4）：143–144.

③ 黎德扬，孙兆刚.论文化生态系统的演化［J］.武汉理工大学学报（社会科学版），2003（4）：99.

4.关于文化生态的功能研究

文化生态作为一个整体性系统，涉及社会生活的诸多方面，对社会、政治、经济、文化和生态等都具有重要影响，具有不同的功能。黄云霞认为，"一个处于良性循环发展中的文化生态系统将产生一种内在的文化自律，这种自律一方面规范着既有文化因素的创造性发展，另一方面也制约着整体生态系统中恶性因素的产生与蔓延。"①徐建指出，构建良好的文化生态，有助于"使各种文化形式、文化门类、文化形态各展所长、共同进步；有利于以'和而不同，求同存异'的胸怀气度，充分认识并正确对待各种社会现象、文化现象中的丰富性、差异性、兼容性和互补性，充分尊重不同文化的历史传统、价值取向和文化差异，建立良好的文化生态环境，引导人们处理好社会矛盾和精神文化差异，促进不同文化在相互借鉴和竞争中和谐有序地持续发展"②。总体而言，良好的文化生态，有助于推动多元文化交流与文化多样性发展，随着文化的发展，又将反过来促进社会、政治、经济、生态等层面的共同发展。

5.关于文化生态失衡的研究

文化生态失衡主要是多种因素影响而导致的一种文化生态不协调、文化生态污染状态。刘力波③从中国文化生态整体角度出发，认为中国文化生态处于极不平衡的状态，主要表现为："世界历史"的形成客观上从空间维度破坏了中国文化的传播与交流机制；社会转型的被迫开启从时间维度上割裂了中国文化传承与变迁的脉络；西方列强的全方位挑战抑制了中国近代文化的全面发展。孙兆刚④认为，文化多样性受到严重威胁、文化垃圾污染严重是当前文化生态系统失衡的主要表征。方李莉⑤则认为，以西方文化为中心的观念正使得文化圈内的文化种类急剧递减，人类在面临自然环境破坏和自然资源减少的同时，也面临着文化生态的破坏和文化资源减少的文化生态失衡问题。

① 黄云霞.论文化生态的可持续发展［J］.南京林业大学学报（人文社会科学版），2004（9）：46.

② 徐建.论文化生态建设与文化和谐的逻辑互动［J］.胜利油田党校学报，2008（6）：51.

③ 刘力波.文化视域中的马克思主义中国化［D］.西安：陕西师范大学，2007：24–27.

④ 孙兆刚.论文化生态系统［J］.系统辩证学学报，2003（3）：101.

⑤ 方李莉.文化生态失衡问题的提出［J］.北京大学学报（哲学社会科学版），2001（3）：105.

李承贵①认为，当今文化建设中的反生态现象主要表现为文化价值污染、文化解读污染和文化行为污染。戢斗勇②从宏观层面分析了当前文化生态环境失衡问题，认为文化压抑、文化污染和文化入侵是其主要表现。除了文化多样性受到威胁、文化污染严重，韩振丽③指出文化安全问题也是当前文化生态失衡面临的重大问题之一。胡惠林④则从国家文化安全角度出发，认为文化多样性是文化生态的存在形态与结构样式，是文化生态平衡的重要保障机制，文化多样性安全是文化生态安全实现的前提。中国国家文化安全的实现与维护，不仅要确保文化遗产和文化资源的安全，更需要构建基于生态文明系统整体安全观的国家文化安全现代性的新认知系统。可见，文化生态失衡，主要表现为文化入侵、文化多样性受到威胁、文化污染、文化安全等层面，并由此带来文化发展受限和文化生态不协调。面对文化生态失衡，黄云霞⑤认为应从文化生态的整体性与文化功能的整合性、生态理性意识观照下对于文化生态失衡现象的批判以及着眼于文化的未来三个层面维持和推动文化生态可持续发展。

6.关于文化生态与非物质文化遗产的研究

随着非物质文化遗产保护与发展具体工作的开展以及相关研究逐步深入，文化生态理论逐渐成为非物质文化遗产保护与开发研究的重要理论依据，成为众多学者借以分析和阐述非物质文化遗产保护与发展的重要理论支撑。如宋俊华⑥认为，国家文化生态保护区建设作为非物质文化遗产生态保护的一种新举措，其理论依据是文化的生态性、文化生态的系统性和文化生态系统的动态性与区域性。黄永林⑦认为，我国非物质文化遗产传承面临着文化生态失衡的危机，分析了我国非物质文化遗产从抢救性保护、整体性保护到建立文

---

① 李乘贵.当代文化建设的生态视域［J］.求实，2003（10）：23.

② 戢斗勇.文化生态学［M］.兰州：甘肃人民出版社，2006：185.

③ 韩振丽.文化生态的哲学探析［D］.乌鲁木齐：新疆大学，2008：20-22.

④ 胡惠林.文化生态安全：国家文化安全现代性的新认知系统［J］.国际安全研究，2017（3）：36.

⑤ 黄云霞.论文化生态的可持续发展［J］.南京林业大学学报（人文社会科学版），2004（9）：44-46.

⑥ 宋俊华.关于国家文化生态保护区建设的几点思考［J］.文化遗产，2011（3）：1.

⑦ 黄永林."文化生态"视野下的非物质文化遗产保护［J］.文化遗产，2013（5）：1-12.

化生态区保护的深化过程，说明了文化生态在非物质文化遗产保护中的重要价值，并提出了完善非物质文化遗产文化生态区保护的建议。赵艳喜[①]认为，非物质文化遗产与其周围的自然环境、价值观念、宗教信仰、社会制度、道德伦理、科学技术以及经济体制形式等环境因素综合联系、彼此作用，共同构成了一个统一完善的文化生态系统，推动这一系统的稳态发展与协调平衡是保护非物质文化遗产的核心问题。不同于从系统整体的角度探讨非物质文化遗产保护，刘慧群[②]认为非物质文化生存与延续的实质是在文化流动中与其生境进行自适应和发展的过程，因而要保护非物质文化就需要把文化遗产放到流动的民族生境中去进行适应发展，强调了非物质文化的动态性和适应性。刘春玲[③]则强调对非物质文化遗产的产业介入，认为应以文化生态平衡为目标，在保持非物质文化遗产本身按其内在规律自然演变的前提下，科学开发、利用非物质文化遗产，促进文化资源向文化资本的转化，实现非物质文化遗产的产业化经营，并在这一过程中实现文化遗产与其生存环境的协调共生。

7.关于区域文化生态的研究

文化生态具有较强的地域性，成为区域文化研究的重要理论参考。国内部分学者从微观的特定区域景观或古镇古村落、中观的江河流域或跨区域空间以及宏观的农村地区乃至全国性、全球性区域视角出发，对不同区域文化生态现状及其发展进行研究。

在微观层面，角媛梅以哈尼梯田这一独特区域为研究对象，认为哈尼梯田文化生态系统是"哈尼族人民在长期的生产和生活实践中，为了自身生存和发展的需要，适应当地的自然条件和社会发展阶段，利用自然资源和本民族的物质的、精神的和社会的文化资源，通过梯田稻作达到合理的能量转化和物质循环，并最终达到物质生产与生态环境协调发展的综合体"，"是一个和谐的人地系统，具有自我维系的功能"。[④]姚莉以文化生态理论为观照，分析了传统村落的生成、发展、保护等问题，认为乡村聚落在自然生态系统与

①　赵艳喜.论非物质文化遗产的生态系统［J］.民族艺术，2008（4）：6.

②　刘慧群.文化生态学视野下非物质文化的自适应与发展［J］.求索，2010（3）：78.

③　刘春玲.文化生态学视角下非物质文化遗产产业化路径选择——以内蒙古非物质文化遗产为例［J］.山西档案，2017（1）：152.

④　角媛梅.哈尼梯田文化生态系统研究［J］.人文地理，1999（7）：56.

社会文化生态系统双重作用下实现动态发展。①吴合显指出，传统村落保护需要立足于村落的文化生态特征，从人、文、地、产、景、史、神7个维度展开。②李支援则以黑井古镇为对象，分析了黑井古镇文化生态系统因盐而生、因盐而衰的历史变迁过程。③

在中观层面，左攀等人④以不同地区之间的"沧浪文化"之争为切入点，认为由于文化的生成与动态发展，特定地域在特定历史情境中形成了特定的"异质性"文化群落，正是这些文化群落之间的交互作用构成了文化生态系统。纪江明等⑤以长三角地区文化同源性、递进性和互补性特征为基础，提出了构建长三角都市文化生态系统的区域文化协同发展主张。邓先瑞⑥以文化生态系统为理论观照，分析了长江流域文化生态系统研究的意义及其主要特征。

在宏观层面，仰和芝⑦以农村地区为研究对象，认为农村文化生态系统是农村文化因素在独特的农村自然生态环境和社会环境中，根植于农业生产方式和农民生活方式并依赖于农村文化运行体制与机制而不断变化和发展的动态系统，这一系统的构建需要协调好自然生态环境与人文生态环境、农民私性文化与政府提供的公共文化、继承与创新以及系统内部各体制机制之间的关系。张晓琴⑧则从纵向历时的维度，认为乡村文化生态发生了由传统向现代的历史变迁，乡村文化在这一转型过程中陷入了治理错位，表现为外在的繁荣与内在的凋敝。杨亭⑨认为随着人类社会文化的发展，主导文化生态化演进中的人与自然的关系在不同的历史时期显现出不同的存在形态，人类也从敬

---

① 姚莉.文化生态学视域下乡村聚落生成与发展的影响因素研究［J］.六盘水师范学院学报，2017（10）：11.

② 吴合显.文化生态视野下的传统村落保护研究［J］.原生态民族文化学刊，2017（1）：95.

③ 李支援.黑井古镇的文化生态系统变迁［J］.辽宁科技学院学报，2016（4）：38-40.

④ 左攀，郭晓."沧浪之水"今何在？——文化生态系统视域下的文化生成、传播与实证研究［J］.广西民族研究，2017（3）：141-150.

⑤ 纪江明，葛羽屏.长三角区域都市文化生态圈构建研究［J］.现代城市研究，2008（7）：54-57.

⑥ 邓先瑞.试论文化生态及其研究意义［J］.华中师范大学学报（人文社会科学版），2003（1）：93-96；邓先瑞.试论长江文化生态的主要特征［J］.长江流域资源与环境，2002（5）：199-202.

⑦ 仰和芝.试论农村文化生态系统［J］.江西社会科学，2009（9）：233-236.

⑧ 张晓琴.乡村文化生态的历史变迁及现代治理转型［J］.河海大学学报（哲学社会科学版），2016（12）：80.

⑨ 杨亭.中国文化生态化演进的历史透察［J］.理论月刊，2007（3）：141-144.

畏的心理机制，发展到泛爱的广博情怀，再到高扬的主体精神，最后到和谐的生态理念，在这一过程中，我国文化发展也经历了从原始文化发展到传统文化，再到现代文化，最后到生态文化的演进历程。周桂英[①]从全球文化视野出发，认为经济全球化产生了强大的文化效应，西方国家试图通过经济全球化来推广其文化价值观，进而导致了全球文化生态的失衡，集中表现为西方文化霸权的盛行和非西方国家文化的失语。为此，需要从尊重文化多样性和差异性、树立文化平等思想，坚持平等、宽容和相互尊重原则，坚持"和而不同"的文化互动交流原则以及在文化交流中提高文化自觉4方面重塑全球文化生态，构建世界文化良性互动图式。

通过前文对近年来诸多学者关于文化生态理论研究成果梳理来看，对文化生态的理论译介、内涵与外延、系统构建、特征与功能以及文化生态失衡等基础理论研究较多，且大多停留在学理层面的阐述，对具象化的文化生态或文化生态系统的产生、发展、变迁及其内部结构、存在状态、失衡表现、调适策略等研究相对不足。文化生态的形成与发展以一定的时空范围为依托。正是人们在与特定区域自然环境、社会环境等互动过程中创造了丰富多彩的文化形态，并在纵向的历史发展与横向的交流互动中实现了文化的发展与变迁，创造了独特的文化形貌和模式，经过历史的积淀而形成具有内部共同性、外部异质性的文化群落和文化圈，表现为多元化的文化景观，从而构成了该区域独特的文化生态系统。因此，文化生态研究必须以具有代表性的特定区域为对象，深入分析生活在该区域的人们在历史发展过程中的独特文化创造与发展，探索区域文化生态系统的产生、发展与演变历程，分析区域文化生态系统的内部构造与功能体现，探讨区域文化生态系统的存续状态与当代调适等问题。

二、国外研究现状

（一）酒文化研究

不同于中国普遍以白酒为主要酒饮品，国外则以葡萄酒和啤酒为主。在

---

① 周桂英.文化生态观照下的全球文化互动图式研究［J］.江西社会科学，2012（10）：199-203.

酒的起源上，国外普遍认为酒是"酒神"所创造的，即"酒神造酒"说。但是具体由什么神所创造，却又莫衷一是。古埃及人认为是死者的庇护神奥里西斯创造了酒，古希腊人则认为人世间本没有酒，是酒神狄奥尼索斯将酒带到人间。为此，古希腊人在每年春季和秋季都要举行狂欢仪式以祭奠酒神狄奥尼索斯，久而久之，狄奥尼索斯也就成了酒或与酒有关的狂欢的代名词。在对待酒的态度或酒的功能方面，国外更加注重酒的自然功能，是为饮酒而饮酒，而中国人饮酒则强调"醉翁之意不在酒"。田丽等人指出西方人"饮酒是疲惫后的放松，是忧愁时的欢乐剂"，是"为了享受美酒而饮酒，并不把过多的社会交际目的和感情抒发同酒这种客观的物质捆绑在一起"①，反映了中西酒文化的巨大差异。在酒类管理方面，王晨辉②指出，英国政府于1830年颁布施行的《啤酒法》是自由主义思潮兴起的结果。这一法令的颁布，有效刺激了啤酒需求，推动了啤酒自由贸易和啤酒产业发展。林有鸿探讨了禁酒运动导致的英国茶文化与酒文化更替变迁问题，认为"在茶与酒的对战中，茶吸收了福音派教义和资产阶级自由、平等、博爱的价值观最终形成了维多利亚茶文化"③。杜光强、张斌贤④分析了美国禁酒组织和不同政党通过自身的教育努力如何推动了禁酒运动的开展和全国禁酒法令的颁布。程同顺、邝利芬则对美国禁酒运动与女权运动之间的关系进行剖析，指出"禁酒运动为女权运动提供了载体和发展机遇，而女权运动的政治化促进了禁酒运动在不同阶段的成功"⑤。此外，左志军⑥认为葡萄酒具有象征不同社会地位的区隔性功能，这也是欧洲人推崇葡萄酒的重要历史原因之一。陈珍⑦以哈代小说为对象，认为其小说中经常出现的酒、饮酒、醉酒等描述反映了劳动者将饮酒作为摆脱

---

① 田丽，唐渠.中西酒文化差异对比［J］.湖北函授大学学报，2015（20）：187.
② 王晨辉.英国1830年《啤酒法》刍议［J］.历史教学，2016（8）：58-65.
③ 林有鸿.禁酒运动中的英国茶文化刍议［J］.茶叶，2017（1）：48.
④ 杜光强，张斌贤.教育与美国禁酒运动（1880—1920年）［J］.清华大学教育研究，2016（6）：102-109.
⑤ 程同顺，邝利芬.美国女权运动与禁酒运动的共振效应［J］.中华女子学院学报，2017（1）：98.
⑥ 左志军.欧洲人推崇葡萄酒的历史原因［J］.经济社会史评论，2017（3）：46-53.
⑦ 陈珍.论哈代小说中的酒神精神——以《德伯家的苔丝》为中心［J］.西南科技大学学报：哲学社会科学版，2016（3）：22-26.

劳动艰辛和生活苦闷的一种娱乐形式和情感体验。从国外学者对酒文化的研究来看，纽约巴德艺术研究院弗朗西斯科·路易斯[①]在对我国陕西省何家村考古基础上，分析了古代文献中关于"觥"类酒器的征集与收藏历史。德国美因茨大学教授、著名汉学家科彼德[②]对丝绸之路与欧亚酒文化遗产进行了解读，认为欧亚大陆各地之间早已开展不同程度的物质与思想交流，促进了沿线各族文明的发展。

（二）文化线路与遗产廊道研究

1.关于文化线路的研究

国外"文化线路"这一概念首先出现于1964年欧洲理事会的一份报告中。1987年，欧洲第一条文化线路——圣地亚哥·德·孔波斯特拉朝圣之路正式建立，此后，有关文化线路的研究文献和报告日益增多。1994年，国际古迹遗址理事会在西班牙马德里召开了"线路——我们文化遗产的一部分"专题会议，这次会议正式对文化线路的内涵与外延进行了界定，并就文化线路的评判标准、要素、线路类型、登记程序等作了相关规定。为了加强文化线路的系统研究与管理，国际古迹遗址理事会于1998年成立文化线路国际科技委员会，成为文化线路研究的专门性机构。2005年最新版的《世界遗产公约实施操作指南》将遗产运河与遗产线路正式划分为世界遗产的特殊类型，2008年，国际古迹遗址理事会第十六届大会正式通过了《文化线路宪章》，文化线路作为一种遗产类型越来越受到各界关注和认可，并被赋予极高地位。国外关于文化线路的研究主要集中在以下几个层面。

文化线路内涵界定层面。文化线路这一概念首先由国际机构提出。欧洲理事会认为文化线路是"一条穿越一个或多个国家或地区的线路，线路主题所反映的历史、艺术、社会特征带有明显的欧洲标记，其欧洲性主要表现在线路的地理覆盖区域或价值影响范围，这条线路必须包括一系列具有重大价

① 弗朗西斯科·路易斯.何家村来通与中国角形酒器（觥）——醉人的珍稀品及其集藏史［C］//陕西历史博物馆.陕西历史博物馆馆刊：第24辑.西安：三秦出版社，2017：259-280.

② 科彼得.丝绸之路与欧亚酒文化遗产［C］//中国人民对外友好协会对外交流部，南京市人民政府外事办公室，南京大学文化与自然遗产研究所.长江文化论丛：第10辑.南京：江苏人民出版社，2017：37-51.

值的资源，特别是能够代表欧洲一体化的历史文化资源"。从这一界定可以看出，无论是线路的地域范围，还是线路所涵盖的文化资源、体现的文化价值以及产生的文化影响，都具有明显的欧洲性。联合国教科文组织世界遗产研究中心在《世界遗产公约实施操作指南》（2005年版）中将文化线路称为遗产线路，并指出这是"由一系列物质遗产元素组成，其文化意义来源于跨国家或地区的人员交流和多维对话，在时空上，它反映了不同对象间的交互作用"。国际古迹遗址理事会则认为文化线路是"一条交流之路，可以是陆路、水路或其他形式，具有实体界线，以其特有的动态和历史功能特征，服务于特定、明确的目的，且必须满足以下条件：第一，它必须产生于并且反映了人们之间的相互往来，以及贯穿于重大历史时期的人员、国家、地区乃至大陆间商品、思想、知识和价值的多维的、持续的相互交流；第二，它必须因此促进了所影响文化的融合发展，并且反映在所形成的物质遗产和非物质遗产中；第三，它必须整合成一个完整的动态系统，由线路形成的历史关系和文化资源通过这个动态系统而连接起来"。此外，作为文化线路国家科技委员会主席的María①也从定义、内涵、类型、完整性、原真性以及保护等维度对文化线路作了相对全面的解读。

文化线路环境层面。文化线路环境包括沿线自然生态环境和社会人文环境两方面。日本学者Sugio②认为文化线路环境的决定因素因线路类型、长度等因素的不同而需区别对待，并将文化线路环境分为线路位置、核心区、一级缓冲区和二级缓冲区四个部分。Ono③则在Sugio研究的基础上，以文化线路类世界遗产"纪伊朝圣之路"为例，分析了运用GIS技术分析以确定线路环境的可行性及其实施方法。

① María S. A new category of heritage for understanding, cooperation and sustainable development, Their significance within the macrostructure of cultural heritage; the role of the CIIC of ICOMOS: Principles and methodology [M]. Xi'an: Xi'an World Publishing Corporation, 2005.

② Sugio K. A consolidation on the definition of the setting and management/protection measures for cultural routes [M]. Xi'an: Xi'an World Pub–lishing Corporation, 2005.

③ Ono W. A case study of a practical method of defining the setting for a cultural route [M]. Xi'an: Xi'an World Publishing Corporation, 2005.

文化线路保护与开发层面。Louis[①]从具体保护策略与措施的角度，认为文化线路保护需从建立有效的法律体系、搭建国际合作平台、提高专业素养、鼓励相关研究、加强教育、支持多方参与等维度展开。关于文化线路的开发，主要遵循国际古迹遗址理事会颁布《文化线路宪章》中的规定执行，即文化线路在开展经济开发，尤其是旅游开发活动之前，首先要进行必要的环境影响评估并建立相应的监测机制，以避免因旅游开发而带来的遗产破坏等负面影响，需保持文化线路的原真性与完整性。同时，在文化线路旅游开发中必须优先考虑当地社区的利益。

2.关于遗产廊道的研究

遗产廊道是源于美国的一种区域化、线性遗产保护战略方法，其形成稍晚于欧洲文化线路。

遗产廊道内涵界定层面。Charles认为，遗产廊道是"拥有特殊文化资源集合的线性景观，通常带有明显的经济中心、蓬勃发展的旅游、老建筑的适应性再利用、娱乐及环境改善"[②]，其界定更加突出廊道的经济价值，但是作为一个学术理念尚不够成熟。1999年，美国国家公园局在众议院听证会上正式提出并阐释了这一概念，认为遗产廊道是"在人类活动基础上所形成由自然、文化、历史、风景等资源组成的在某方面具有独特性的国家景观，这些由人类活动所形成的物质资源及蕴含其中的传统文化、民俗风情等使其在某种意义上成为国家历史的见证者"。Barrett进一步认为遗产廊道是"自然、文化、历史景观的结合体，是连接过去和现在的一座桥梁，是人、地、故事的复合体"[③]。这一界定将"人"作为一种重要的主体之一纳入遗产廊道这一复合体之中，充分体现了人类在遗产廊道形成中的重要作用。

遗产廊道开发管理层面。国外关于遗产廊道的开发主要集中在旅游开发

① Louis C W. Conservation and management of ceramic archaeological sites along the Maritime Silk Road［M］. Xi'an: Xi'an World Publishing Corporation，2005.

② Charles A F. Greenways［M］. Washington: Island Press，1993: 167.

③ Barrett B. National heritage areas: Places on the land，Places in the mind［J］.The George Wright Forum，2005，22(1): 10-18.

层面。如 Cottle Curt①从认为推动遗产廊道旅游可持续发展的重要因素包括人员培训和技术支持两方面，解说系统有助于帮助游客更好地理解和体验遗产文化，遗产旅游营销将从传统的线下营销转向线上营销。Harkness Terence②认为，遗产之间的非连通性严重制约了廊道整体效应的最大化，为此，需要设计科学合理的旅游通道和路线，将廊道两侧的重要遗产串联起来，从而提升廊道的整体质量。

遗产廊道建设与发展评估层面。Conzen 和 Michael 等人③从旅游廊道建设、遗产解说、环境保护等维度对伊利诺伊州和密歇根运河国家遗产廊道16年来的发展进行了综合评估，认为法律不完备是影响廊道相关实体进行合作，进而制约廊道进一步发展的重要原因。Laven 等人④以遗产廊道的参与方为切入点，通过随机指数图模型，对研究区域的网络结构特征进行分析，并对遗产廊道的发展状况进行了综合评价。

（三）文化生态研究

国外文化生态研究的理论基础来源于文化人类学，作为人类学的一个重要分支，文化人类学诞生于20世纪上半叶的美国，主要关注文化与其产生的自然环境之间的互动关系。如弗兰兹·博厄斯等一批人类学家越来越强调文化与环境之间的关系，认为环境是人类文化演进过程中的主要因素，自然环境为人类文化的产生和发展提供了一定的可能性和选择机会，人类在面对所处自然环境时，依托自身的历史传统和不同习俗进行多样化的选择，创造了多元化的文化形态。事实上，这正是人地关系思想中或然论的主要观点。如法国地理学家维达尔认为，"自然为人类的居住规定了界限，并提供了可能

---

① Cottle Curt. The South Carolina National Heritage Corridor Taps Heritage Tourism Market［J］. Forum Journal，2003(8)：50-66.

② Harkness Terence. Taj Heritage Corridor：Intersections between History and Culture on the Yamuna Riverfront［J］. Places，2004，16(2)：62-69.

③ Conzen，Michael P. Metropolitan Chicago's Regional Cultural Park：Assessing the Development of the Illinois and Michigan Canal National Heritage Corridor［J］.The Journal of Geography，2001，100(3)：100，2001：111-117.

④ Laven D N，Ventriss C，Manning R et al. Evaluating U. S. National Heritage Areas：Theory，methods，and application［J］.Environment Management，2010(46)：195-212.

性，但是人们对这些条件的反应或适应，则由于自己的传统生活方式而不同"，"可能性意味着选择，而选择则受到生活方式的制约"。另一位法国地理学家阿尔贝·德芒戎继承并延续了这种观点，他指出"同一地区的价值，可以由于占有者文明程度、利用方法的不同而有巨大的变化"①，人类对地理环境的适应、选择与利用与其自身的文明程度密切关联。美国文化地理学家、伯克利学派创始人索尔则提出了"文化景观"概念，以此来论证文化对人类适应、利用地理环境的重要影响。他认为人类按照自身文化的标准，对周围的地理环境施加影响，并将其改造成为文化景观，"人类是造成景观的最后一种力量"。此外，他还批判了西方工业文明对自然资源的掠夺和对生态环境的破坏，揭示了西方物质文明所面临的生态环境危机，由他创造的伯克利学派也被称为"文化景观学派"或"文化生态学派"。

1955年，美国学者斯图尔德在其出版的《文化变迁理论》中首次提出了文化生态学的概念，成为文化生态学的奠基之作。该理论强调不同地域环境下文化的特征及其类型的起源，即人类集团的文化方式如何适应环境的自然资源。在斯图尔德看来，文化的产生和发展与其所处的自然环境密不可分，二者相互影响、互为因果。不同的文化特质和文化形貌正是在适应当地自然环境的过程中逐步形成和发展的，生态环境的多样性造就了文化的多样性。他主张通过分析不同区域文化与所处环境适应过程中形成的差异性与相似性，概括文化发展与变迁的原因。文化生态理论提出来之后，首先在西方学术界引起了广泛的关注，20世纪60年代末，内廷的《尼日利亚的山地农民》、拉帕波特的《献给祖先的猪：新几内亚一个民族的生态礼仪》和贝内特的《北方平原居民》成为继斯图尔德之后的重要文化生态学研究成果，进一步推动了该理论的发展。70年代，马文·哈里斯提出了"文化唯物论"观点，主张通过追溯各种文化特质与环境因素之间的关系来论证它们适应环境的合理性，认为所有文化特质都具有生态意义，都与环境密切相关。这一时期的文化生态理论尚处于发展期，理论体系并不完整。主要表现在具体研究对象上仅限于小区域的探索，对大范围的文化生态及其发展问题研究较少；过于强调人

---

① 阿贝尔·德芒戎.人文地理学问题［M］.葛以德，译，北京：商务印书馆，1993：9.

类对自然环境的适应，而人类对自然环境的能动作用关注较少；过于强调对特定区域文化的历史与现状分析，对未来发展和变迁研究相对不足等。

20世纪80年代以来，文化生态理论得到进一步丰富和发展，该理论的研究队伍、学科背景、地域范围以及研究内容等多方面都得到了进一步拓展。文化生态理论也不再局限于自然环境对人类文化的影响，而是开始强调人类的主观能动性，强调文化与自然环境之间的双向互动关系。同时，影响文化产生与发展的环境也不再局限于自然环境，社会人文环境作为影响文化发展的重要因素，和自然生态环境一起构成了文化生态研究的重要内容。随着系统论的发展及其在文化生态理论中的应用，文化生态系统的概念越来越受到学者们的重视，文化生态系统的构成、系统内各文化要素之间的关系、文化要素与文化生态系统的关系等研究逐渐兴起。

随着人类对地理环境不断"征服"与索取，人口增长、资源枯竭、环境污染、秩序混乱、全球气候变暖等问题接踵而至，人类与地理环境之间的矛盾关系日益激化，人类社会的健康与可持续发展遭遇挑战。因此，从文化生态的视角来研究自然环境保护与生态文明建设，探索人与自然和谐相处的理论基础和路径选择日益成为学界研究热点。21世纪以来，在数字技术等现代科学技术的推动下，互联网、移动互联网、人工智能等现代新媒体技术发展进一步丰富了文化生态环境的内涵，它们作为"新媒体环境"为文化的产生、传播与发展提供了新的途径，成为当代文化生态研究的重要对象。

从国外文化生态研究的发展历程来看，从强调人类文化创造与发展对自然环境的适应到对自然环境的能动作用，再到对自然环境的掠夺与征服及其带来的环境危机，最后到反思人类与自然环境的互动关系，反映了人类与自然环境之间从顺应到征服，再到协调的人地互动关系。即便如此，探讨人类文化与其所处地理环境之间的互动关系，进而分析人类文化的产生、发展与演变规律始终是文化生态理论研究的核心内容。只是这一地理环境的内涵随着社会发展而逐步丰富，从最初强调自然生态环境，发展到涵盖自然生态环境和社会人文环境在内的地理环境系统。研究内容也从人类文化与自然环境的互动关系进一步扩展到文化内部各要素以及不同文化之间的互动关系，进而形成一个复杂的文化生态系统。

第一章

赤水河流域酒文化廊道的内涵与价值

第一节　文化廊道理论及其源流

文化廊道是在欧洲文化线路和美国遗产廊道理论引入国内后逐渐形成的一个本土化理论。文化廊道理论作为一个西方文化理论引入国内后的本土化创造，要厘清其基本内涵，就必须对文化线路和遗产廊道这两个西方文化理论的发展脉络作一简要梳理。回溯文化廊道理论发展源流，方能正确把握该理论的基本内涵及其在当下的发展与应用。

一、文化线路

文化线路理论是一个起源于欧洲委员会，后经国际古迹遗址理事会和世界遗产委员会介入并丰富和发展起来的文化保护与发展理论。该理论起源于1987年欧洲委员会发起的"欧洲委员会文化线路（Cultural Routes of the Council of Europe）"计划，简称"文化线路"计划。作为推动欧洲一体化发展的重要国际组织，欧洲委员会希望通过"文化线路"建设，以文化合作的形式提升对欧洲一体化和文化多元化的认同，保护欧洲文化的多样性，鼓励文化间的交流，协助调解地区矛盾。发展伊始的"文化线路"计划既没有成熟的理论体系和管理标准予以支撑，也缺乏已有的发展经验以资借鉴，仅仅是通过文化线路认定与建设，在实践发展过程中解决问题、总结经验、提炼理论。1987年10月，随着欧洲委员会部长会议的召开，"文化线路"计划正式启动，此次会议同时将位于西班牙的圣地亚哥·德·孔波斯特拉朝圣之路认定为欧洲第一条文化线路，正式拉开了"文化线路"实践发展与理论构建的序幕。作为欧洲委员会下辖机构，负责实施"文化线路"计划的文化合作委员会首次对"文化线路"进行界定，指出"欧洲文化线路是以某一欧洲历史、文化或社会热点为主题而组织的跨越一个或多个国家及地区的线路，这些线路要么在地理位置上属于欧洲，要么其性质、范围及重要性等方面是典型的欧洲问题"。该界定充分体现了"文化线路"的欧洲性，是一个典型的区域性文化建设与发展概念。

1993年是"文化线路"建设与发展历史上具有里程碑意义的一年。这一年，圣地亚哥·德·孔波斯特拉朝圣之路在西班牙的部分被世界遗产委员会认定为世界遗产，并被列入《世界遗产名录》，表明"文化线路"计划作为欧洲区域性文化发展理念，开始受到世界的关注，逐步从欧洲区域性走向更加广阔的世界舞台。1994年，在世界遗产委员会的资助下，西班牙政府组织召开了马德里文化线路世界遗产专家会议，此次会议从理论内涵和实际操作等层面对文化线路进行了重要论述。此次会议将文化线路与遗产线路等同使用，认为文化线路是"由多种有形要素组成的，这些要素在文化上的显著性来自跨国或跨区域之间的交流和多维度的对话，展示了沿线区域在时空上的互动"。文化线路是"多维度的，除了线路本身主要功能，也会附着宗教、商业和行政等其他不同的功能。作为一种具体的动态的文化景观，遗产线路是一个整体，其价值大于组成它并使它获得文化意义的各个部分价值的总和"。根据该界定，这一时期的文化线路重点强调"有形性"，亦即"物质性"，同时指出文化线路是一种动态的文化景观。

1997年，欧洲委员会与卢森堡共同建立了"欧洲文化线路学会（European Institute of Cultural Routes）"并于次年颁布了《欧洲委员会关于文化线路的决议》，对文化线路的认定、类型等进行了详细说明。1998年，国际古迹遗址理事会（International Council on Monuments and Sites）召开特内里弗岛会议并成立文化线路科技委员会，表明国际古迹遗址理事会正式开启了文化线路研究与管理工作，文化线路开始吸引更多国际组织的关注，其世界影响力日渐提升。到2005年，国际古迹遗址理事会颁布了第15版《保护世界文化与自然遗产的操作指南》，对文化线路的定义、提名等作了明确规定，文化线路正式被列为世界遗产类型之一，使世界各国、各地区将其文化线路申报为世界遗产具备了合法、合理的渠道。在越来越多世界组织的参与、专家论证、实践发展等基础上，文化线路保护与发展的组织机构、管理规则、理论内涵等一整套完整的体系构架初步形成，尤其是世界遗产委员会的介入，对文化线路的遗产价值进行重点挖掘与认定，既拓宽了文化线路保护与发展的视野，也为世界遗产保护与发展提供了新的思路。正是基于此，阿曼的乳香之路于2000年被列入《世界遗产名录》，成为继圣地亚哥·德·孔波斯特拉朝圣之路后第二条入选该名录的文化线路。

2008年是"文化线路"建设与发展历史上又一具有重大意义的一年。该年10月，国际古迹遗址理事会第16届大会暨科学委员会会议在加拿大魁北克召开，这次会议通过了《关于文化线路的国际古迹遗址理事会宪章》（以下简称《宪章》）。该《宪章》对文化线路的内涵作了更加细致和全面的论述，认为"无论是陆地上、海上或其他形式的交流线路，只要是有明确界线，有自己独特的动态性和历史性功能，服务的目标特殊和确定，并且必须满足以下条件的线路可以称为文化线路：①源自并能体现人类的互动，能体现民族、国家、地区或大陆间的多维度、持续、互惠的物品、思想、知识和价值观的交流；②时空上能够促进全部相关文化间的交流互惠，并能够在其物质遗产和非物质遗产中得到体现；③能够将相关联的历史关系与文化遗产有机融合，形成一个动态系统"①。从以上界定中可以看出，文化线路的内涵和外延变得更加丰富，尤其是将非物质遗产纳入文化线路的理论范畴之内，进一步拓宽了文化线路的研究视野。此外，《宪章》还对文化线路的类型、评估、真实性、完整性、研究、保护、利用、管理乃至资金筹集、公众参与等众多方面作了详细阐述，由理论体系、操作流程、管理标准、发展路径等共同构成的文化线路框架体系已然走向成熟。2010年，欧洲委员会部长会议通过《建立文化线路扩大局部协定》，依旧从欧洲价值观认同与身份认同的视角对文化线路作了进一步界定。

截至目前，欧洲委员会共认定了32条不同主题的文化线路，这些文化线

---

① 国际古迹遗址理事会文化线路科学委员会（CIIC）.国际古迹遗址理事会（ICOMOS）文化线路宪章［J］.中国名城，2009（5）.

路展示了欧洲的记忆、历史和遗产，并对当代欧洲多元文化之间的交流互动产生了积极影响。现在，文化线路作为起源于欧洲的大尺度、跨区域文化遗产保护方式和理念，在经历了30余年的实践与发展后，其理论体系与操作规则已相对成熟，并从最初局限于欧洲范围内逐步走向世界，作为世界遗产的重要类型之一，成为各国、各地区申报世界遗产、保护历史文化的重要路径选择。

表1.1 欧洲文化线路一览

序号	文化线路名称	认定时间
1	The Santiago De Compostela Pilgrim Routes（圣地亚哥·德·孔波斯特拉朝圣之路）	1987年，1993年被认定为世界遗产
2	The Hansa（汉萨商业联盟）	1991年
3	The Viking Routes（维京之路）	1993年
4	The Via Francigena（法兰奇纳古道）	1994年
5	The Routes of Eilegado of Andalusi（安达路西亚的厄尔尼·诺加佳多之路）	1997年
6	European Mozart Ways（莫扎特欧洲之路）	2002年
7	The Phoenicians' Route（腓尼基人之路）	2003年
8	The Pyrenean Iron Route（比利牛斯地区钢铁之路）	2004年
9	The European Route of Jewish Heritage（犹太遗产之路）	2004年
10	The Saint Martin of Tours Route（圣马丁游览之路）	2005年
11	The Cluniac Sites in Europe（欧洲的克吕尼遗产）	2005年
12	The Routes of the Olive Tree（橄榄树之路）	2005年
13	The Via Regia（瑞嘉通道）	2005年
14	Transromanica——The Romanesque Routes of European Heritage（度假之路——欧洲古罗马文化之路）	2007年
15	The Iter Vitis Route（葡萄之路）	2009年
16	The European Route of Cistercian Abbeys（欧洲西多会修道院之路）	2010年
17	The European Cemeteries Route（欧洲墓地之路）	2010年
18	Prehistoric Rock Art Trails（史前岩画艺术之路）	2010年
19	European Route of Historical Thermal Towns（欧洲历史悠久的温泉城市之路）	2010年
20	The Route of Saint Olav Ways（圣·奥拉夫朝圣之路）	2010年
21	The Casadean Sites（卡萨迪恩教会遗址）	2012年

序号	文化线路名称	认定时间
22	The European Route of Ceramics（欧洲陶瓷之路）	2012年
23	The European Route of Megalithic Culture（欧洲巨石文化之路）	2013年
24	The Huguenot and Waldensian Trail（胡格诺教和韦尔多教之路）	2013年
25	Atrium，on the architecture of totalitarian regimes of the 20th century（20世纪欧洲政治极权主义地区的建筑遗产）	2014年
26	The Réseau Art Nouveau Network（"新艺术运动"路网）	2014年
27	Via Habsburg: See Europe through different eyes——on the trail of the Habsburgs（哈布斯堡通道：以不同视角看欧洲——通过哈布斯堡足迹）	2014年
28	The Roman Emperors and Danube Wine Route（罗马皇帝和多瑙河葡萄酒之路）	2015年
29	In the Footsteps of Robert Louis Stevenson（罗伯特·路易斯·史蒂文森足迹）	2015年
30	Destination Napoleon（拿破仑目的地）	2015年
31	The European Routes of Emperor Charles V（查理五世之路）	2015年
32	Route of the Fortified Towns of the Greater Region（大区域设防城镇路线）	2016年

资料来源：根据欧洲委员会官方网站数据整理（http：//culture-routes.net/cultural-routes/list）。

二、遗产廊道

遗产廊道是起源于美国的一种大尺度文化遗产保护方式。美国曾于1984退出联合国教科文组织，其文化遗产保护方式更具本土化特点且自成体系。早在20世纪60年代，针对自然生态进行线性保护的绿色廊道（green way）理念就已在美国形成并走向成熟。同时，在历史文化保护领域，也开始由单体的文物保护走向整体的区域性保护。到了20世纪80年代，在整合绿色廊道和历史文化区域性保护核心理念的基础上，遗产廊道作为一种新的文化遗产保护方式开始形成和发展起来。

1984年，美国国家公园局（the National Park Service）推荐并由美国议会审议指定了第一条国家遗产廊道：伊利诺伊州和密歇根运河国家遗产廊道，正式开启了美国遗产廊道建设与发展之路。根据美国国家公园局的定义，遗产廊道是"在人类活动基础上所形成的由自然、文化、历史、风景等资源组成的在某方面具有独特性的国家景观，这些由人类活动所形成的物质资源及蕴含其中的传统文化、民俗风情等使其在某种意义上成为国家历史的见证者"①。根据该界定，遗产廊道是一种由自然、文化等综合性资源所构成的线性文化景观，不仅包括物质性资源，也包括非物质资源。1993年，查尔斯从更具实践发展意义的视角对遗产廊道进行了界定，认为遗产廊道是"拥有特殊文化资源集合的线性景观，通常带有明显的经济中心、蓬勃发展的旅游、老建筑的适应性再利用、娱乐及环境改善"②。查尔斯在强调遗产廊道是一种汇聚多元文化资源的线性景观的同时，更加关注廊道的经济建设、旅游发展、生态保护等问题。巴雷特则更加突出"人"在遗产廊道中的作用，认为遗产廊道是"自然、文化、历史景观的结合体，是连接过去和现在的一种桥梁，是人、地、故事的复合体"③。人民群众是历史的创造者，也是遗产廊道的创造者，正是人类的生产生活活动，促使了特定区域内多元景观的形成、流变与发展，构成了独特的遗产廊道，成为了解当地居民与周边自然地理、社会人文等环境复杂关系的一扇窗。据不完全统计，截至2012年，美国共认定了49个国家层面的遗产廊道或区域，此外还有众多州级遗产廊道或区域广泛分布在广袤的美国大地上。

除了概念上的不断丰富与发展，美国政府对遗产廊道的管理也形成了一套纵向上下协作、横向多方参与的独特管理体系。纵向上表现为自上而下的政府主导与自下而上的大众参与协同发展格局。遗产廊道作为美国国家公园体系的重要组成部分，国家公园局是其最高监督与管理支持机构，通过制定宏观发展政策、提供技术、资金、税收、金融等服务的方式推动遗产廊道的保护与发展，如国家公园局曾投入1200万美元，用于黑石河峡谷国家遗产廊道的保护与发展。遗产廊道委员会则是遗产廊道的专业管理机构，主要负责廊道保护、建设、发展以及与政府等相关机构沟通联络等具体管理事务的开

---

① Daly J. Heritage Areas: Connecting people to their place and history [J]. Forum Journal, 2003, 17(4): 5-12.

② Charles A F. Greenways [M]. Washington: Island Press, 1993: 167.

③ Barrett B. National heritage areas: Places on the land, Places in the mind [J]. The George Wright Forum, 2005, 22(1): 10-18.

展，遗产廊道委员会作为一个非营利机构，上至联邦政府、下至县级政府皆可设立。正是通过遗产廊道委员会这一中间桥梁，实现了社会大众对遗产廊道保护与发展工作的具体参与以及与政府之间的沟通和对话。横向上则表现为多元化社会机构的参与，如各种社会团体、环保组织、商业机构等结合自身专业能力，通过提供各种法律、环境、投资、管理等服务，从而共同参与到廊道的保护与发展实践中。

三、文化廊道的提出及其内涵

2001年，北京大学王志芳与孙鹏二位学者首次将美国遗产廊道理论引入国内，为国内遗产保护与发展提供了一种新的视角。2005年，同在北京大学的李伟、俞孔坚二位学者又撰文对欧洲文化线路理论进行了详细阐述与分析。自此，遗产廊道和文化线路作为两种大尺度、跨区域的线性文化遗产保护与发展理论引起了国内学界的密切关注，诸多学者从理论的译介、在国内的应用、研究述评、本土化解读等多角度展开研究，形成了众多研究成果，文化廊道理论正是在这样的背景之下形成和发展起来的。

首都师范大学陶犁教授是文化廊道理论的提出者。陶犁教授在《"文化廊道"及旅游开发：一种新的线性遗产区域旅游开发思路》一文中，首次提出了文化廊道的概念，主要是指"以建立在历史时期人类迁移或交流基础上的通道文化为基础，并拥有代表线路空间自然与文化环境的特殊文化景观，由通道、节点和线路辐射区域共同组成的线（带状）空间，它代表了多维度的商品、思想、知识和价值的持续交流，具有历史的动态演变特点"[①]。事实上，文化廊道是对西方遗产廊道和文化线路的本土化解读与综合性整合，三者在核心理念上并无差异，都强调文化遗产的线性分布、互动交流与动态发展。

首先，在空间范围上都表现为大尺度性。文化廊道同文化线路、遗产廊道一样，都强调大尺度、跨区域的地域范围，三者都突破了传统上单一性、局部性的文化遗产保护思路，而是从更大地理空间尺度的视角探索文化的互动交流及其相关文化遗产的整体性、大尺度保护。

---

① 陶犁."文化廊道"及旅游开发：一种新的线性遗产区域旅游开发思路 [J].思想战线，2012（2）：100.

其次，在空间结构上都表现为线性。三者都强调依托河流、陆路、海路等不同交通线路为主轴，正是人类沿着这一线路的迁徙、流动和交往，实现了沿线商品、思想、价值观等的交流互动，在历史动态发展过程中逐渐形成了独具特色的线性文化空间。

最后，在空间发展上都表现为历史动态性。无论是文化廊道还是文化线路、遗产廊道，其形成、流变与发展都是在长时期的人类迁徙、交流、互动以及与自然环境的互动关系过程中完成的，都是历史动态发展的现实表现，也会随着未来社会的发展而呈现出新的变化和特征。

然而，文化廊道同文化线路、遗产廊道相比又有其独特之处，文化廊道吸收了文化线路和遗产廊道的核心思想，同时结合中国实际情况被赋予了更符合我国国情、更加丰富的内涵。

首先，文化廊道的关键词是"廊道"，即强调文化廊道是在历史发展过程中形成的一种特殊的线性文化景观。文化廊道是由点（节点）、线（通道）、面（辐射区域）共同构成的带状空间，线性或廊道是其根本特点。而文化线路的关键词是"遗产"，文化线路所强调的是由线路所串联起来的、具有特殊历史功能和价值的文化遗产。文化线路不仅强调沿线分布的各类单体遗产，同时强调线路本身也是一种遗产，文化线路被世界遗产委员会认定为一种特殊的遗产类型即是明证。

其次，文化廊道是拥有代表线路空间自然与文化环境的特殊文化景观，是在"特定线路文化背景下和具体的环境基础上形成的地表文化形态的地理复合体"①。也就是说文化廊道串联起来并重点关照的文化景观包括自然与人文两方面，且二者是相互影响、相互作用的。文化廊道既强调廊道内文化价值挖掘和文化遗产保护，也关注文化资源开发与产业化利用。而文化线路重点强调线路具有的文化价值、历史功能，更加强调人文性，忽视自然生态性，以文化价值为主要诉求。与之相反，遗产廊道以绿道思想为基础，结合美国历史短暂而地域广袤的特点，重点强调廊道沿线的自然生态性，虽然也关注沿线历史文化、民俗风情等人文资源，但其核心与重点主要集中在自然生态

---

① 陶犁."文化廊道"及旅游开发：一种新的线性遗产区域旅游开发思路［J］.思想战线，2012（2）：101.

方面，以产业兴旺与经济发展为主要诉求。

第二节　赤水河流域酒文化廊道的内涵阐释

我国有着悠久的酿酒历史，在源远流长的酿酒历史过程中，与酒有关的酿造技艺与方法、器皿设计与制作、饮酒礼仪与规范、文学艺术作品、行政管理制度等内容日益丰富和完善，但始终作为一种零散的存在而发展，并没有形成统一体系。直到20世纪80年代，著名经济学家丁光远首次提出了"酒文化"这一概念，对以酒为核心的相关文化内容进行概括，却又缺乏对该概念内涵与外延的阐释。近年来，对酒文化的研究日益受到学界重视，呈现出众多高质量研究成果，其中不乏对酒文化内涵的探讨。如萧家成认为，酒文化内涵包括"酒论、酒史、传统酿造术、酒具、酒俗、酒功、酒艺文、饮酒心理与行为和酒政9个方面，内涵丰富多彩，各部分有机地联系在一起，形成一个具有系统性的整体"[①]。张国豪等人也将酒文化视为一个系统整体，在他们看来，酒文化内涵极为丰富且自成体系，具体而言，主要包括"酿酒技术、工艺创新、酒礼人情习俗、饮用方式、政府管理制度，形形色色的饮酒器皿等以及文人墨客所创作的与酒相关的诗、词、曲、画，还有名人与酒有关的逸闻趣事等内容"[②]。万伟成则从中华酒文化的视角指出，酒文化"是中华民族创造的有关酒事的一切文化成果"[③]，因此，酒文化是围绕酒的酿造与饮用而形成的一系列成果的总和，是包括酿造技艺、酿造设备、酒俗、酒器、酒史、酒政等多方面内容的丰富多彩的文化体系。

赤水河流域独特的自然生态环境和社会人文环境共同推动了酿酒这一独特生产方式的发展，并孕育了茅台酒、郎酒、习酒等众多知名白酒品牌，创造了丰富多彩的由酒体、酒器、酿酒技艺等构成的酒文化体系，赋予了赤水河"美酒河"的美誉，成为世界闻名的赤水河流域酒文化廊道。所谓赤水河流域酒文化廊道，主要是指在历史发展过程中，以赤水河流域为主要发展轴，

---

① 萧家成.传统文化与现代化的新视角：酒文化研究［J］.云南社会科学，2000（5）：57.
② 张国豪，武振业，蔡玉波.中国白酒文化的剖析［J］.酿酒科技，2008（2）：124.
③ 万伟成.中华酒文化的内涵、形态及其趋势特征初探［J］.酿酒科技，2007（9）：104.

依托赤水河流域独特自然生态环境和社会人文环境而形成的沿流域线性分布、关联互动、动态演变的酒文化沉积带。这里酿酒历史悠久，无论是从沿线出土的与酒相关的器物，还是与酿酒相关的文献记载来看，其酿酒历史至少可追溯至两汉时期；这里酒文化资源多样，无论是酒窖、酒器、酒泉等物质文化资源，还是酿造技艺、传说故事、诗词歌赋、酒风酒俗等非物质文化资源，都可谓我国最为丰富、最为集中的核心区域之一；这里酒体类型多元，既有以茅台为代表的酱香型白酒、以董酒为代表的药香型白酒、以郎酒为代表的兼香型白酒以及以泸州老窖为代表的浓香型白酒，还有民间自酿的各种苞谷酒、高粱酒、甜米酒、果酒等多元化酒体；这里的酒俗多姿多彩，无论是以咂酒、划拳等为代表的饮酒习俗，以端午制曲、重阳下沙、重阳祭水等为代表的制酒习俗，还是祭祀活动中的以酒为媒以及日常生活中以结婚酒、满月酒等代表的各色"酒席"等，无不体现出该区域多姿多彩、风格各异的多元酒文化内容。

一、酒文化交流与互动廊道

赤水河流域自古就是我国西南地区重要的政治、经济、军事和文化通道，流域外部与流域内部、流域沿线各区域之间有着广泛、持续而长期的交流与互动。早在西汉时期，赤水河就是西汉王朝"开西南夷"的重要军事通道。建元六年，汉武帝"乃拜蒙为郎中将，将千人，食重万余人，从巴蜀筰关入"，降伏夜郎"以为犍为郡"，①唐蒙正是从今合江县沿赤水河溯流而上到古夜郎地区，实现了西汉王朝对古夜郎地区的统治；东汉时期，赤水河则成为东汉王朝向"西南夷"地区传播先进技术，推动西南夷地区发展的文化通道。有学者依据考古资料认为，"汉文化从川渝地区自北向南进入贵州，至少存在西、中、东三条通道，赤水河即是中线重要的经济、文化和交通要道。"②今赤水河流域中下游的赤水市、习水县以及仁怀市等地出土了大量具有明显汉文化特征的历史文物，且大多与四川省出土文物有着极大的相似性，表明这些地区之间具有很强的文化相似性，汉文化正是沿赤水河逆流而上传播至今赤

---

① 司马迁.史记：西南夷列传［M］.北京：中华书局，1982：2294.
② 张改课.大河上下——赤水河考古记［M］.贵阳：贵州人民出版社，2014：56.

水市、习水县、仁怀市等中上游地区；魏晋时期，赤水河是"西南夷"地区向巴蜀之地移民的民族迁徙通道。"整个魏晋时期，巴蜀地区多处于政治大动乱时期，特别是李氏据蜀后，蜀民多南入宁州、东下荆州，城邑皆空，野无烟火，人口的减少使得巴蜀地区农业生产缺乏必要的劳动力。"①为了改变这一不利局面，推动当地人口与经济的发展，李氏采取了引僚入蜀的政策，将分布在牂牁等地的僚人沿赤水河引入巴蜀之地。李膺《益州记》曾有记载："寿既篡位，以郊甸未实，都邑空虚，乃徙旁郡户三个以上实成都；又从牂牁引僚入蜀境，自象山以北尽为僚居；蜀土无僚，至是始出巴西、渠川、广汉、阳安、资中、犍为、梓潼，布在山谷，十余万家；僚遂挨山傍谷，与土人参居"②，赤水河成为古代牂牁等地僚人入蜀的重要迁徙通道；明清时期，赤水河又是皇木采办、川盐入黔以及滇铜黔铅进京的重要航运通道。皇木采办是明清时期的一项重大工程，而赤水河流域生态环境良好，生长着大量优质木材，成为皇木采办的重要区域，赤水河则是皇木运输的重要通道。如"永乐四年少监谢安在威远卫地名石夹口十丈洞采办大木"，嘉靖中四川佥事吴仲礼"入永宁、迤西、落洪、斑鸠井、镇雄督木"，嘉靖中贵州巡按御史朱贤"历永宁、赤水采木"③等。四川所产食盐亦通过赤水河溯流而上运至贵州腹地，并形成了仁岸和永岸两大沿赤水河运输的重要运输口岸。如仁岸运盐之船"由合江入赤水河，而厅城，而猿猴，而二郎滩，而新隆滩，然后至仁怀县之茅苔村，凡三易舟而后达"④。清乾隆八年贵州总督张广泗疏浚赤水河，极大地改善了赤水河航运条件，促进了川盐向贵州腹地的运输，也促进了产自云南和贵州的铜、铅等矿产顺赤水河而下并运至京都的便利性，赤水河也因此成为西南地区一条繁忙的航运通道，沿岸集镇、码头迅速崛起，商贸经济日渐繁华，人员流动、商品交易、文化交流愈益频繁。近现代以来，赤水河流域不仅见证了中国工农红军"四渡赤水"的伟大壮举，还是黔北经济区与川南经济区的连接通道，是云南、贵州、四川三省协同保护的自然生态廊道，是带

① 张铭，李娟娟.赤水河在"南方丝绸之路"中的支柱意义研究［J］.贵州文史丛刊，2017（1）：95.

② 李膺.益州记［C］//郭允蹈.蜀鉴.北京：中华书局，1985：52.

③ 崇俊，等.增修仁怀厅志：木政［M］.刻本.遵义：张正奎.1902（光绪二十八年）.

④ 崇俊，等.增修仁怀厅志：木政［M］.刻本.遵义：张正奎.1902（光绪二十八年）.

动沿线各区域经济发展、实现脱贫攻坚与乡村振兴的白酒产业经济带。

赤水河流域作为西南地区重要自然地理通道及其价值的充分发挥，极大地促进了古代民族迁徙、文化交流、经济发展等多样化实践活动的开展，推动了沿线信息交流与文化传播。多元丰富的酒文化内容正是在这一历史的、长期的、广泛的交流互动中得以传播与发展，并沿赤水河流域这一自然地理通道得以延展与扩散，进而在历史的动态发展过程中逐渐形成了独具特色的酒文化廊道。尤其是川盐入黔的发展，以古蔺县二郎镇、仁怀市茅台镇和毕节市金沙县等为代表的川盐运输集镇和商贸中心迅速崛起，以陕西、山西等地为代表的酒文化伴随着川盐运输的开展而传播到赤水河流域，同时，原本盛行于赤水河流域中下游的泸州、习水等地的酒文化亦逐步传播到中上游的二郎镇、茅台镇、金沙县等地。可见，正是赤水河流域多元化、长时期的通道作用的发挥，打破了流域内部与外部之间的隔绝，也打破了流域沿线各区域之间相互独立的局面，促进了流域外部与流域内部以及流域沿线各区域之间的广泛交流互动，从而为酒文化在赤水河流域的传入与传播奠定了基础，进而形成了以赤水河流域为轴线的酒文化交流与互动廊道。

二、白酒品牌集聚带

国务院三峡工程建设委员会的黄真理先生曾从资源环境价值视角将赤水河流域的典型特征总结为生态河、美景河、美酒河和英雄河四方面，并指出该流域具有极其重要的保护价值。[①]简单的四大"河"充分提炼并呈现了赤水河流域独特的文化特点，或许保护良好的生态、目不暇接的美景、可歌可泣的英雄故事是全国众多河流都拥有或者部分拥有的资源和特点。但是依托一条河流而分布众多酒企，孕育了诸多知名白酒品牌，积淀了悠久而丰厚的酒文化内容，赤水河流域当数全国唯一，甚至在全世界范围内，也很难找到如赤水河流域这般拥有如此多元、丰富、悠久、大尺度的以酒文化为核心的线性空间。因此，"美酒河"当是赤水河流域独有的美誉，也是赤水河流域独特价值和典型文化的浓缩和提炼，酒文化则是以赤水河流域为轴线而形成的文

---

① 黄真理.论赤水河流域资源环境的开发与保护 [J].长江流域资源与环境，2003（4）：333-334.

化廊道的主题。

赤水河流域沿线汇聚了中国白酒领域众多知名品牌。"上游是茅台，下游望泸州。船到二郎滩，又该喝郎酒。"①这一流传于当地民间的朴实民谣，直接而又简洁地道明了兴盛于赤水河流域的茅台酒、郎酒等知名白酒品牌。事实上，地处赤水河流域中游的仁怀市、习水县、古蔺县是酒厂分布最集中、酒业经济最发达、白酒品类最丰富、酒文化内容最富集的地区。如果把赤水河流域视为中国白酒的核心产区之一，那么这一区域则是该核心产区的核心，是赤水河流域酒文化廊道最为核心的区域。赤水河流域从其源头到入江口，几乎所经过的每一个县市都生产白酒，如其源头所在的云南省镇雄县生产小曲清香型赤水源头酒、威信县有号称云南第一酒的云曲酒、毕节市有毕节大曲、金沙县有金沙回沙酒、仁怀市有茅台酒、习水县有习酒、赤水市有赤水老窖、古蔺县有郎酒、叙永县有稻香村酒、合江县有普照酒等，其中仁怀市茅台镇、习水县习酒镇、古蔺县二郎镇依托其独特环境，所生产的茅台酒、习酒和郎酒成为当前赤水河流域直接流经区域最具影响力的白酒品牌。尤其是茅台酒，无论是其产值、市值还是社会影响力等，都是当之无愧的中国白酒行业龙头。此外，除赤水河直接流经县市之外，其所辐射的遵义市、泸州市其他地区同样具有悠久的酿酒传统，且形成了遵义市董酒、湄潭窖酒、鸭溪窖酒以及泸州老窖等众多知名品牌，这些多元而又独特的白酒品牌代表着不同发展历史、不同酿造工艺以及不同香型结构的多元化酒体，是赤水河流域多元化酒文化内容最直观的呈现。

三、酒文化遗产富集带

赤水河流域沿线分布着丰富多彩而又极具价值的酒文化遗产。在出土器物层面，有遵义市务川自治县出土的、春秋战国时期的蒜头壶，仁怀市城区东郊云仙洞遗址出土的、以大口樽为代表的商周时期陶制酒器和酒具，习水县大合水出土的《侍饮图》等。在酿造遗址层面，有茅台酒酿酒工业遗产群、习水县土城镇春阳岗糟房、古蔺县郎酒天宝洞、泸州老窖窖池群及酿酒作坊

① 谭智勇.美酒河诗话［C］//贵州酒文化博物馆.贵州酒文化文集.遵义：遵义市人民印刷厂，1990：128.

等。在酿造技艺层面，茅台酒酿制技艺和泸州老窖酒酿制技艺于2006年被列入第一批国家级非物质文化遗产名录、郎酒传统酿造技艺于2008年被列入第二批国家级非物质文化遗产名录、董酒酿制技艺于2021年被列入第五批国家级非物质文化遗产名录、习酒酿造技艺于2014年被列入遵义市第三批非物质文化遗产名录等。此外，在历史的动态发展过程中，赤水河流域沿线还形成、积淀和传承了诸多关于茅台酒、习酒、郎酒等白酒品牌的传说故事、诗歌等非物质文化遗产内容。这些分布于赤水河流域沿线、传承于当地老百姓中间的物质与非物质文化遗产，有些已作为文物被保护起来，有些在当代社会经济发展的新背景下得以活态传承与发展，它们共同构成了赤水河流域丰富的酒文化遗产体系，成为赤水河流域酒文化廊道的重要组成内容。

四、带状酒文化空间

文化空间是与文化时间相对应的一个概念，"是人及其文化赖以生存和发展的场所，是文化的空间性和空间的文化性的统一"①。"文化空间必须通过文化时间得以纵向延续和发展，文化时间必须通过文化空间得以横向展开和延展"②。文化空间既是一个有形的物理场所和物理空间，"是一个文化的物理空间或自然空间，是有一个文化场所、文化所在、文化物态的物理'场'"③，也是一个无形的意义场所和意义空间，"是一个生成、创造和获得价值与意义的领域，是人们情感发生、寄予和表达的场所"④，是一个文化"场"。无论是有形的物理"场"还是无形的文化"场"，其中最为关键的是人类的"在场"，人类是自然的存在，更是文化的存在，人类不仅生活在有形的自然世界中，更生活在无形的文化世界中。人类不断认识、利用和改造身处其中的自然世界，也不断创造和丰富无形的文化世界。当然，作为人类生存与发展所依赖的外部环境，自然世界与文化世界始终对人类产生一定的影响。因此，文化空间不仅是人类赖以生存和发展的物理空间，更是人类文化创造与发展的意

① 苗伟.文化时间与文化空间：文化环境的本体论维度［J］.思想战线，2010（1）：104.

② 邹广文.当代文化哲学［M］.北京：人民出版社，2007：146.

③ 向云驹.论"文化空间"［J］.中央民族大学学报（哲学社会科学版），2008（3）：82.

④ 苗伟.文化时间与文化空间：文化环境的本体论维度［J］.思想战线，2010（1）：104.

义空间。

赤水河流域酒文化廊道不仅是以赤水河流域为核心轴线的有形的自然空间和物理场所，更是以赤水河流域为核心轴线的无形的酒文化生存与发展的意义空间与文化场所。赤水河流域酒文化廊道作为一个带状文化空间，其自然空间性主要体现为赤水河流域酒文化廊道的自然地理分布状态，亦即以赤水河流域为核心轴线形成的酒文化带状分布范围。主要包括赤水河流域所流经的云南省镇雄县、威信县，贵州省毕节市七星关区、金沙县、仁怀市、习水县、赤水市以及四川省叙永县、古蔺县和合江县3省10区县，还包括昭通市、毕节市、遵义市和泸州市等赤水河流域酒文化辐射区域。赤水河流域酒文化廊道所覆盖的自然地理空间和范围构成了赤水河流域酒文化廊道这一带状文化空间有形的物理"场"。

赤水河流域酒文化廊道作为一个带状文化空间的意义空间性主要体现为以赤水河流域为核心轴线、呈带状分布的酒文化内容本身。一方面，赤水河流域酒文化内容丰富多元，无论是以茅台酒、郎酒、泸州老窖等为代表的多元化酒体、不同酒体背后独特的酿造技艺与酿造历史、沿线区域出土的多元化酒文物、广泛分布在赤水河流域两岸的各色酿造作坊、车间、窖池、酿造设备以及独具特色的酿酒饮酒习俗等，无不体现出赤水河流域酒文化廊道多元丰富的酒文化内容。这些有形抑或无形的酒文化内容构成了赤水河流域酒文化廊道独特的酒文化空间，赋予了赤水河流域酒文化廊道深刻的酒文化意义和浓厚的酒文化氛围，使得身处其中的人们可以经历并感受到最有意义的酒文化生活和酒文化体验。另一方面，赤水河流域丰富的酒文化内容呈现出一种沿赤水河流域带状分布的格局。赤水河流域沿线的重要酿酒区域凭借当地独特的自然环境和社会环境，在社会经济发展过程中逐步形成了酿酒这一生产方式，在动态化的历史演变过程中逐渐积淀了丰厚的酒文化内容，进而形成了零星、错落分布于流域两岸的酒文化区域。同时，随着流域沿线居民之间商业往来、文化交流、人口迁徙等活动的开展，不断推动着酿酒、饮酒相关的技艺、习俗等酒文化内容沿流域两岸的传播与扩散，尤其是川盐入黔和赤水河流域航运疏通，进一步促进了外来文化的传入，也推动了流域沿线各区域之间的文化交流与经济往来。酒作为一种重要的饮品，也伴随着各种交流活动的开展而不断传播开来，原本零星、错落分布于流域两岸的酒文化区域得以不断扩大，以点成线、以线带面，逐渐形成了以赤水河流域为主要通道，以沿线主要酿酒区域为关键节点，辐射周围相关区域的酒文化带状分布格局。总体而言，赤水河流域酒文化廊道带状分布结构主要表现为以赤水河流域为主要通道，串联起沿线的镇雄、威信、毕节、金沙、仁怀、习水、赤水、古蔺、叙永、合江等酿酒区域节点城市，并向外辐射至毕节市、遵义市和泸州市其他相关区域的点状密集、线状延展、面状辐射的大尺度带状空间。这些呈带状分布的丰富酒文化内容构成了赤水河流域酒文化廊道这一带状文化空间的文化"场"，构成了赤水河流域酒文化廊道最深刻的内涵。

第三节　赤水河流域酒文化廊道的多维价值

赤水河流域酒文化廊道是我国乃至世界罕见的酒文化沉积带和酒产业聚集区，赤水河流域酒文化廊道丰富的酒文化遗迹、悠久的酒文化历史、独特的酒酿造技艺、多元的酒文化习俗等共同构成了该区域独特的酒文化体系，赋予了该区域极高的酒文化研究价值和意义。

一、历史价值

赤水河流域酒文化廊道广泛分布着众多酒文化遗产，这些遗产是在沿线酿酒工业与酒文化发展过程中逐渐积淀和留存下来的宝贵财富，成为沿线酒文化演变与发展的历史见证，也是深入研究和理解中国酒文化的重要载体，具有极高的历史价值。

留存至今的古代酿酒设施充分体现和见证了赤水河流域酒文化的发展历程。在赤水河流域，至今仍保存有大量古代酿酒设施和酿酒遗迹，且部分古代酿酒设施一直沿用至今，从未间断。其中最具典型意义的当数贵州茅台酒酿酒工业遗产群和四川泸州老窖1573国宝窖池群。茅台酒酿酒工业遗产群以"茅酒之源"为代表，包括建于清同治元年（1862年）的成义酒房、建于光绪五年（1879年）的荣和酒房和建于1929年的恒兴酒房旧址，以及1951年后陆续扩建、修建的制曲一片区发酵仓、制曲二片区石磨坊、干曲仓，下酒库第五栋、第八栋酒库等代表性建筑及附属物共计10处。该遗产群包含烧酒房、踩曲房、粮仓、曲药房、石磨房、酒库、窖池、古井等设施，是一套完备的酿酒工业体系，具有极高的历史价值和传统酿造工艺的科学研究价值。茅台酒酿酒工业遗产群见证了茅台酒由籍籍无名到享誉世界、由手工作坊向工业化生产、由民营向国营的转变历程，是我国民族工业自清代以来从艰难前行到不断发展壮大并创造辉煌的历史见证。2013年5月，经国务院批准，该遗产群被认定为第七批全国重点文物保护单位，2017年12月，该遗产群又入选第二批中国20世纪建筑遗产。茅台酒酿酒工业遗产群的重大价值越来越受到国家重视。泸州老窖1573国宝窖池群是指始建于明代万历年间（1573年），后陆续扩建至清光绪年间的1619口连续使用至今的百年以上老窖池。其中位于泸州市江阳区营沟头的4口老窖池早在1996年就被国务院批准为全国重点文物保护单位，这也是白酒行业第一家获此殊荣的企业，2006年又入选世界文化遗产预备名录。其余的1615口老窖池已于2007年被四川省政府公布为省级文物保护单位。1573国宝窖池群是中国历史上建造最早、保存最完整、持续生产使用时间最长的窖池群，见证了泸州老窖乃至整个泸州酿酒工业的发展历程，具有极高的历史价值。

二、文化价值

赤水河流域出土的大量酒文化器物充分再现了该区域酒文化之悠久与繁荣，具有较高的酒文化研究价值。赤水河流域沿线出土了诸多与酒相关的各类器物、石刻等历史文物，充分证实和再现了赤水河流域悠久的酒文化历史和繁荣的酒文化。如出土于仁怀市城东云仙洞遗址，以大口樽为代表的商周时期陶制酒器、酒具；出土于仁怀市交通乡，产于明代的靠椅背式提梁锡酒壶；出土于泸州市纳溪区，产于明代的麒麟温酒器等与酿酒饮酒相关的各种文物，充分展现了赤水河流域悠久的酿酒历史和发达的酒文化。此外，还有桐梓县夜郎坝宋墓出土的《夫妻对饮图》，习水县大合水出土的《侍饮图》，遵义市郊赵家坝明墓出土的《备宴图》，位于泸州真如寺、刻于清康熙年间的《百子图》等都从不同角度呈现了古代赤水河流域丰富多彩的饮酒习俗。

此外，与酒相关的古诗词与民间歌谣不仅充分反映了赤水河流域酒文化的区域分布与发展特点，亦是赤水河流域酒文化廊道多元酒文化内容的重要构成部分。民间歌谣和文人墨客的诗词作为一种文学艺术形式，是对现实生活的艺术化提炼，一定程度上反映了当时当地的现实社会状况。作为一种非物质文化遗产形式，在历史发展过程中逐渐产生并代代流传至今的有关赤水河流域酒文化的歌谣与诗词等艺术作品，成为理解古代赤水河流域酒文化发展状况及其演变的重要媒介。如清代仁怀厅同知陈熙晋的一首"尤物移人付酒杯，荔枝滩上瘴烟开。汉家枸酱知何物，赚得唐蒙鳛部来"反映了西汉时期赤水河流域就已开始酿酒，所产之枸酱更是获得西汉大将唐蒙的青睐。五代时期的著名词人韦庄写下了"泸川杯里春光好，读书万卷偕春老"的优美语句，表明在五代时期，泸州地区酿酒活动就已盛行。清代贵州著名诗人郑珍所写《茅台村》中的一句"酒冠黔人国，盐登赤虺河"更是将茅台村所酿之酒推到极高地位，表明当时茅台村酿酒技艺已较为成熟，所酿之酒品质极高。陈熙晋同样作有《茅台村》一诗，其中"家惟储酒卖，船只载盐多"充分道出了茅台村作为川盐入黔的重要码头之一，其酒业经济极为发达的盛况。流传于古蔺县二郎镇的"赤水河畔高山头，有股清泉往下流。妹引泉水种高粱，哥用泉水煮郎酒"这一民间歌谣朴素而直白地道出了酿造郎酒所用之原料为赤水河畔的泉水与高粱。

三、科学价值

赤水河流域酒文化廊道的科学价值主要体现在沿线独特的酿造工艺方面。以茅台酒、郎酒等为代表的酱香型白酒酿酒工艺可简要概括为"12987"，即以1年为酿造周期，通过2次投粮、9次蒸煮、8次发酵、7次取酒，再经过常年贮藏、精心勾兑而成。投粮是酿酒活动的开始，当地俗称"下沙"，但在"下沙"之前，通常需要先制作酿酒所需的酒曲。当地酿酒工艺大师们在长期的摸索与总结中逐渐形成了"端午制曲、重阳下沙"的酿造时令规律。这一时令规律充分适应和利用了当地夏季高温、赤水河水质变化以及农业种植等自然环境和农事规律，具有较高的科学价值。

一是端午制曲的科学性。从制曲原料上看，每年农历四月是茅台、二郎等赤水河流域核心酿酒产区小麦成熟的季节，到了农历五月，新收割的小麦正好晒干，便于用来制作酒曲。这样一方面有助于减少虫害、鼠害、小麦霉变等风险，保证制曲原料质量并提高其利用效率；另一方面可以减少劳动环节，降低储存成本。从微生物环境上看，端午时节新收割的小麦含有多种有助于酿酒微生物生长的营养成分，可以"保质保量地为微生物提供C、H、O、N、P、S等细胞需要的主要元素，还能为其提供维生素、氨基酸、碱基等生长因子，保证了大曲微生物的营养"①。同时，端午时节，太阳直射点已离开赤道逐渐北移，赤水河流域气温逐渐回升，加之降雨量逐渐增加，都为微生物的生长和繁殖提供了适宜的气温和充足的水分。从感官上看，在端午时节制作酿酒用的酒曲"颜色较深，具有曲香、酱香和焦香，质量更好，符合普通高温大曲的感官特征"②；从理化指标上看，"春分、端午、秋分时期所制大曲的酸度、糖化力、液化力都正常，均符合高温大曲标准，但端午制曲的糖化力、液化力更适合生产要求"③。因而，"端午制曲符合资源利用、微生物学原理、生化反应原理，具有很强的科学性"④。

二是重阳下沙的科学性。从酿酒原料上看，赤水河流域酿酒所有原料为当地生产的糯红高粱，海拔较低的河谷产区通常在每年农历九月成熟收割，而海拔较高的山区则要等到农历十月左右才能收割，因而选择重阳下沙、2次投粮即顺应当地高粱种植与收成规律的需要，具有顺应农时的科学性。"水乃酒之血"，"下沙"即将准备好的糯红高料按照一定要求，加入适量优质水润粮拌匀后进行蒸煮，整个过程需要大量的优质水源。重阳时节，原本浑浊赤红的赤水河水逐渐变得清澈透明，加之两岸优质山泉水的汇入，让赤水河水质达到一年中的最佳状态，因而重阳下沙亦是充分认识、顺应和利用当地自然环境的智慧与科学举措。

四、经济价值

赤水河流域酒文化廊道不仅是酒文化资源富集、酒文化历史悠久的带状

---

① 沈毅，许忠，王西，等.论酱香型郎酒酿造时令的科学性［J］.酿酒科技，2013（9）：45.
② 沈毅，许忠，王西，等.论酱香型郎酒酿造时令的科学性［J］.酿酒科技，2013（9）：44.
③ 沈毅，许忠，王西，等.论酱香型郎酒酿造时令的科学性［J］.酿酒科技，2013（9）：44.
④ 沈毅，许忠，王西，等.论酱香型郎酒酿造时令的科学性［J］.酿酒科技，2013（9）：46.

酒文化空间，也是酒厂林立、酒产品多元、酒产业发达的全国知名白酒产业带，对沿线区域社会经济发展产生了巨大的推动作用，具有显著的经济价值，产生了较高的经济效益。根据仁怀市酒业协会统计数据显示，2019年仁怀市地方酒类企业实现产量23.6万千升，营业收入达到200多亿元，共计上缴税收28.78亿元，[①]酒产业早已成为仁怀市最重要的支柱产业，也是仁怀市最具影响力的城市名片。酒产业的发展不仅为仁怀市带来了巨大的财税收入，带动了高粱种植、白酒酿造、包装设计、物流运输、市场营销、企业咨询等围绕酒这一核心产品和酒产业这一主导产业而形成的关联产业发展，更凭借着发达的酒业经济和众多的关联产业而极大地促进了当地百姓的就业与增收。赤水河流域酒文化廊道沿线的金沙县、仁怀市、习水县和古蔺县是酱香型白酒的主要产区，其中，金沙县、仁怀市和习水县2022年实现白酒产值分别为38.79亿元、899.7亿元和185亿元，古蔺县2021年实现白酒产值为195亿元。众多知名白酒企业在赤水河流域酒文化廊道上的汇聚与发展，极大地推动了赤水河流域以白酒产业为核心的区域经济发展，成为我国乃至全球知名的白酒产业经济带。此外，赤水河流域酒文化廊道广泛分布着诸多独具特色的酒文化资源和景观，为酒文化旅游产业的发展提供了高品质的资源基础。近年来，赤水河流域酒文化廊道沿线区域纷纷依托当地独特的酒文化资源及其他相关资源，采取各种措施以推动文化旅游产业发展，推出了以茅台祭水节为代表的酒文化节庆、以《天酿》为代表的酒文化演艺、以麒麟温酒器为代表的酒文化创意产品、以中国酒文化城和泸州老窖博物馆为代表的酒文化博物馆、以郎酒庄园为代表的酒文化综合体验区等多元化酒文化产品和服务，促进了当地酒文化资源的多样化开发与利用，推动了以酒文化旅游为核心的多元经济发展。

①　2019年仁怀地方酒企实现营收超200亿元［EB/OL］.仁怀市人民政府网站，2020-01-15.

第二章

赤水河流域酒文化廊道的空间结构与特征

赤水河流域酒文化廊道在物理空间上表现为沿赤水河流域分布的带状空间格局，同时，该廊道受自然环境、人文环境等因素制约，又形成了差异化发展区域。

第一节 赤水河流域酒文化廊道的空间结构

赤水河流域酒文化廊道西起云南省镇雄县，随后自西向东经云南省威信县，四川省古蔺县，贵州省毕节市、金沙县、仁怀市，继而向北延伸，经贵州省习水县、赤水市和四川省叙永县，止于四川省合江县。赤水河流域酒文化廊道呈横向的"U"字形，整体上呈现出自西南向东北延伸的宏观走向，犹如一只倾倒的酒杯，杯底正是酿造出享誉世界之茅台酒的仁怀市茅台镇。总体而言，赤水河流域酒文化廊道包括核心区、辐射区和枢纽城市三个组成部分。

一、赤水河流域酒文化廊道核心区

赤水河流域酒文化廊道的核心区域主要是指赤水河中游的仁怀市、习水县和古蔺县所在区域，该区域酒文化历史悠久，酒产业经济发达，是整个赤水河流域酒文化资源最为富集、酒产业最为发达的区域。

仁怀市地处贵州省西北部，系遵义市下辖县级市，是"川盐入黔、商贾云集"的重要中心，也是茅台酒的故乡，于2004年被授予"中国酒都"之称号，是2019年全国综合实力百强县市之一。仁怀市酒文化历史悠久，酒文化资源丰富，酒产业尤为发达。早在清代时期，在仁怀县城西茅台村酿制的茅台酒就已冠绝全省，更于民国初年远赴海外参赛并一举获得巴拿马万国博览会金奖荣誉，成为与法国科涅克白兰地、英国苏格兰威士忌齐名的世界三大蒸馏酒之一。除享誉全球的茅台酒之外，仁怀市还有国台酒、怀酒、酒中酒等众多知名白酒品牌，拥有茅台酒酿酒工业遗产群、中国酒文化城、茅台镇、美酒河石刻等数量丰富、品质较高的酒文化遗产和文化资源。

习水县是古鳛国所在地，位于贵州北部，地处川黔渝接合部的枢纽地带，东连贵州省桐梓县和重庆市綦江区，西接贵州省赤水市，南近贵州省仁怀市和四川省古蔺县。习水县是著名的美酒之乡，有着悠久的酒文化发展历史。"尤物移人付酒杯，荔枝滩上瘴烟开，汉家枸酱知何物，赚得唐蒙鳛部来。"早在西汉时期，居住在习水流域的先民们便已酿制出被汉武帝称"甘美之"的枸酱酒。到了两宋时期，习水县是古滋州所在地，这里所酿制的风曲法酒尤为盛行，是宋代重要的官方酿酒之一。秉承着悠久的酒文化历史，沉淀着丰厚的微生物环境，传承着浓郁的酒文化氛围，现在的习水县已成为赤水河畔重要的酒文化区域和酒产业中心，酿制出了以习酒为核心，包括习水大曲、宋窖、窖藏洞酒、小糊涂仙等众多知名白酒品牌的白酒品牌集群，打造了或正在建设的习酒文化城、习酒博物馆、酒文化广场、酒文化主题公园等充分彰显了习水县酒文化的悠久历史和具有深刻内涵的酒文化项目和内容。

古蔺县古称蔺州，是历史上著名的女性土司奢香夫人的故乡，也是赤水河流域重要的酱香型白酒生产基地和"郎酒之乡"。古蔺县酒文化历史悠久，"明、清以前，世居彝、苗、羿民无论婚丧嫁娶，打猎扎山，逢年过节，少不了酒"①。到民国年间，古蔺县酒产业发展渐成规模，形成了以回沙郎酒、乐芳茅酒、茅坡窖酒、蔺酒等为代表的众多白酒品牌，尤其是回沙郎酒的发展，为现代郎酒发展奠定了坚实的基础，成就了古蔺县以郎酒为核心的多元化酒文化发展。

在以仁怀市、习水县和古蔺县为区域构成的赤水河流域酒文化廊道核心

---

① 古蔺县志编撰委员会.古蔺县志［M］.成都：四川科学技术出版社，1993：282.

区域中，又以仁怀市茅台镇、习水县习酒镇和古蔺县二郎镇最具代表性，分别孕育出了茅台酒、习酒和郎酒等赤水河流域最具影响力和知名度的白酒品牌。无论是茅台镇、习酒镇，抑或二郎镇，均有着悠久的酒文化发展历史，到了现代，更是酒厂林立、酒业发达、酒文化资源聚集、酒文化氛围浓郁。可以说，这三个小镇是名副其实的酒文化小镇，酒文化是其主流文化，酒产业是其主导产业。

表2.1　赤水河流域酒文化廊道核心区主要酒类品牌及文化资源概览

序号	所属区域	主要酒类品牌	主要酒文化资源
1	仁怀市	茅台酒、国台酒、怀酒、酒中酒等	茅台酒酿酒工业遗产群、中国酒文化城、茅台镇、国酒门、茅台巨型酒瓶、《天酿》、美酒河石刻、茅台1915广场等。
2	习水县	习酒	习酒文化城、习酒博物馆、酒文化主题公园等。
3	古蔺县	郎酒	郎酒庄园、天宝洞、地宝洞、五老峰等。

二、赤水河流域酒文化廊道辐射区

赤水河流域酒文化廊道辐射区主要是指赤水河流域干流所流经的除仁怀市、古蔺县和习水县之外的其他区域，包括云南省镇雄县、威信县，贵州省毕节市七星关区、金沙县、赤水市和四川省叙永县、合江县。此外，还包括赤水河主要支流马洛河所流经的毕节市大方县和桐梓河所流经的遵义市桐梓县。辐射区无论是酒类品牌的数量、影响力，还是酒文化相关资源都远远弱于核心区。总体而言，赤水河流域酒文化廊道辐射区以酒产业发展及相关品牌为主，以酒文化为主题的相关资源则相对不足。

镇雄县地处云南省东北部，位于云南省、贵州省和四川省接合部，是赤水河发源地，赤水河正是从镇雄县赤水源镇银厂村流出，自南向北穿越崇山峻岭，最终汇入滚滚长江，养育了沿线数百万人口，更孕育了闻名世界的酒文化，成为中华酒文化的重要组成部分。镇雄县虽地处赤水河之源，其酒产业却并不是很发达，酿酒历史较短，酒文化发展不足，反倒是因境内拥有丰富的煤矿和硫铁矿资源而形成了相对较为发达的矿业经济。近年来，随着矿产资源的日渐减少以及对生态环境保护的日趋重视，镇雄县逐渐转变经济发展方式，调整产业发展结构，开始向更加生态和环保的经济发展方式转型。正是在这一背景之下，以五加皮酒、刺梨酒、云赤源酒等为代表的酒业经济逐步发展起来，成为镇雄县最具代表性的酒类品牌。

威信县同样位于云南省东北角，地处云贵高原北缘与四川盆地南缘的过渡地带，南接镇雄县，西连彝良县，北邻四川省筠连县和兴文县，东毗四川省叙永县，素有"鸡鸣三省"之称，中国工农红军长征途中著名的扎西会议正是在此地召开。威信县是一个典型的山区农业县，以玉米和水稻为主要农作物，兼有烤烟等经济作物，酿酒历史短暂，酒业经济薄弱，以晨曦、金谭、云曲窖酒等为主要酒类品牌。

金沙县原名打鼓新场，1941年取境内"金宝屯"和"沙溪坝"两个地名首字而设置金沙县。金沙县酒文化历史悠久，早在明代，现金沙县所属地区就已有民间糟坊开始酿酒销售，自酿自用更是在当地百姓生活中广泛流行。到了清代，作为川盐入黔重要陆路节点之一的打鼓新场已成为黔西北地区较为繁盛的商业中心之一，以"慎初烧房"为代表的酿酒作坊逐渐兴起，在"慎初烧房"的推动下，酱香型酒文化开始引入该地区，为当代金沙酒文化的形成与发展奠定了坚实基础，并促进了金沙窖酒、金沙回沙酒等当代金沙地区主要酒类品牌的形成。

大方县位于贵州省西北部，毕节市中部，赤水河主要支流之一马洛河流经县境东北，是"奢香故里"。大方县作为汉族、彝族、苗族等多民族杂居的县，在历史上曾是济火献粮助诸葛亮南征的发生地，也是贵州省四大土司之一的水西土司政治、经济和文化中心，境内的济火碑、慕俄格古城、奢香古镇、奢香墓便是大方县悠久历史和文化的重要见证。而八堡乡苗族水花酒则是大方县传统酒文化的重要代表，这是一种以当地所产糯米为主要原料酿制而成的发酵酒，是当地民族文化的重要组成部分。此外，方窖、方酒等蒸馏酒已成为大方县重要的地方名酒品牌，成为大方县酒文化的重要支撑。

桐梓县地处贵州省与重庆市接合部，是古人类发祥地之一。1971年，当时的贵州省地质队工作人员在赤水河主要支流之一的桐梓河流域范围内发现了距今18万~20万年的"桐梓人"遗址。桐梓县自然生态优越，因境内分布着数十万亩原生方竹林，盛产方竹笋且品质优越，素有"中国方竹笋之乡"的美誉。桐梓县酿酒历史短暂，鲜有酒文化相关记载或文物出土，中华人民共和国成立后组建了贵州遵义国营桐梓酒厂，开始设厂酿酒，以桐梓窖酒、桐梓大曲等浓香型白酒品牌为主要代表。

赤水市地处贵州省西北部与四川省泸州市接壤之处，赤水河穿境而过，是赤水河流经贵州省境内的最后一个县市。赤水市西北分别与四川省泸州市古蔺县、叙永县和合江县三县交界，历史上曾是符县（今合江县）管辖之地和巴郡属地，受巴蜀文化影响较深。早在清光绪年间，赤水市就已有糟坊酿酒，其酒师大多源于巴蜀，在巴蜀酒师的推动下，赤水市酒文化迅速发展，并带有浓厚的巴蜀韵味。近年来，赤水市秉承并弘扬传统酿酒文化，形成了赤水老窖、贵州印象等地域性知名白酒品牌。

叙永县位于赤水河畔，又称永宁，是川南边陲县城，境内广泛分布着喀斯特地貌和丹霞地貌。作为泸州市下辖县，叙永县酒文化深受泸州酒文化影响，在白酒香型结构上表现出明显的浓香型特点，大多参照泸州老窖传统酿制工艺，通过续糟配料、固态窖池发酵而成，形成了以稻香春、观兴窖等为代表的主要酒类品牌。

合江县古称符县，是赤水河与长江汇合所在地，是长江出川第一港口县，也是长江上游较早设置县城的地区之一。同叙永县相似，合江县酒文化发展亦深受泸州酒文化影响，亦表现出典型的浓香型特色。同时，合江县丰富的水果资源也为果酒的发展提供了充裕的原料，果酒亦成为合江县酒类产品体系中的重要构成。

表2.2　赤水河流域酒文化廊道辐射区主要酒类品牌及文化资源概览

序号	所属区域	主要酒类品牌	主要酒文化资源
1	镇雄县	五加皮酒、刺梨酒等	—
2	威信县	晨曦、金谭、云曲窖酒等	—
3	金沙县	金沙窖酒、金沙回沙酒等	—
4	大方县	水花酒、方窖、方酒等	—

序号	所属区域	主要酒类品牌	主要酒文化资源
5	桐梓县	桐梓窨酒、桐梓大曲等	—
6	赤水市	赤水老窨、贵州印象等	—
7	叙永县	稻香村、观兴窨等	—
8	合江县	乌梅酒、聚义堂酒等	—

三、赤水河流域酒文化廊道枢纽城市

云南省昭通市、贵州省毕节市和遵义市以及四川省泸州市作为赤水河主干流所在地级市，对赤水河流域酒文化的挖掘、研究和开发利用有着宏观把控与管理的作用，是赤水河流域最主要的经济、文化中心，尤其是泸州市作为浓香型白酒品牌泸州老窨所在地和酒文化底蕴深厚的酒城，其本身就有着悠久的酒文化历史和丰富的酒文化资源。因而，以上四个城市自然也就成为赤水河流域酒文化廊道的枢纽城市。

昭通市位于云南省东北部，地处云南、贵州、四川三省接合的乌蒙山腹地，是中原汉文化进入云南省的重要通道之一。昭通市作为赤水河发源地，对赤水河流域沿线酒文化的形成与发展以及赤水河流域酒文化廊道的形成与拓展具有基础性作用，尤其是近年来赤水河源头所在地镇雄县和威信县为保护赤水河流域生态环境而采取了诸多措施，为赤水河流域酒文化廊道的可持续发展提供了必不可少的自然生态环境保障。昭通市作为赤水河流域酒文化廊道的重要枢纽城市之一，相较于毕节市、遵义市和泸州市而言，其本身的酒文化历史并不算悠久，酒文化资源也并不丰富，但是昭通市为整个赤水河流域酿酒所需优质水源提供了必要的保障，确保了一江清水顺流而下，进而促进了赤水河流域酒文化的形成、发展与传播，推动了赤水河流域酒文化廊道的生成与拓展。

毕节市地处贵州省西北部、乌蒙山腹地，是古代夜郎所在地。毕节市酒文化历史悠久，其中最具代表性的当数20世纪70年代被列入贵州省八大名酒

系列的毕节大曲。毕节大曲由毕节大曲酒厂生产经营，其前身是国民政府设立的川滇东路运输管理局酒精厂。中华人民共和国成立后，该酒精厂由毕节县人民政府接管，后于1953年改为地方国营毕节县酒厂，1957年，国营毕节县酒厂派专人赴四川省泸州大曲酒厂学习曲酒酿制技术，开始酿制毕节大曲酒。除毕节大曲之外，毕节市还有碧春酒、黔西林酒、金沙斗酒、大方方酒等诸多知名白酒品牌，形成了浓香型、酱香型等多元酒体异彩纷呈的酒文化发展格局，而毕节大曲则是毕节市最主要的酒类品牌之一，是毕节市酒文化的重要代表。

遵义市古称播州，是著名的美酒之乡，也是黔北川南名酒区域的核心地区之一。遵义市酒文化历史源远流长，无论是司马迁在《史记》中所提到的"枸酱"，还是陆续出土的汉代蒜头壶、唐代白瓷鸡首壶、唐三彩堆花葫芦瓶、明代提梁式锡酒壶，以及宋代狮子山烧房和春阳岗烧房等古代酿酒遗迹的发掘和桐梓县《夫妻对饮图》、习水县《侍饮图》、遵义市《备宴图》等饮酒画像的出土等，无不向我们展示了遵义市悠久的酒文化历史和深厚的酒文化底蕴。进入当代，遵义市更是形成了茅台酒、习酒、董酒、鸭溪窖酒、湄潭窖酒、古凤窖酒、枫榕窖、台河大曲等白酒品牌集群，形成了多元名酒异彩纷呈，大型酒企与小型作坊星罗棋布，酱香、浓香、药香等多元香型结构共存的发展格局。

泸州市古称江阳，因境内酒文化历史悠久，酒窖、作坊遍布全城，所酿之酒闻名天下，因而又叫酒城。其中最著名的当数泸州老窖，"泸州老窖拥有窖池10086口，其中百年以上的老窖池1619口"①。建于明代万历元年（1573年）的舒聚源酿酒作坊，经清代温永盛的延续所酿造出的大曲酒成为当代泸州老窖"国窖1573"的始祖，此外，还有天成生、爱仁堂、永兴诚、鼎丰恒、洪兴和等众多百年老字号酿酒作坊。目前，泸州市已形成了以泸州老窖为代表，包括三溪、泸宝、蜀泸等众多知名白酒品牌在内、以浓香型为核心的现代酒文化发展格局，成为川南浓香型酒文化的核心区域。

---

① 杨辰.可以品味的历史［M］.西安：陕西师范大学出版社，2012：11.

表2.3 赤水河流域酒文化廊道枢纽城市主要酒类品牌及文化资源概览

序号	所属区域	主要酒类品牌	主要酒文化资源
1	昭通市	滇和液、醉明月等	—
2	毕节市	毕节大曲、碧春酒等	—
3	遵义市	董酒、鸭溪窖酒、湄潭窖酒等	—
4	泸州市	泸州老窖、三溪、泸宝、蜀泸等	1573国宝窖池群等

第二节 赤水河流域酒文化廊道的主要特征

赤水河流域酒文化廊道是自古形成，经历代动态化发展演变至今并持续存在和发展的酒文化沉积带，具有多元化的特征。

一、带状空间性

从横向的地域空间范围来看，赤水河流域酒文化廊道自滇东北昭通市镇雄县起，经黔西北毕节市及黔北遵义市大部分地区后，至川南泸州市合江县止，总体上呈现出横向U字形的带状分布格局。线性分布、蜿蜒流淌在我国西南崇山峻岭间的赤水河流域是赤水河流域酒文化廊道的核心轴线。赤水河流域优质的水源为两岸酿酒活动的开展和酒产业发展奠定了良好的物质基础，沿线主要酿酒区域正是充分依托和利用这一优势资源，纷纷设坊酿酒，促进了酒产业的发展与酒文化的繁荣，成为赤水河流域酒文化廊道上重要的节点和耀眼的明珠，也是赤水河流域酒文化廊道上酒产业最为发达、酒文化资源最为富集的核心区域。尤其是进入贵州与四川交界的仁怀、习水、古蔺一带，奔涌而来的赤水河在此变得更加温和，流域两岸的高山环抱使得这一片区形成了独特的小气候环境，加之喀斯特地貌及特殊岩层对地下水的过滤，为这一区域酿酒活动的开展提供了独有的外部自然环境，孕育出了茅台、习酒、郎酒等众多知名酱香白酒品牌。

二、交流互动性

赤水河流域酒文化廊道以赤水河流域为主要干线，将沿线各县市串联起来，形成了以酒文化为主题的多元化交流与互动廊道。无论是西汉唐蒙从符关（今合江县）溯赤水河而上到夜郎，清代张广泗疏通赤水河和川盐入黔对赤水河流域沿线酒文化的传播，还是在历史发展过程中四川泸州地区酒师对赤水市酒文化发展的推动，毕节县酒厂、鸭溪酒厂到泸州老窖的学习取经，郎酒与茅台酒、习酒与茅台酒、珍酒与茅台酒的历史渊源，以及当代赤水河流域各大酒企对赤水河生态保护、对河流源头区域经济扶持，沿河形成酒产业互助合作经济带等，无不体现了赤水河流域这一分布于祖国西南的带状空间范围内酒文化多元交流与酒产业互助合作的显著特点。赤水河流域酒文化廊道的生成与历史流变过程中始终伴随着广泛而密切的交流与互动，这种交流与互动既有宋代今习水土城地区商人携带风曲法酒到泸州博易于市的商品交易行为，有民国时期泸州地区酒师到赤水市等地传授酿酒技艺以及茅台酒厂等地知名酒师到古蔺郎酒、金沙慎初烧房等酒厂指导、传授酿酒技艺的文化传承行为，有互派专人学习的文化交流行为，也有赠送曲药、酒糟等酿酒材料的物质支援行为以及当代全方位、多角度的合作行为等。正是在这种商品交易、信息交流、技术支持、产业合作的全面交流互动过程中，促进了赤水河流域沿线各区域酒文化之间的交流、融合与发展，进而形成了一条以赤水河为核心轴线、紧密联系而成为一个整体的赤水河流域酒文化廊道。

三、历史动态性

从纵向的发展历史来看，赤水河流域酒文化廊道呈现出显著的历史动态性特征，体现了赤水河流域源远流长的酒文化历史和深厚的酒文化底蕴。有学者根据历史资料认为，"最迟在殷周时期，中国酒文化已进入一个发达阶段"①，但是关于赤水河流域具体于何时出现了酿酒活动尚无定论。根据现有历史文献记载和考古发掘，学界大多倾向于将赤水河流域较大规模开展酿酒活动的肇始时间定位于西汉。从历史文献记载来看，《史记·西南夷列传》记载了汉使唐蒙在南越初次品尝枸酱，后又问蜀贾人南越的枸酱从何而来，贾人回答曰："独蜀出枸酱，多持窃出市夜郎。"②这成为有关赤水河流域酒酿造活

① 龚若栋.试论中国酒文化的"礼"与"德"［J］.民俗研究，1993（2）：61.
② 司马迁.史记：西南夷列传［M］.北京：中华书局，1982：2294.

动的最早记载。从考古发掘来看，习水县土城镇天堂口汉代墓葬中出土的大量陶酒坛、陶甑、陶酒杯等陶制酿酒与饮酒器具再现了两汉时期赤水河流域发达的酿酒业和繁荣的酒文化。遵义新舟出土的宋代陶制豪华酒瓶被认为是"宋代滋州行政当局向播州杨氏等馈赠'滋州风曲法酒'时用的酒瓶"①，滋州正是今赤水河畔习水县土城所在地，表明早在宋代时期，赤水河流域已经形成了较为成熟的以陶制酒器设计与制作为核心的酒器文化。此外，还有出土于泸州市纳溪区、产于明代的麒麟温酒器，桐梓县夜郎坝宋墓出土的《夫妻对饮图》、习水县大合水出土的《侍饮图》、遵义市郊赵家坝明墓出土的《备宴图》，位于泸州真如寺、刻于清康熙年间的《百子图》等都从不同角度呈现了古代赤水河流域丰富多彩的酒文化内涵。至今仍在使用的泸州老窖1573国宝窖池群以及茅台酒酿酒工业遗产群更是见证了泸州老窖和茅台两大知名白酒品牌的发展历史，尤其是1573国宝窖池群中的4口老窖池（建于明万历年间），堪称中国历史上建造最早、保存最完整、持续生产使用时间最长的窖池，见证了泸州老窖乃至整个泸州酒文化的发展历程，是泸州酒文化发展历史的活文物。此外，商标作为近代酒类品牌保护的重要内容，不同历史时期商标的变化也一定程度上反映了当时的社会经济发展环境，见证了该商标所代表品牌的历史发展进程。以茅台酒为例，作为现代茅台酒厂集团前身的荣和烧房与成义烧房在民国时期就已具有极强的品牌保护与发展意识，分别向当时的国民政府申请注册了专用商标，其申请的类型皆为"酒类 茅台酒"，只是所用商标图案有所区别。中华人民共和国成立以后，随着国营茅台酒厂的组建与发展，茅台酒的商标又经历了多次变化，如1951年为"工农"牌商标，商标顶端有工农携手图案，充分体现了当时的社会背景；1953年为"金轮"牌商标，由五星、齿轮和麦穗等图案构成，亦即"五星"商标；1958年开始使用"飞天"商标用于外销；1966年至1982年，受当时社会背景影响，"飞天"牌商标改为"葵花"牌商标，意为"朵朵葵花向太阳"，"五星"商标虽在图案上没有变化，但其背标的文字中更加凸显了"三大革命"，这一时期的茅台也被称作"三大革命"茅台；从1975年起，"葵花"牌商标又重新更换为

---

① 禹明先.美酒河探源［C］//刘一鸣.赤水河流域历史文化研究论文集（一）.成都：四川大学出版社，2018：121.

"飞天"牌商标并沿用至今；1982年，具有"三大革命"字样的"五星"牌商标背标停用，改为原"五星"牌商标内容。可见，作为茅台酒重要识别标识的商标样式及其内容，在不同的社会经济背景下亦呈现出动态化、多样化特点，既代表了茅台酒在1912年以来的发展历史，也反映了1912年以来我国社会经济环境的动态变化与发展历程。

四、复杂多元性

赤水河流域酒文化不仅历史悠久，而且形态多样、复杂多元。

第一，酒品类型多种多样。酒品即酒本身，是利用不同原料、经不同工艺生产出来的特色各异的酒。赤水河流域不仅孕育出茅台、郎酒等众多白酒[①]文化品牌，有着厚重的白酒文化历史，也孕育了果酒、药酒等诸多非白酒文化品牌。药酒又称为配制酒，是用药材和酒配制而成的，具有防治疾病和强身健体的功效。药酒是我国酿酒独有的品类，其历史悠久，籍载丰富，在酒文化中占有特殊的位置。如产于镇雄县的五加皮酒正是一种滋补性药酒。"五加皮，一名豺漆，又名豺节，春生，五、七月采根，以皮浸酒，久服轻身耐老。"[②]此外还有刺梨酒、杨梅酒等众多果酒类型，果酒是以果实为原料酿造的各种饮料酒总称，果酒因选用的果实原料不同而风格迥异，但都具有其所用原料果实的芳香。在赤水河流域广泛的农村地区还盛行米酒，米酒可谓我国谷物酿酒的始源，历史上曾将其称为浊酒。米酒采用糖化加酒化的复式发酵工艺，但在发酵过程中，淀粉物质充分糖化却尚未充分酒化，从而使得米酒酒精度偏低，酒味偏甜，很多地方也因此将其称为甜米酒或甜酒。可以说，白酒、果酒和米酒共同构成了赤水河流域酒文化廊道类型多样、特色各异的酒体体系。

第二，酿造技艺形式多样。赤水河流域酒品类型的多样源于酿造技艺形式的多元。赤水河流域酒文化廊道可谓我国传统固态、半固态蒸馏酒酿制技

---

① 中华人民共和国成立以后，为统一酿酒标准，将我国历史上惯称的烧酒、酒露、汗酒、火酒、气酒、烧刀、白干等统称为"白酒"，也就是蒸馏酒。

② 陈天俊.贵州酒文化探源［C］//贵州酒文化博物馆.贵州酒文化文集.遵义：遵义人民印刷厂，1990：40.

艺的核心区域之一，广泛分布和盛行着传统大曲酒、小曲酒的酿造技艺。如有以"两次投粮、高温制曲、高温堆积发酵、高温蒸馏取酒、长期贮存"为特点的酱香型大曲酒，以"续糟配料、固态泥窖发酵、混蒸混烧、洞藏陈酿"为特点的浓香型大曲酒，以"偏碱性窖池发酵、大曲制醅、小曲制酒、串烧法烤酒"为特点的董香型酿造技艺以及流行于民间"以高粱、玉米为原料，小曲箱式固态培菌、配醅发酵、固态蒸馏的小曲白酒工艺"①等。

第三，白酒香型丰富多元。我国的白酒作为世界著名的蒸馏酒品类，是以谷物为原料，加入曲料等糖化发酵剂，采用固态（个别酒种为半固态或液态）发酵，经蒸馏、贮存、勾兑而成的酒精类饮料。我国白酒因自然环境、酿造原料、酒曲种类、发酵容器、生产工艺、贮存即勾兑技术等因素的区别而形成了各具风格特色的香型酒。从全国范围来看，目前已形成酱香、浓香、清香、米香、豉香、芝麻香、药香、凤香、兼香、老白干、特香、馥郁香十二种香型。就赤水河流域酒文化廊道而言，目前已形成以茅台、习酒为代表的酱香型，以董酒为代表的药香型，以郎酒为代表的兼香型和以泸州老窖为代表的浓香型四大香型，且茅台、董酒和泸州老窖皆为所代表香型的鼻祖，丰富了赤水河流域酒文化廊道白酒香型的种类和特色。

第四，饮酒习俗多姿多彩。赤水河流域酒文化丰富多彩，渗透在饮酒生活中的种种情趣与表现，呈现出引人入胜的多彩酒俗。每个人从出生到死亡，几乎每个重大节点都有与酒相关的习俗，如小孩儿满月有"满月酒"，小孩儿百天有"百日酒"，考上大学有"升学酒"，结婚有"喜酒"，婚后回娘家有"回门酒"，修盖房屋有"上梁酒"，乔迁新居有"房子酒"，到了50岁、60岁、70岁等整数生日时还有"祝寿酒"等。众多的饮酒"名义"为大众饮酒提供了名正言顺的理由，大家也都乐于借此机会多饮几杯。除了饮酒"名义"多样，在具体饮酒过程中同样有着丰富多彩的特殊习俗。如赤水河流域沿线居住着众多苗族、彝族、仡佬族、土家族等少数民族群体，他们大多有饮咂酒的习俗，每当众人饮酒时，大家纷纷围绕酒坛而坐，每人使用一支空心的竹制吸管插入酒坛，通过吸管吸入坛中美酒，一旁还有专人不时往酒坛中添酒，

---

① 冯健，赵微.川南黔北名酒区的历史成因和特征考［J］.西南大学学报（社会科学版），2008（11）：61.

大家一边畅饮、一边畅谈，不亦乐乎。

第五，制酒饮酒器具特色各异。白酒酿造离不开专业化的酿制设备和器具，其中最具典型性的当数发酵所用的窖池。如以茅台酒为代表的酱香型白酒酿造所用窖池通常以紫红色泥岩和黄褐色砂岩为主要原材料，根据"国标 GB 15618—2008《土壤环境质量标准》中规定的镉、汞、砷、铜、铅、铬、锌和镍 8 种有毒、有害元素的土壤含量限值比较，这两种主要土壤环境质量类型均达到二级（二级标准是保障农业生产土壤限值）以上"[①]，表明窖池所用原料质量标准较高，而且这种独特材质还有助于酒糟和发酵液中微量元素的转移。董香型白酒创始鼻祖董酒所用的窖池则以"当地的白泥和石灰为主要材料，并用当地产的洋桃藤泡汁拌和抹于窖壁，使窖池偏碱性"。因为只有采用这样的窖池建筑材料和窖池保养方法，"丁酸乙酯与乙酸乙酯、己酸乙酯的量比关系，丁酸与乙酸、己酸的量比关系，才能形成符合董酒风格的量比关系"[②]。以上两类白酒所用窖池虽然在原材料、保养方式等方面特色各异，但都呈现出一个共同特点，那就是充分认识和利用当地自然环境，就地取材，依托当地盛产的原材料进行发明创造，从而形成了因地制宜、各具特色的窖池风格。

用于贮存基酒的储酒场所，即酒库亦呈现出多元化特点。赤水河流域酒文化廊道所用储酒方式通常分为露天酒罐储酒、室内陶坛储酒和洞藏陶坛储酒三种类型。其中，露天酒罐储酒和室内陶坛储酒最为普遍，洞藏陶坛储酒以郎酒最为典型。郎酒集团用于储藏基酒的天然溶洞为上下相叠的天宝洞和地宝洞，两个溶洞直线距离不过 40 余米，洞顶石笋。石花、石乳千姿百态，大小通道迂回婉转，犹如一座巨大的迷宫。两个溶洞总面积达 14240 平方米，洞内密密麻麻地摆放着盛满郎酒的土质陶罐，共储存郎酒基酒上万吨。1999 年，天宝洞和地宝洞以其规模宏大、气势磅礴的酒阵奇观并作为当今世界最大的天然酒库，入选上海吉尼斯世界纪录。

此外，酒瓶、酒杯作为盛酒与饮酒所用器具，同样呈现出多样化特征。

---

① 李聪聪，熊康宁，苏孝良等.贵州茅台酒独特酿造环境的研究［J］.中国酿造，2017（1）：2.
② 贵州遵义董酒厂.董酒工艺、香型和风格研究——"董型"酒探讨［J］.酿酒，1992（5）：56.

酒瓶、酒杯等酒器不仅是一种容器，更是多元化酒品的物质载体和酒文化的重要组成部分，构成了独特的酒器文化。以酒瓶为例，有学者认为酒瓶文化"是以酒瓶为载体的及其有关的各种文化现象的总称，它包含人们对造瓶、用瓶、藏瓶、赏瓶的全部思维和行为"①，"酒瓶是盛酒容器，酒文化与瓶文化同源共存，酒瓶文化是酒文化的重要组成部分"②。可以说，酒瓶承载着酒的历史，见证着时代的发展。赤水河流域酒文化廊道有着丰富多彩的酒瓶、酒杯等酒器，如茅台陶瓷白色柱形酒瓶、习酒陶瓷深色圆形酒瓶、郎酒陶瓷红色葫芦形酒瓶等，此外还有苗族牛角杯、竹筒杯，彝族鹰爪杯、猪脚杯等多元化酒杯，共同构成了赤水河流域酒文化廊道丰富多彩的酒器文化。

---

① 蔡炳云.加强酒瓶文化研究，促进白酒产业发展［J］.泸州职业技术学院学报，2011（3）：46.

② 蔡炳云，张爽.泸州建立"中国白酒金三角"酒瓶文化博物馆的必要性和可行性研究［J］.泸州职业技术学院学报，2011（2）：42.

第三章

赤水河流域酒文化廊道的主要成因

　　文化生态理论是研究文化形成、发展与变迁的重要理论。美国学者斯图尔德在其1955年出版的《文化变迁理论》一书中首次提出了文化生态学的概念，并强调了不同地域环境下文化的特征及其类型的起源，即人类集团的文化方式如何适应环境的自然资源、如何适应其他集团的生存，[①]也就是适应自然环境与人文环境的问题。在斯图尔德看来，文化的产生和发展与其所处的环境密不可分，二者相互影响、互为因果。不同的文化特质和文化形貌正是在适应当地独特环境的过程中逐步形成和发展起来的，环境的多样性造就了文化的多样性。他主张通过分析不同区域文化与所处环境适应过程中形成的差异性与相似性，来探讨文化形成、发展与变迁的原因。

　　文化生态理论提出以来，受到了学界的广泛关注，并形成了两种主要的观点。一种观点认为文化生态是影响文化产生、发展、变迁的外部复合生态环境，侧重研究文化演变与文化生态（包括自然生态和人文生态）的关系，强调从生态环境的视角对地域文化的产生与发展进行研究。文化生态就是影响文化产生、发展与变化的全部外部环境，包括自然、社会、政治、经济等因素，而且文化与其外部环境之间并非单纯的适应过程，也是一种互动制衡的双向影响过程。人类是文化与外部环境互动过程的重要介质，人类、文化与环境三者之间存在着复杂的关联关系。环境为人类的生存、进化与发展提供了必要的物质基础和前提，人类则通过自身的各种生产生活行为影响着环

---

　　① Steward J H. Theory of Culture Change [M]. Urbana: University of Illinois Press, 1979: 39–40. 转引自江金波. 论文化生态学的理论发展与新构架 [J]. 人文地理, 2005（4）: 120.

境的构成、质量及其变化。然而，环境是客观存在的，人类的欲求则是主观变化的。随着人类主观需求的不断增长及其相应的改造环境行为，必然引发人类与环境二者之间的矛盾，使得人类文化发展的外部生态，乃至人类自身生存与发展的物质基础遭到破坏。文化则是在人类与环境相互作用的过程中逐渐形成和发展起来，并在人类与环境之间起着重要的中介作用。一方面，环境对文化的形成与发展具有重要的塑造作用，人类正是在认识、适应与利用当地独特环境的过程中创造了多元化的文化内容。另一方面，文化对环境又有着重要的反作用，并通过人类活动得以实现。人类借助文化的力量去认识、利用和改造环境，"文化是人类为确保其自身的安全与生存而在人与环境之间设置的中介手段"①。正是文化的存在与发展，为人类的生存与发展提供了思想基础，使整个世界充满了意义。另一种观点把文化类比为生态整体，认为文化生态是各种文化相互作用、相互影响而形成的动态系统，侧重研究不同文化以及文化内部各要素之间的复杂关系。根据该观点，不仅文化的外部复合生态环境与文化之间具有关联性，文化系统内部各要素、各类型之间也存在着各种有机复杂关联。因此，推动文化生态平衡，促进文化可持续发展的关键就是要协调好文化内部各要素之间的关系，促进文化各要素的和谐共生。

　　基于以上分析，文化生态理论是研究文化产生与发展规律的重要理论思想，文化生态不仅关注文化与外部环境之间的相互影响与双向互动作用，也关注文化内部各组成部分之间的关联互动，正是在这种多元复杂的互动过程中实现了不同文化形貌的形成与发展。进而可以说，文化生态所主张的是从人、自然、社会、文化等各种变量的交互作用中研究文化产生、发展的规律，用以寻求不同民族文化发展的特殊形貌和模式。文化生态强调将文化与其所处环境视为一个有机统一的整体，"文化是一定环境中总生命网的一部分，在整个生命网中，生物层与文化层交互作用、交互影响，彼此间存在一种共生关系"，正是这种共生关系，"影响文化的产生和形成，进而促使其发展为不

---

　　① Ingold T. Culture and the Perception of the Environment［C］//Croll E, Parkin D. Bush Base: Forest Farm. London: Routledge，1992: 39.

同的文化类型或文化模式"。①因此，从文化生态的视角去探寻特定文化形成与发展的原因与规律，就必须关注特定文化所赖以生存与发展的自然、社会、政治、文化等多元要素的变化及其相互关系，也就是从人类生存的整个自然生态环境和社会人文环境中诸因素的交互作用来研究文化产生、流变和发展的规律。

酒作为人类创造的独特饮品，对于围绕这一核心而形成的独特酒文化反映了人类认识、适应与利用地理环境的发展进程与伟大创造，酒文化的"特征是在逐步适应当地环境的过程中形成的"②。人类、环境与文化三者之间有着密切而又复杂的关系。"一方面，人类借助文化来认识环境，利用环境和改造环境；另一方面，环境在一定程度上影响并形塑着文化的形成与变化。"③这里所说的环境是指由自然生态环境和社会人文环境构成的地理环境系统，人类正是在不断认识、适应、利用和改造地理环境的过程中创造了丰富多彩的文明成果，推动着人类社会向前发展。赤水河流域作为长江上游南岸的一级支流，其独特的自然生态环境和社会人文环境共同推动了酿酒这一独特生产方式的发展，并孕育了茅台酒、郎酒、习酒等众多知名白酒品牌，创造了丰富多彩的由酒体、酒器、酿酒技艺等构成的酒文化体系，成为独具特色的赤水河流域酒文化廊道，赋予了赤水河"美酒河"的美誉。赤水河流域酒文化廊道正是当地居民在历史发展过程中不断认识、适应和利用当地独特地理环境而创造的文明成果，人类与地理环境之间的持续互动与适应是该文化廊道得以形成与发展的内在机理。

第一节　赤水河流域酒文化廊道的自然生态环境

自然生态环境是指"存在于人类社会周围的对人类的生存和发展产生直接或间接影响的各种天然形成的物质和能量的总体，是自然界中的生物群体

---

① 周尚意，孔翔，朱竑.文化地理学［M］.北京：高等教育出版社，2004：98.

② 凯·米尔顿.多种生态学：人类学、文化与环境［C］//中国社会科学杂志社.人类学的趋势.北京：社会科学文献出版社，2000：296.

③ 袁同凯.人类、文化与环境——生态人类学的视角［J］.西北第二民族学院学报（哲学社会科学版），2008（5）：58.

和一定空间环境共同组成的具有一定结构和功能的综合体"。①自然生态环境有其自身独特的运行规律，是不以人的意志为转移的客观存在。自然生态环境在人类产生以前就已经存在了，那时的自然生态环境是纯粹的自然生态环境。自人类产生以来，完全单纯的自然生态环境就不复存在了，因为人类社会的各种活动总会或多或少地对自然生态环境产生影响。只是在人类社会发展的不同阶段，人类对自然生态环境的认识、利用和改造能力和程度有所不同而已，并由此形成了天命论、决定论、或然论、征服论、协调论等不同的人地关系观念和思想。所谓"靠山吃山、靠水吃水"，不同的自然生态环境催生了与之相适应的生产生活方式，进而形成了相应的文化特征。普列汉诺夫从生产力视角出发，认为"自然界影响社会生产力状况，并且通过生产力状况对人类的全部社会关系以及人类的整个思想上层建筑产生影响"②，也就是说，自然生态环境对人类的"思想上层建筑"有着重要的影响，自然生态环境对文化的形成与发展具有重要的形塑作用。赤水河流域酒产业的发展与酒文化的繁荣，与该区域独特的自然生态环境密不可分。古代赤水河流域湿寒、多瘴疠的自然生态环境促使了当地先民通过饮酒的方式进行抵御以确保身体健康，催生了酿酒这一历史悠久的生产方式以及普遍饮酒的饮食习俗。同时，赤水河流域自然生态环境的特殊性又促进了酿酒产业沿流域的传播与发展，形成了众多知名白酒品牌和较为发达的酒产业经济带，孕育了多姿多彩的酒文化内容和独具特色的酒文化廊道。酒是农耕文明的产物，是"以酒曲作为糖化发酵剂，以粮谷类为原料酿制而成的"③，是自然发酵的产物。酒的酿造以自然生态环境为依托，从一定意义上说，正是自然生态环境的差异性导致了酒体的差异性。如世界闻名的茅台酒就是依托赤水河谷独特的地理环境而成就了中国酱香型白酒的龙头地位，即便是将同样的酒师、工人、设备、原料乃至泥土、灰尘运至距茅台镇100多千米的遵义市郊区，用同样的工艺酿制出来的酒依旧达不到茅台酒的标准而只能成为"珍酒"。以优质水源、地质结

① 姜荣国.论自然生态环境与人工社会环境协调发展的方式［J］.石油化工高等学校学报，1994（4）：62-69.

② 普列汉诺夫.普列汉诺夫哲学著作选集：第一卷［M］.北京：三联书店，1959：484-485.

③ 张文学，赖登燡，余有贵.中国酒概述［M］.北京：化学工业出版社，2011：1.

构、独特环境及其微生物环境为核心的自然生态环境是赤水河流域酿酒生产方式的重要依托和独有优势，进而创造了以茅台、习酒、郎酒等为代表的多元化酒体、酒泉、酒器、酒俗、酿酒工艺等赤水河流域酒文化体系，构成了赤水河流域酒文化廊道。

一、水源

水乃酒之血，优质的水源是酿造白酒必不可少的原料之一。有关统计显示，在白酒酿造过程中，有大量的水直接进入成品酒的构成成分中，"占成品酒的40%~65%"[①]，足见水源在白酒酿制过程中的重要地位。从纵向的历史发展来看，我国自古就有诸多关于酿酒用水的记载。如《礼记·月令》中就有关于"酿酒六必"的总结："乃命大酋，秫稻必齐，麴蘖必时，湛饎必洁，水泉必香，陶器必良，火齐必得……"其中"水泉必香"正是直接表明酿酒必须有优质的水源，优质水源是酿酒必不可少的原料之一。此外，北魏贾思勰所著《齐民要术》中也有关于酿酒用水的记载。如在"造神麴并酒"部分指出："收水法，河水第一好。远河者，取汲甘井水；小咸则不佳。"并进一步指出："作麴、浸麴、炊、酿，一切悉用河水；无手力之家，乃用甘井水耳。"也就是说，最佳的酿酒用水当为河水，其次才是甘甜的井水。清代童岳荐所编撰的《调鼎集》中也指出："惟吾越则不然，越州所属八县，山、会、肖、诸、余、上、新、嵊，独山、会之酒，遍行天下，名之曰绍兴，水使然也。"正是其独特而优质的水源，使得"山、会"之地所酿出的酒更加香甜，也更受大众欢迎，成为名闻天下的绍兴美酒。同为清代的梁章短在其《浪迹续谈》中也有类似的描述："盖山阴、会稽之间，水最宜酒，易地则不能为良，故他府皆有绍兴人如法制酿，而水既不同，味即远逊。"这些都强调了独特而优质的水源对于酿酒的重要意义，缺少了优质的水源，即便同样的工艺也酿造不出口感一致的美酒。从横向的地理分布格局来看，我国的主要白酒企业几乎都分布在水源充足、水质优良之地，要么沿江，要么沿河，如果既不沿江也不沿河，则多依托古井、山泉等优质水源地。如源于青藏高原的长江滚滚东

---

① 余有贵，曾豪.生态酿酒及其蕴含的产业思想溯源［J］.食品与机械，2017（1）：214.

流，从具有"万里长江第一城"之称的宜宾顺流而下，仅在四川省内就孕育了五粮液、剑南春、沱牌舍得、水井坊等众多知名白酒，进入湖北省后又催生了稻花香、枝江、白云边等长江流域主要白酒品牌，共同构成了多姿多彩的长江酒文化带；位于苏鲁豫皖交界处的淮河流域，则诞生了古井、洋河、宋河、双沟、口子窖等知名品牌，是为淮河酒文化带；黄河是我国的母亲河，从西到东横穿中国整个北方，孕育了厚重的中华文明，形成了以青海互助青稞酒、甘肃九粮液、内蒙古河套酒、陕西西凤酒、山西汾酒、河南仰韶酒、河北老白干、山东扳倒井等为代表的黄河酒文化带。

作为长江一级支流的赤水河，从云南省镇雄县自南向北流经云南、贵州、四川3省10县市区域，最终在四川省合江县汇入长江。赤水河不仅常年不干涸、水源充足，其优良的水质更是为酿造高品质白酒奠定了独有的基础。所谓"集灵泉于一身，汇秀水而东下"，赤水河的水质优良、微甜爽口、降解物少、硬度适中、酸碱适度，富含多种有益人体健康的矿物质和微量元素，据当地地质部门检测，赤水河中含有钾、钙、镁、铁、磷、锰、铜、锌、硒等多种元素，用这样的水酿造出来的酒自然更加优质。这里的水成为白酒酿造的理想用水，孕育了金沙回沙酒、董酒、茅台、郎酒、习酒等众多以酱香型白酒为核心的知名品牌，构成了赤水河流域酒文化廊道的重要内核。以茅台酒为例，原轻工业部曾组织科学研究设计院发酵所、贵州轻工业厅技术研究所、中国科学院贵州分院化工研究所、贵州农学院和贵州省茅台酒厂共同构组建了"贵州茅台酒总结工作组"，分别于1957年和1959年对茅台镇酿酒用水进行多次取样分析，其研究结果表明：茅台镇各类水源的水质总体上较好，其中杨柳湾古井水水质最佳，其次为赤水河水；赤水河水无色无臭，味道正常，pH值为7.6~8.1，总硬度为8.46~9.72，适宜酿造用水。[1]事实上，新中国成立前，"茅台酒生产量极小，除使用杨柳湾沟水外，仍然担用赤水河水"[2]。新中国成立后，茅台酒生产量逐渐提升，用水需求日渐增加，杨柳湾古井水

---

① 贵州省茅台酒总结工作组.贵州茅台酒整理总结报告（档案号：77-1-109）［A］.贵阳：贵州省档案馆，1959.

② 贵州省茅台酒总结工作组.贵州茅台酒整理总结报告（档案号：77-1-109）［A］.贵阳：贵州省档案馆，1959.

源有限，无法满足茅台酒酿酒用水需求，而赤水河常年不枯，水源充足，逐渐成为茅台酒酿造用水的主要来源。茅台酒作为接待外宾的重要国家用酒，其酿造的数量和质量都容不得有任何闪失，作为茅台酒主要酿造用水来源的赤水河也被赋予了更大的价值，被国家列为重点保护河流，以确保沿线主要酒厂，尤其是茅台酒酿造的优质水源需求。周恩来总理曾在1972年全国计划工作会议上专门强调"为了保证茅台河（赤水河茅台段）的水质，在茅台河上游一百公里范围内不能建工厂，特别是化工厂"[①]。自2004年以来，每年重阳节期间，仁怀市政府都于赤水河畔隆重举行盛大的"茅台祭水节"，这一活动既是当地政府为塑造地方形象，拉动地方经济发展所开创的新型节庆活动，也在一定程度上反映了赤水河对于茅台酒、对于仁怀市酒文化发展的重要作用，折射出仁怀人对自然、对赤水河的感恩与敬畏之情和天人合一、与自然和谐相处的生态智慧，企盼通过现代祭祀活动，以求国运安康、黎民幸福、酒业兴旺、文化繁荣。又如赤水河流域独特地质结构孕育的众多优质山泉之一的郎泉，是郎酒集团酿造用水的重要来源之一。郎泉水"经1000米厚的地下喀斯特岩层缓慢浸润，甘洌清香，微带回甜，水质清澈、凉滑，经测试，酸碱度适中，富含钙、镁、钾、钠、锶等有益微量元素，非常适宜酿制高档白酒"[②]。"郎泉分上下两口，互相通连。每口约深2米，宽1.5米。"[③]作为郎酒公司重要的酿造用水来源之一，郎泉已成为郎酒重点保护的优质资源，成为与美境、宝洞、工艺并列的"郎酒四宝"之一。现在的郎泉已被修葺一新，原本普通的山泉被赋予了极高的文化价值。郎泉的"上井用石条砌成半圆弧井盖，弧顶壁上嵌有两幅图案，上幅为1984年郎酒获国家金质奖章图案，下幅镌刻着篆体'郎泉'二字。下井比上井略大，其右壁上刻有'郎泉水酿琼浆液，宝洞贮藏酒飘香'的诗句"[④]。

---

① 季克良，郭昆亮.周恩来与国酒茅台［M］.北京：世界知识出版社，2005：268.

② 来源：郎酒集团申报国家级非物质文化遗产资料。

③ 胡基权.郎酒"四宝"［C］//向章明.郎酒酒史研究.泸州：泸州华美彩色印制有限公司，2008：40.

④ 胡基权.郎酒"四宝"［C］//向章明.郎酒酒史研究.泸州：泸州华美彩色印制有限公司，2008：40.

二、地质结构

赤水河流域地质结构复杂，地层类型多元，沿岸广泛分布着震旦纪、寒武纪、奥陶纪、志留纪、二叠纪、三叠纪、侏罗纪、白垩纪和第四纪等地层，除古生代泥盆纪和石炭纪之外，地球发展史上的大多数地层在赤水河沿岸都有分布。这种地质结构中的岩层以砂岩、砾岩为主，并有大量紫红色、黄色土壤，质地松软，易于渗透且富含大量微量元素，这有助于地表水和地下水不断向下渗透、过滤，携带着大量有益矿物质最终汇入赤水河，成为酿造高品质白酒的优质水源。以茅台镇为例，这里出露了约2平方千米的下第三系岩层，"就像飞来的岩石唯独出现在茅台镇水磨坊至牛滚凼的小区域范围里"[①]，"为一套紫红色砂岩、砾岩"[②]。茅台镇这种地质构造类型以其独特性而被已故中科院院士、地质学家侯德封教授等人命名为"茅台群"，成为我国地质词条中的专有名词。茅台镇不仅出露了大范围紫红色砂岩、砾岩，亦即"茅台群"岩层，在非出露的地下层还有"古生代的志留系紫红色砂砾层、侏罗系和白垩系的紫色砂页岩和砾岩，以及零星上覆第四系紫红色砂砾层和砂泥层"[③]。不仅茅台酒厂所在地地质结构如此，与茅台邻近的习水酒厂、郎酒厂、赤水酒厂等地在地质结构上也有诸多相似之处。习水酒厂和茅台酒厂所在地附近皆有奥陶纪灰岩出露；习水酒厂、郎酒厂和茅台酒厂所在地有古生代的志留纪含钙质砂岩出露；赤水酒厂、习水酒厂和茅台酒厂所在地有中生代中、下侏罗纪的暗紫色含钙质和长石砂、泥岩分布。正是这种独特的地质结构推动了赤水河流域高品质白酒的酿造。一方面，这种独特的地层中富含的稀土元素大致"接近于大陆上地壳的平均稀土元素总量值"[④]，富集的稀土元素不仅成为促进农作物生长的天然肥料，孕育了茅台镇高品质的酿酒原料——红缨子高粱。而且这些稀土元素还依托地下窖池而进入白酒酿造的发酵环节，赋予白酒更多元的微生物种类和独特的酒体香味成分。另一方面，这种质地松软

---

① 黄萍.景观遗产与旅游应用——国酒茅台的区域案例［J］.文化遗产研究，2011（9）：158.

② 韩行瑞，陈定容，等.岩溶单元流域综合开发与治理［M］.桂林：广西师范大学出版社，1997：8.

③ 黄萍.景观遗产与旅游应用——国酒茅台的区域案例［J］.文化遗产研究，2011（9）：158.

④ 李双建，肖开华.湘西、黔北地区志留系稀土元素地球化学特征及其地质意义［J］.现代地质，2008（4）：273-279.

的砂岩、砾岩地质构造，具有较强的水源渗透性，有助于地表水的渗透与过滤，并在这一过程中携带大量有益矿物质汇入赤水河，赋予赤水河优质酿造用水的价值。同时，受下层的志留系非岩溶隔水层影响而形成截流层，将大气降水及周围渗透进来的水源汇聚而成为山泉，成为众多酒企酿造白酒的优质用水来源。如茅台酒曾经的酿造用水来源——杨柳湾古井、郎酒酿造用水来源——郎泉等。

三、气候与微生物环境

气候条件决定了一个地区的热量和雨量，并影响该地区微生物群落的繁衍与发展，是影响酿酒产业发展最重要的自然地理环境因素之一。赤水河流域从云贵高原流向四川盆地，两岸崇山峻岭，海拔在500米至1000米之间，整体上属于亚热带季风性气候。以赤水河流域酒文化廊道核心区域的茅台镇、习酒镇和二郎镇为例，三大区域皆位于赤水河畔，年平均气温分别为17.4℃、13.5℃和15.5℃，年降水量分别为800~900毫米、1100毫米和760毫米，适中的温度和湿度为微生物的生长与繁殖提供了较好的外在环境。尤其是茅台镇刚好处于赤水河冲积形成的河谷地带，四周皆被高山包围，形成了相对封闭的地理空间和独特的小气候环境，其微生物种群与下游的习酒镇、二郎镇等地皆不相同，显得更加稳定与富集。早在20世纪70年代，日本人曾从茅台酒里化验出多种营养成分，但无法辨别微生物的种类，到了90年代，他们再次对茅台酒进行化验，认为茅台酒中有70多种微生物种类无法命名。近年来，茅台酒股份有限公司技术中心曾对茅台酒酿造的"厂区生产环境、人居生态环境、自然生态环境的土壤、空气中的微生物进行了分离、鉴别和保藏。分离得到微生物147种，其中，细菌53种、酵母11种、霉菌49种、放线菌34种"[①]，可见正是这里独特的气候环境以及赤水河冲击与两岸高山环抱所构成的地理空间使得多种有益微生物在此安家落户，孕育了丰富的微生物种群，形成了一个微生物体系，代代相传，绵延不绝。

独特的气候环境与地理空间促进了微生物种群的生长、繁衍与传播，赤

---

① 范光先，王和玉，崔同弼，等.茅台酒生产过程中的微生物研究进展 [J].酿酒科技，2006（10）：76-77.

水河流域独特的酿酒工艺则将这些微生物种群充分融入白酒的酿造过程中，正是这些无法用肉眼看见的微生物群落，催生了赤水河流域酿造出来的白酒多元化香气成分，对高品质白酒的酿造具有决定性作用。以茅台酒、习酒和郎酒为代表的赤水河流域酿酒企业几乎都采取端午高温制曲、高温堆积发酵的传统酿造的工艺，这一工艺的形成与传承一方面是为了顺应农时，与当地粮食收成时间相适应的需要，另一方面正是利用夏季较高的气温环境实现微生物群落的生长与繁殖，进而制作出高质量的酒曲和高品质白酒，充分反映了当地居民适应和利用自然地理环境进行高品质白酒酿造的智慧创造。比如从茅台酒酿造厂区生产环境、人居生态环境、自然生态环境的土壤、空气中分离出来的147种微生物中，"与茅台酒制曲、制酒过程中出现的相同微生物种至少有50个，其中，细菌18种、酵母6种、霉菌22种、放线菌4种"①，表明赤水河流域独特的酿造工艺和酿造时序充分利用了当地富集的有益微生物，成为赤水河流域优质白酒酿造的重要构成因素之一。关于赤水河流域富集微生物对于白酒酿造重要作用最显著的例证当数20世纪70年代的茅台酒异地生产试验项目。茅台镇地域面积狭小，不利于茅台酒扩大生产规模、提升产量，加之当时茅台镇尚未修建高速公路，对外运输只能依靠狭窄、拥挤、弯曲的省道、县道，交通极为不便，尤其是冬季凝冻天气严重影响交通安全。在这样的背景之下，20世纪70年代召开的全国科技工作会议向贵州下达了"茅台酒异地生产"的重点科研项目，以提升茅台酒产量并解决对外运输问题。接到这一任务后，时任贵州茅台酒厂党委书记、厂长的郑光先随即抽调了茅台酒厂关键技术人员和管理人员，组成了异地生产攻关小组，并选择遵义北郊10千米处的一块地方作为异地生产试验基地，现已成为贵州珍酒厂所在地。该地距茅台镇100千米，在地理环境、气候条件等方面都与茅台镇较为相似。确定了试验基地后，茅台酒厂安排最好的酒师负责技术把关，将在茅台镇制作好的大曲甚至茅台的土壤、赤水河的水都搬运至基地，并采取与茅台镇同样的酿酒技艺进行生产试验。然而，出乎意料的是，在"长达十年之久的反复试验中，经过九个生产周期、三千多次取样监测分析，仍无法复制出与茅

① 范光先，王和玉，崔同弼，等.茅台酒生产过程中的微生物研究进展[J].酿酒科技，2006（10）：77.

台镇同样的茅台酒"①。在1985年12月召开的"茅台酒异地试验科研项目鉴定会"上，评审专家一致认为在试验基地生产出来的酒虽与茅台酒具有一定的相似性，但仍无法与茅台镇所产的茅台酒媲美，宣告了茅台酒异地生产试验的失败，而在试验基地生产出来的酒则被重新命名为"珍酒"，试验基地也就成为"贵州珍酒厂"并发展至今。总结茅台酒异地生产试验失败的根本原因，主要在于茅台镇独特而无法复制的微生物环境，正如茅台酒异地试验科研项目总结中所指出，"在茅台酒的酿造自然环境系统中，最特殊也是对茅台酒的不可克隆最具决定性因素的是其微生物环境"②，这也是离开了茅台就酿不出茅台酒的根本原因所在，正所谓"橘生淮南则为橘，生于淮北则为枳，叶徒相似，其实味不同。所以然者何？水土异也"。

第二节　赤水河流域酒文化廊道的社会人文环境

不同于自然生态环境与地球发展史相伴而生，社会人文环境是与人类社会相伴而生的，是在人类社会诞生以来才出现的。社会人文环境是人类基于生存与发展需要而采取各种行为所形成的人类环境，包括政治、经济、文化等多元化因素。同自然生态环境一样，社会人文环境也是处在不断变化的过程中，不同区域、不同民族、不同时代所处的社会人文环境都表现出明显的差异性。但是人类社会以自然生态环境为生存与发展的物质基础，伴随人类社会生存与发展过程中形成的社会人文环境同自然生态环境之间具有交互作用、彼此融合的密切关系。赤水河流域酒文化廊道的形成与发展是一个渐进的过程，是在不同历史时期、不同社会人文环境的推动下逐渐形成和发展起来的。有学者根据历史资料认为，"最迟在殷周时期，中国酒文化已进入一个发达阶段"③，但是关于赤水河流域具体于何时出现了酿酒活动尚无定论。根据现有历史文献记载和考古发掘，学界大多倾向于将赤水河流域较大规模开展酿酒活动的肇始时间定于西汉。从历史文献记载看，《史记·西南夷列传》记

---

①　黄萍.景观遗产与旅游应用——国酒茅台的区域案例［J］.文化遗产研究，2011（9）：161.

②　贵州茅台酒异地试验科研项目材料（档案号：77-1-769）［A］.贵阳：贵州省档案馆，1985.

③　龚若栋.试论中国酒文化的"礼"与"德"［J］.民俗研究，1993（2）：61.

载了汉使唐蒙在南越初次品尝枸酱，后又问蜀贾人南越的枸酱从何而来，贾人回答曰："独蜀出枸酱，多持窃出市夜郎。"①这成为有关赤水河流域酒酿造活动的最早记载。从考古发掘看，习水县土城镇天堂口汉代墓葬中出土的大量陶酒坛、陶酒甑、陶酒杯等陶制酿酒与饮酒器具再现了两汉时期赤水河流域发达的酿酒业和繁荣的酒文化。因此，从纵向的历史发展来看，赤水河流域酒文化廊道正是自西汉以来，不同历史时期社会生产力发展水平、统治阶级对酿酒业的态度与管理以及社会人文活动与酒的互动等多元化因素共同作用的结果。正是不同历史时期社会人文环境的推动，促进了赤水河流域酒文化廊道的形成与延展，赋予并丰富了赤水河流域酒文化廊道的深刻内涵。

一、酒业管理制度

在古代，用酒行为受到诸多礼仪的规范和限制，是一件极为肃穆的事情。在不同历史时期，统治阶级对酒所持有的态度及其相应的管理制度也不尽相同。统治阶级对酒业所采取的政策、实行的制度就构成了酒政，亦即酒业管理制度，是酒文化的重要组成内容。纵观我国发展历史，不同历史时期统治阶级对酒业所采取的政策和实行的制度主要包括禁酒、榷酒和税酒政策，且这三种政策随着不同朝代，乃至同一朝代的不同时期而更迭。

（一）先秦时期

历史学上通常将夏商周时期称作三代时期或先秦时期。这一时期跨度较长且历史久远，史料缺乏，其酒业发展与酒业管理制度实难寻觅，仅能从一些零散的史料记载中了解其概貌。受当时生产力发展水平限制，这一时期的酿酒业尚不发达，酒的数量不多，饮酒群体几乎限定在上层社会群体和部分中等阶层平民群体。或许正是因为这一时期酒的稀缺性以及饮酒给人带来的独特感官刺激，酒与社会礼仪、规范制度之间形成了紧密融合的关系，酒被升华为社会礼仪规范的重要介质，而饮酒本身也要受到诸多礼仪和制度之约束。正如明代学者邱浚所言，"酒以为祭祀、养老、奉宾而已，非以为日常

---

① 司马迁.史记：西南夷列传［M］.北京：中华书局，1982：2294.

食之物也"。①尤其是西周时期，祭祀乃国之大事，而酒则是祭祀活动中的重要祭品。"周人用酒祭天地，祭祖先，祭四时，祭四方，甚至祈年求丰、报赛迎神也都会把酒摆在最醒目的位置"，"酒成为周人最虔诚的一种表达性信物，这种信物起着人与自然、人与祖灵之间的沟通作用"。②等到祭祀结束，参与祭祀之人方能在一起饮酒。如《诗经·小雅·楚茨》记载："礼仪既备，钟鼓既戒，孝孙徂位，工祝致告。……诸父兄弟，备言燕私。……既醉既饱，大小稽首。"除祭祀之外，西周上层社会的日常生活中也饮酒，且有诸多约束和规范饮酒行为的"礼"。如《礼记·曲礼》中便有"合卺而酳"的记载，即西周男女结婚之时，需用由同一个瓜剖成的两个瓢，男女双方各执其一同时饮酒，此为合卺。可见酒已成为西周社会结婚典礼上的重要媒介物。而合卺这一礼俗，传承至今也就演变成了交杯酒这一婚礼礼俗。西周还设置了专门的职务"酒正"，负责对全国酿酒行业进行监管。据《周礼·天官冢宰》记载，"酒正，掌酒之政令，以式法授酒材。凡为公酒者，亦如之。辨五齐之名：一曰泛齐，二曰醴齐，三曰盎齐，四曰缇齐，五曰沈齐。辨三酒之物：一曰事酒，二曰昔酒，三曰清酒。辨四饮之物：一曰清，二曰医，三曰浆，四曰酏。掌其厚薄之齐，以共王之四饮三酒之馔，及后、世子之饮与其酒。"到了春秋战国时期，政治混乱，战争连年，人们逐渐冲破了各种礼制的约束，整个社会的饮酒生活变得日益宽松和自由。整个先秦时期，赤水河流域分布着夜郎、鳖、鳛、巴、蜀等小国或民族部落，受史料限制，其酿酒、饮酒活动鲜有记载，与之相关的酒业管理制度及其影响亦无可考。

（二）秦汉时期

秦汉时期的社会生产力水平极大提高，酿酒业也随之快速发展起来，并且已开始对国家粮食供应产生威胁，因而这一时期对酒业的管理也逐渐从文化的视角向经济的视角转变。秦代大致沿袭了春秋战国以来的酒业管理政策，到了西汉时期，统治者大力推崇和践行儒家"以礼治国"的政治思想，以孔

---

① 《大学义补·征榷之课》，转引自龚若栋.试论中国酒文化的"礼"与"德"[J].民俗研究，1993（2）：62.

② 王赛时.中国酒史[M].济南：山东画报出版社，2018：29.

子为代表的儒家学派尤其注重和强调"礼"的重要性，强调"为国以礼""上好礼，则民莫敢不敬""非礼勿视，非礼勿听，非礼勿言，非礼勿动"等，儒家思想成为当时社会的主流思想，其中关于"礼"的思想也被广泛运用到社会生活的各个领域，成为规范社会行为的价值标准。酒作为古代祭祀天地、鬼神和宗庙等国家重大礼仪活动的重要介质，在"以礼治国"政治思想的推动下，其社会地位和应用范围都得到进一步提升，甚至将社会规范中的"礼"和古代对酒的称谓"醴"互通，足见酒在礼仪规范中的作用。"汉代婚礼中还专门设有'赞醴妇'，用觯盛醴来接待宾客，称作'醴宾'"①，这也成为当代社会"礼宾"的来源。正是西汉时期"以礼治国"政治行为的推动和儒家"礼"文化思想的普及，在巩固和强化酒的社会地位和价值的同时拓宽了酒在社会中的应用范围，促进了酿酒业的发展和酒文化的繁荣。然而，酿酒业的快速发展及其带来的对粮食的大量耗费，日益引起统治阶级的高度重视，并采取禁酒政策，以限制酒业发展，确保粮食供应。如汉景帝中元三年（前147年），曾下令"禁酤酒"②，此乃西汉王朝第一次在全国范围内明令禁酒。5年之后，随着粮食供应得到保障，朝廷又取消了禁令，于是"民得酤酒"③。汉武帝时期，首创了榷酒政策，对私营酿酒行业进行官方干预。榷酒，是指"官方对酒类产品的专卖，又称榷沽、酒榷、榷酒酤"④。"榷酒政策的主导思想是控制并垄断商品流通领域，通过行政手段，把民间生产的酒类产品全部收归官方部门，再由官方部门加价卖给消费者。"⑤也就是说，汉代实行的榷酒政策，主要是对酒类产品在流通环节的垄断，私营酿酒业主依旧可以自行酿酒，但所酿之酒必须交由官府售卖，官府给予生产者一定数额的报酬。到了汉昭帝始元六年（前81年），朝廷又废止了榷酒政策，放开了对酒类产品销售的国家垄断，转而实施税酒政策，即通过抽税的形式对酒业进行管理，并弥补国家因废除榷酒政策而带来的财政收入差额。如《汉书》卷七《昭帝纪》就曾记载，

---

①　禹明先.美酒河探源［C］//刘一鸣.赤水河流域历史文化研究论文集（一）.成都：四川大学出版社，2018：117.

②　汉书：卷五　景帝纪［M］.北京：中华书局，1962.

③　汉书：卷五　景帝纪［M］.北京：中华书局，1962.

④　王赛时.中国酒史［M］.济南：山东画报出版社，2018：59.

⑤　王赛时.中国酒史［M］.济南：山东画报出版社，2018：59.

始元六年，"罢榷酤官，令民得以律占租，卖酒升四钱"。王莽执政时期，再度恢复榷酒政策，只是这时的榷酒政策已不同于汉武帝时期，不仅对酒类产品的流通环节进行干预，而且对生产领域也进行管控，意图通过对生产和流通两个领域的双重控制，最大限度地攫取酒业利润。汉王朝为了推动榷酒或税酒政策得以施行，同样设置了专门的官员。如《汉书》卷七《昭帝纪》记载，始元六年，"罢榷酤官"，表明有专门的官员，即榷酤官负责榷酒政策的实施。秦汉时期，朝廷开始在赤水河流域设置郡县，将沿线区域纳入中央集权统治版图。如西汉时期在赤水河流域设置犍为郡、牂牁郡等行政单位，就包含今镇雄县、威宁县、遵义市、习水县、赤水市等区域。西汉时期的各类酒业管理制度对沿线地区酒产业发展势必产生一定影响，如1965年在今安顺市平坝区金银乡南朝墓葬中出土了一件东汉时期的硬质陶罐，罐体刻有铭文"中可都酒"。有学者据此认为"都酒"就是"督酒"的意思，可能是汉代负责酿酒监管或者酒税征收的官员职名，而今安顺市及遵义市部分区域即为汉时牂牁郡所辖范围，表明汉代酒业管理制度已经覆盖赤水河流域地区并产生一定影响。事实上，设置专门的酒业管理部门和官员作为西汉监管酒业发展的重要手段，在后来不同朝代得到了延续与发展，如"晋有酒丞，齐有酒吏，梁有酒库丞，隋有良（酿）酝署，唐宋因之"①，这些多姿多彩的酒业管理制度丰富了赤水河流域乃至整个中华酒文化的深刻内涵。

（三）魏晋南北朝时期

这一时期强大的门阀势力、森严的等级观念带来的严酷社会现实，粉碎了诸多仁人志士的政治理想和上进心态，转而沉浸在饮酒所带来的愉悦之中，借以发泄内心的迷茫与无奈。如唐人胡曾有诗云："古人未遇即衔栖，所贵愁肠得酒开。何事山公持玉节，等闲深入醉乡来。"②南宋叶梦得《石林诗话》亦曾指出："晋人多言饮酒，有至沉醉者。此未必意真在酒，盖时方艰难，人各惧祸，惟托于醉，可以粗远事故。"正是在这样的社会背景之下，魏晋时期饮酒成风，"与酒产生了种种难以割舍的依附关系，那般纵情酒海的投入程度以

---

① 龚若栋.试论中国酒文化的"礼"与"德"[J].民俗研究，1993（2）：62.
② 全唐诗：卷六四七　高阳池［M］.北京：中华书局，1960.

及不拘礼节的嗜酒形态，不仅构成了弥漫社会群体的饮酒风貌，也化作了整个魏晋时代的一种文化特征"。"若论其饮者之众、饮量之大、饮风之烈，恐怕任何一个时代都难以颉颃。"①整个魏晋南北朝时期，大多沉浸于饮酒之中，对酒类产品的管控较为宽松。虽然偶有禁酒，但受当时社会整体饮酒环境影响，人们将酒推崇到极高的位置，且大多沉迷于饮酒之中，禁酒效果不佳。如孔融面对曹操所颁发的禁酒令，就曾两次发表《难曹公禁酒书》，以赞颂酒的功德，反对禁酒。《艺文类聚》卷七十二《酒》中记载：

> 天垂酒旗之曜，地列酒泉之郡，人有旨酒之德。故尧不千钟，无以建太平；孔非百觚，无以堪上圣。樊哙解厄鸿门，非彘肩卮酒，无以奋其怒；赵之厮养，东迎其王，非引卮酒，无以激其气。高祖非醉斩白蛇，无以扬其灵；袁盎非醇醪之力，无以服其命；定国非醉饮一斛，无以决法令。故郦生以高阳酒徒，著功于汉；屈原以餔糟歠醨，身困于楚。犹是观之，酒何负于治者哉。

（四）唐代

唐代初期实行榷酒政策，据《旧唐书》卷四十九《食货志下》记载："建中三年，初榷酒，天下悉令官酿，斛收直三千，米虽贱，不得减二千。委州县综领，醨薄私酿，罪有差。"然而，由于管控太难，民间逃酤现象严重，唐王朝这一榷酒政策并没有实行太久，从贞元二年开始开放民营酒业，转而实施税酒政策，将原先榷酒的钱数总额分摊到民营酒户之中，同时采取"官酤"的形式来弥补酒户纳榷后的榷酒钱差额。有唐一代，其酒类产品主要由官营酒坊、民营酒坊和家庭自酿三大酿酒主体提供。其中，官营酒坊由朝廷或各级官府控制，形成了统属严密、产品专用的生产体系，其所酿酒称为官酒，包括御用酒和地方官酒两种。御用酒是专供皇族或国事使用的酒，地方官酒是各州镇官营酒坊酿出的酒。民营酒坊是民间经营的各种酿酒及售酒实体，官方称其为"酒户"，购买酒的普通百姓则称其为"酒店"。民营酒坊规模小、

分布广。家庭自酿是普通百姓或官宦之家自己酿酒,自酿自用。唐代时期,今赤水河流域中下游的习水县、赤水市、古蔺县、合江县、叙永县及泸州市等区域皆属剑南道泸州所辖区域,上游的镇雄县属南诏国芒部,威宁县属宝州,毕节市属禄州,遵义市属播州。整个赤水河流域大部分区域皆受唐王朝酒业管理制度制约。

(五)两宋时期

有宋一代,自始至终实行榷酒政策,并设置了专门的酒务部门,负责管理酒的酿造、售卖以及酒税收入。酒务设有监管,监管酿酒生产过程中专督酒课。榷酒机构由都曲院、都酒务、酒务和坊场等部门构成,体系完备。除了官方榷酒,宋代还实行"买扑"制度,由大酒户出钱承包酒并售酒,即所谓酒税承包。买扑划定区域或时限,有实力的包税人按期向官府缴纳酒税以后,就可以独占某一地区的售酒权利,称为"正店",其他小酒户听其限制。特许的小酒户或私商小贩可以在官府设立的酒库酒楼取酒分销,也可以从正店批发,然后零售。这些特许酒户和私商小贩,被称为"脚店""拍户"或"泊户"。北宋时期经营酒坊的扑户以豪民大户为主,南宋时期,军队和官府亦以买扑者的身份承包买扑坊场,争夺更多经济利益。随着国家权力对酒业产权控制和管理力度的变化,"宋代酒品买扑制度主要经历'募民买扑''酬奖衙前''募民买扑'再回归和'实封投状法'四个阶段"[1],不同发展阶段反映了宋代政府针对酒业市场进行的宏观管理政策调整,但其始终围绕国家酒业收入与酒业产权控制为核心诉求,因为酒业是宋代政府增加国家财政收入的重要来源之一。此外,针对民营酿酒,宋朝政府通过官方卖曲的形式,对酒曲进行控制,进而管控民营酿酒业,民间酒肆、乡村酒户购买官曲并缴纳课税之后,也可以在一定范围内取得酿酒、售酒权。除了宏观政策上的调整,宋代还以路一级行政机构中的漕司作为酒业管理的具体机构。"漕司根据辖区内的具体情况制定出一路之课额,路以下的各州、府分别设立酒务坊场"[2]作

---

① 刘超凤,郭风平,杨乙丹.宋代酒类买扑制度的演变逻辑 [J].兰台世界,2016(24):133.
② 禹明先.美酒河探源 [C]//刘一鸣.赤水河流域历史文化研究论文集 (一).成都:四川大学出版社,2018:119.

为基层酒业行政管理机构，负责对酒坊、酒场进行管理。酒坊和酒场是宋代进行生产和销售酒的专门机构，酒坊规模较小，而酒场规模相对较大。宋代所实施酒业"买扑制度"正是以酒坊、酒场等酒类生产与销售机构为中心展开，是在国家利益最大化的基础上对这些机构的产权调控与税收管理。宋代时期，赤水河流域中下游地区隶属潼川府路，根据宋代酒业管理政策和机构设置，该地区理应是宋代酒业管理制度普遍推行的地区之一。这种官榷与买扑并行的酒业管理制度，进一步丰富了以酒政为核心的酒文化内涵。

宋代在酒业管理制度方面的历史创造还在于形成了独具特色的"俸酒"制度。"俸酒"制度不仅丰富了酒政文化的内涵，还是对传统"酒礼"文化的延伸，在这一制度的推动下，更促进了以酒器设计与制作为核心的酒器文化发展。"宋朝统治者规定每逢重大节日，下级官员要向上级官员，以及地方向中央馈赠。到宋徽宗时，馈赠酒改为正俸，称为'俸酒'或'公使酒'"①，这就规定了馈赠酒的合法地位。事实上，宋代的"俸酒"制度重在强调以酒为媒、"以酒为礼"，加强各级政府、各级官员之间的友好往来，在一定程度上却发展成为官场内部行贿与受贿的合法途径。随着大量"俸酒"的赠送与收受，作为收受"俸酒"的一方，拥有大量"俸酒"使得其转而交由甚至强迫酒坊、酒场出售换取现金收入，这就违背了宋代"俸酒"制度的本质，以至于宋王朝于宣和六年（1124年）下诏："在任官员以俸酒抑卖坊户转鬻者，论以违制律。"作为馈赠"俸酒"的一方，不仅追求"俸酒"在品质上要优良、上乘，更强调"俸酒"在酒器上的精美，进而推动了当时酒器设计与制作的发展，全国各地精美酒器层出不穷。有学者指出，遵义新舟出土的宋代陶制豪华酒瓶正是"宋代滋州行政当局向播州杨氏等馈赠'滋州风曲法酒'时用的酒瓶"②，滋州正是今赤水河畔习水县土城所在地，表明早在宋代时期，赤水河流域已经形成了较为成熟的以陶制酒器设计与制作为核心的酒器文化。现流传于土城旁边隆兴镇的制陶工艺或许正是滋州陶艺文化历史发展的遗存，

① 禹明先.美酒河探源［C］//刘一鸣.赤水河流域历史文化研究论文集（一）.成都：四川大学出版社，2018：120.

② 禹明先.美酒河探源［C］//刘一鸣.赤水河流域历史文化研究论文集（一）.成都：四川大学出版社，2018：121.

已于2009年入选遵义市第二批非物质文化遗产保护名录。

（六）元代

元代初期亦延续前朝制度，采取榷酒政策，对酒实行专卖，不许民间酿酒。后又改为准许民间自酿，官府对其征收一定数额的课税。然而，元大都粮食供应主要依靠运河漕运和海运，粮食供应较为紧张，为此，元代规定，在大都实行酒类专卖。有元一代，大都生产的酒主要出自两个体系：一个是大都酒课提举司所辖酒坊，酒产品面对市民大众；另一个是宣徽院，产品只供宫廷和官府使用。有元一代，对西南地区实现土司制度，赤水河流域大部分地区属当地土司管辖，其酒业管理大多依制而行，酒产业稳步发展。

（七）明清时期

明代初期，由于战争连年，民生凋敝，明太祖为休养生息而采取禁酒之策。到了明代中后期，随着社会环境日益稳定，经济水平不断提升，国家禁酒政策逐渐废弛，酒业经济得以恢复和发展。到了明代万历元年（1573年），泸州人舒承宗始建"舒聚源"酿酒作坊，专酿大曲酒，为今泸州老窖之前身。而舒承宗所建造的酿酒窖池，已于1996年被国务院认定为酒产业领域的第一个全国重点文物保护单位，赋予了这些窖池以"1573国宝窖池群"的美誉。到了清代初期，中央政府实行严格的酒禁制度，全国酿酒产业的发展受到极大抑制。直到雍正、乾隆时期，随着社会生产力不断发展，尤其是农业经济取得了较好发展，剩余粮食逐渐增多，为酿酒产业的恢复与发展奠定了良好的经济基础，中央政府酒业管理政策从严禁转向宽松，全国酿酒产业再次兴盛起来。到了清后期，清政府内外交困，财政困难，逐渐加重了对酒业的课税额度。清同治元年（1862年），贵阳人华联辉在仁怀县茅台村创建"成义酒坊"，光绪五年（1879年），仁怀县富绅石荣霄、孙全太和"王天和"盐号老板王立夫亦在茅台村合股开设"荣太和酒坊"，后改名"荣和酒坊"。以上两大酒坊，加上后来成立的"恒兴酒坊"，共同构成了今茅台集团的前身。

（八）民国时期

北京政府时期，延续了清末以来的酒业管理制度，对酒类产品征收一定额度的税费。不仅如此，民国时期还将烟和酒并置，设置了烟酒税，以强化对烟业和酒业的集中管理，推出了烟酒牌照税、烟酒税和烟酒公卖费三项课税税种。到了南京国民政府时期，对之前的烟酒税制度进行改革，推出了公卖制度和重税制度，并推出了针对外来洋酒和国产土酒的不同课税政策。这一时期，赤水河流域酒产业继续发展，茅台村恒兴酒坊、赤水县"民胜糟坊"等酿酒作坊纷纷建立，进一步推动了赤水河流域酒产业的发展。尤其是在1915年巴拿马万国博览会上，泸州温永盛酿酒作坊推出的"三百年大曲酒（今泸州老窖酒）"、茅台村成义酒房与荣和酒房推出的"回沙茅台"（今茅台酒）纷纷摘得大奖，使得赤水河流域酿酒产业名声大噪，引起了社会各界的广泛关注。

二、区域经济发展

赤水河流域生产力水平和宏观经济的发展，尤其是赤水河流域航道整治和航运经济发展，极大地推动了沿线酒产业的发展与酒文化的繁荣。清代时期，统治阶级进一步强化对赤水河流域航运通道的开发与整治，以盐运为核心的航运经济快速发展。乾隆初年，时任贵州总督张广泗从滇黔两省铜铅进京、川盐入黔的角度向中央政府提出开发赤水河航道的建议，指出"黔省威宁、大定等府州县，崇山峻岭，不通舟楫，所产铜、铅，陆运维艰，合之滇省运京铜，每年十余万斤，皆取道于威宁、毕节，驮马短少，趱运不前。查有大定府毕节县属之赤水河，下接遵义府仁怀县属之猿猴地方，若将此河开凿通舟，即可顺流直达四川重庆水次。委员勘估水程五百余里，计应开修大小六十八滩，约需银四万七千余两，以三年余之节省，即可抵补开河工费。再，黔省食盐例销川引，若开修赤水河，盐船亦可通行，盐价立见平减。大定、威宁等处，即偶遇丰歉不齐，川米可以运济，实为黔省无穷之利"[①]。随着赤水河航运开通，成为川盐入黔的重要通道，形成了以赤水、习水、仁怀为

---

① 参见《高宗实录》，转引自谢尊修，谭智勇.赤水河航道开发史略［J］.贵州文史丛刊，1982（4）：105.

图3.1 作为盛酒器具的支子（来源：贵州酒文化博物馆）

重要节点的仁岸，与綦岸、涪岸、永岸共同构成川盐入黔的四大口岸。以仁岸为核心的川盐入黔路线主要是沿赤水河逆流而上。川盐首先经邓井关运至赤水市，之后从赤水市沿赤水河运至元厚，再从元厚运至土城，之后经二郎滩到达茅台村，此后，水路转陆路，分两路运至贵州省鸭溪、大定等地。

赤水河航道开通不仅有效解决了贵州人吃盐的难题，更凭借盐运而推动了赤水河流域酒酿造、旅店、茶馆等多种商业经济发展，并形成了葫市、丙滩、元厚、二郎滩、茅台村等新兴商业中心，酒业经济和酒文化日渐发展和繁荣起来。所谓"川盐走贵州，秦商聚茅台"，赤水河流域商业经济的发展吸引了来自陕西、山西等地的大批商人进驻。就酒业经济而言，除了本地自产自销的酒之外，大批商人还以转卖的形式为消费者提供大量不同品类的酒，他们依托赤水河流域围绕盐运而形成的巨大人流量和市场空间，通过将外地的酒运至流域沿线主要商业中心贩卖给消费者，以获取差价，形成了茅台村"偈盛酒号"等大型卖酒商号。随着市场需求量日益增长，而酒在长距离运输中面临损坏的风险，且运输成本较高，部分商人开始在茅台村、土城等规模较大、人流较多的盐运节点设厂酿酒，赤水河流域沿线酒厂林立，商号遍布，酒业经济日趋繁荣，到嘉庆、道光时期，仅茅台村就有烧房二十余家，所用粮食不下二万石，产量跃居贵州全省第一位，成为赤水河流域酿酒产业最为兴旺发达的地区。

酒业经济的繁荣还推动了酒曲、酒器的发展。曲乃酒之骨，随着大批商人在茅台村、土城等地设厂酿酒，对酒曲的需求量日渐增加。部分陕西商人便抓住了这一商机，"源源不断地从陕西略阳将所产优质大曲运到茅台等赤水河沿岸各码头销售"[1]，除了赤水河沿线的茅台酒等曾使用略阳大曲，五粮液、剑南春等知名白酒也曾使用略阳大曲，可见略阳大曲的引入为赤水河流域酒业经济和酒文化发展奠定了坚实基础。乾隆以前，赤水河流域盛酒用的器具以"支子"为主，这是一种经过特殊加工的竹篓。通过在竹篓内部糊上猪血、生石灰和皮纸，再经当地出产的桐油浸泡，这样就能在一定程度上避免酒体泄漏，体现了在当时社会生产力条件下当地居民的智慧创造。每个"支子"能够容纳50千克的酒体，"支子"较为轻便，当地居民挑着盛满美酒的"支子"沿街叫卖或对外运输。除了用"支子"盛酒贩运与叫卖，固定的零售点则以各种陶制酒坛为主，消费者如需购买酒喝，则需要自备盛酒器皿，极为不便。随着赤水河流域酒业经济的发展，到乾隆二十年前后，出现了专门用于盛酒的小型酒器，这是一种大约能容纳250克酒体的圆形鼓腹陶瓶，当地人形象地称之为"罐罐儿"。"罐罐儿"的出现，不仅极大地方便了消费者购买和携带不同酒体，也丰富了酒器的类型，促进了酒器的发展。1915年，在巴拿马万国博览会上获奖的茅台酒正是装在这种"罐罐儿"里面。由于这种"罐罐儿"其貌不扬，参展方选择了摔罐的方式，让美味的茅台酒扑鼻而来，充斥着整个展厅和每个人的嗅觉器官，茅台酒也因此"一摔成名"。

三、多元饮酒习俗

赤水河流域嗜酒饮酒之风盛行，是赤水河流域酒文化廊道形成与发展的重要动因，是赤水河流域酒文化生态的重要内容之一，而这些多姿多彩的饮酒风俗本身又是酒文化的重要组成部分。正是赤水河流域沿线居民长期、持续的对酒的钟爱，促进了赤水河流域酿酒活动的历史传承与发展。嗜酒饮酒的生活方式从需求的角度倒逼着酿酒这一生产活动和生产方式的发展，并在历史的动态发展历程中逐渐形成和积淀了多元化的饮酒习俗。如果说嗜酒饮酒的生活方式只是从满足口腹之欲的物质需求层面推动了酿酒行为的普遍流行，那么这些多元饮酒习俗作为当地人自觉遵守、共同参与、定期举行的文化行为，则在历史的传承与发展进程中深刻影响着当地人的生活态度、生产

---

①　禹明先.美酒河探源［C］//刘一鸣.赤水河流域历史文化研究论文集（一）.成都：四川大学出版社，2018：122.

方式乃至文化心理。饮酒不仅仅是一种个人的饮食习惯和生活方式，更上升到一种集体共同遵循的文化行为和社会规范。于是，酿酒也就不仅仅是为酿酒而酿酒的家庭生产或作坊生产行为，而是一种举行特定文化行为的需要，是人们赓续传统、传承文化的需要。正是在这种物质需求与精神需求的双重作用之下，赤水河流域沿线居民有着持续且稳定的用酒需求。为满足用酒需求，当地酿酒行为也呈现出以传统家庭自酿自用为主向以小规模专业酒坊酿售为主，再到当代多元化酒企酿售的历史演变过程。根据《古蔺县志》记载，这里"素有家酿坛坛酒、凌（呷）酒、醪糟米酒、小酢酒自食待客之习。明、清以前，世居彝、苗、羿民无论婚丧嫁娶，打猎扎山，逢年过节，少不了酒。苗民更有'无酒不成规'之说"[①]。赤水河流域普遍盛行的嗜酒饮酒风俗集中表现在丰富多彩的酒俗酒礼活动中，人们以酒寄情、借酒明志，酒成为人们日常生产生活活动中的重要介质。比如在节庆活动、婚嫁仪式、祭祀庆典、佳朋会聚等民俗活动和日常生活中，酒成了现实人生与理想境界之间的沟通之物，成了新婚妇女与夫家上下人等的沟通之物，成了与祖宗、神灵、崇拜对象间的沟通之物，成了节庆活动中欢乐的使者，成了待人接物中友谊的纽带，成了抵御瘴疠、治病疗伤的重要介质。而且沿线各民族在祭祀、婚礼、丧葬、节庆、聚会等活动中饮酒时，还形成了系统、规范、固定的酒词、酒歌、酒礼等内容，其每一个动作、每一句话语都十分讲究。

咂酒作为赤水河流域较为盛行的酒俗之一，也称"咂杆酒""咂嘛酒""碧筒酒"等，是我国历史上延续时间较长、流行区域较广的一种饮酒习俗。咂酒习俗在赤水河流域上游的毕节彝族地区颇为盛行。清同治元年（1862年）石达开率领太平军来到这里，即受到当地人民以咂酒习俗盛情接待，石达开还作有《驻军大定与苗胞欢聚即席赋诗》，对咂酒这一独特的饮酒习俗和方式进行表述。其诗云："千颗明珠一瓮收，君王到此也低头。五岳抱住擎天柱，吸尽黄河水倒流。"[②]赤水河中下游地区的习水、赤水一带亦盛行咂酒习俗。清道光时期，陈熙晋在描述仁怀厅（今赤水市、习水县等地）地方风俗时曾有"浅深筒吸酒"的说法，指出仁怀厅境内"俗尚咂酒，以竹管

①　古蔺县志编撰委员会.古蔺县志［M］.成都：四川科学技术出版社，1993：282.
②　罗尔纲.太平天国诗文选［M］.北京：中华书局，1960：19.

吸之"。赤水河中游的习水县土城地区，现今仍留存着"宴席酒"的习俗，这是一种盛行于清代末年及民国时期的饮酒风俗。根据这一风俗，在宴席期间，设有专门的"押礼先生"负责施行饮酒礼仪，其中最具特色的当数向客人敬酒的"洗酒"风俗。"洗酒"时，押礼先生手执盛满美酒的小锡壶，向客人敬第一杯酒时，要用拇指和无名指卡住酒壶并执拿住提梁尾部以斟酒，第二杯时执提梁前部，第三杯时执提梁中部，这三个部位也被称作"码尾""码头"和"提码"。一旦执壶者执壶动作不合规矩，客人就要罚他喝酒。古蔺地区苗族同胞更有"无酒不成婚"的习俗。苗家男女从恋爱到结婚的不同阶段，皆有以酒命名的礼仪活动，包括"初酒""中酒""大酒"等，到了结婚之日，整个村寨的老幼民众皆前往庆贺，并将这种行为称作"去吃酒"，可见酒已成为当地民众举办婚嫁活动的必备物品和代名词。事实上，不仅苗族地区，在整个赤水河流域几乎都盛行各种"酒席"，人们每每参加各种"酒席"都称作"去吃酒"。如根据《民国泸县志》记载，泸州地区在民国时期就盛行各种"酒席"，"三朝汤饼之会曰三朝酒，弥月曰满月酒，周岁曰周岁酒，做生日曰生期酒；男家纳采曰炷香酒，女家纳采曰诺书酒，男婚曰筵席酒，女嫁曰出阁酒，……不能尽也"[1]。

　　赤水河流域居民嗜酒饮酒习俗不仅丰富了该区域酒文化内涵，而且成为赤水河流域酒文化廊道形成与发展的重要推动力之一。而赤水河流域独特的地理环境则是促成该区域居民长期以来嗜酒饮酒习俗的重要原因之一。赤水河流域地处云贵高原与四川盆地过渡地带，大部分河段皆处于群山环抱之中。这种相对封闭的地理环境，一方面形成了独特小气候，为酿酒所需微生物群落的聚集与繁衍提供了条件，促进了酿酒产业的发展；另一方面，也正是这种山地环境导致沿线区域在秋冬季节阴雨寒冷天气频繁，瘴疠盛行，不利于人们身体健康。为了抵御寒冷、湿气和瘴疠，当地人很早就形成了以酿酒饮酒的传统习俗，饮酒已经深深融入当地人的日常生活中，成为不可或缺的重要组成部分。为此，不同历史时期统治者在推行酒类管理政策时，都曾对这一区域采取特殊政策，认为该区域"汉夷杂居，瘴乡炎峤，疾疠易乘，非酒

① 王禄昌.泸县志：卷三［M］.台北：台湾学生书局，1989：455.

不可以御烟岚雾，而民贫俗犷，其势不能使之沽于官"。为了保障赤水河流域居民日常饮酒抵御恶劣环境带来的伤害，在国家强化酒业管理、实行国家专卖政策之时亦破例允许该区域自酿自饮，使该区域居民饮酒无须"沽于官"。正是应对自然生态环境的客观需要和统治者管理政策的主观适应，使得生活在赤水河流域的居民与酒结下了深厚的情缘，饮酒成为他们日常生活中不可分割的一部分，并围绕酒这一物质载体形成了多姿多彩的酒俗酒礼，构成了赤水河流域酒文化廊道多元而深厚的文化底蕴。

此外，随着赤水河流域航运经济的发展，长年累月在赤水河上奔波的船工及各类来往商人，大多把自己艰辛、疲劳、痛苦、忧愁、欢乐等丰富的情感寄托在酒上。酒就成为从事水上运输及与之相关的人们所喜爱的对象。昔日辛勤的船工、盐商等各色人群，每当盐船靠岸时，就要上岸喝酒吃茶打牙祭。他们通常打一个单碗（用一个陶碗盛满二两白酒），若一人进去，就站着一口气喝完便走；若三两人进去，通常会买上半斤花生米，边喝边闲聊边吃花生米，前者，在当地就称为喝"寡单碗"，后者则称为喝"单碗"。在赤水河沿岸，像茶馆、酒馆的店铺星罗棋布，层出不穷，既有简易的，也有较堂皇的。现在赤水河流域沿线一些乡镇集市上，仍然可见这种喝"寡单碗"或"单碗"的习俗，且主要集中在农村中老年群体中。每到赶集日，人们将自己所带来的货物销售一空或者办完事情后便会到熟悉的店铺，打上二两白酒，通常用玻璃杯或陶碗盛放，一边喝酒，一边闲聊、休息。待喝完之后，便起身回家。而年轻人则大多选择啤酒，尤其是在夏季，赤水河谷炽热的气候让周围环境都变得焦灼，农村青年在城镇里忙完一天的活计准备回家时，大多选择买上两瓶冰啤酒，边走边喝，既缓解了一天的疲劳，也给闷热的感官带来了丝丝凉爽。

第四章

赤水河流域酒文化廊道的历史流变

　　赤水河流域酒文化的积淀与发展是一个渐进的过程。赤水河流域酒产业的发展与酒文化的积淀与传播，促进了酒文化廊道的形成、流变与发展。赤水河流域酒文化廊道是沿线自然生态环境与社会人文环境等多重因素共同作用的结果，正是沿线独特的文化生态环境促进了酒文化的发展与繁荣。赤水河流域酒文化廊道既是一个空间概念，是依托赤水河流域而形成的带状酒文化分布空间，也是一个时间概念，赤水河流域酒文化廊道的形成与发展并非一蹴而就，而是一个长时期积累与流变的过程。从纵向的时间维度来看，可将赤水河流域酒文化廊道的发展流变划分为明以前、明清时期、民国时期以及中华人民共和国成立以来4个历史阶段。从横向的空间维度来看，赤水河流域酒文化廊道的发展流变是一个由点到线、以线带面的地域范围延展过程。在赤水河流域酒文化廊道动态流变与历史发展进程中，赤水河流域各区域酒文化呈现出不同的发展特点，并且总体上表现为从赤水河中下游地区向中上游地区传播的发展规律，酒文化廊道亦呈现出从中下游地区点状发展到沿流域向中上游地区不断延展的总体发展状态。

第一节　明以前赤水河流域酒文化廊道的点状突破

　　赤水河流域酒文化历史悠久。根据现有文献记载和出土文物考证，早在秦汉时期，赤水河流域就已形成较为发达的酒产业，酒器、酒功等酒文化内容日渐丰富和繁荣。酒不仅是祭祀祖先与神灵、实现人神沟通的重要媒介，而且成为人们日常生活中重要的饮食类型和贸易商品之一，并形成了一套完整的饮酒礼仪和规范行为。酒产业与农业发展密不可分，只有当农业较为发达，人们有剩余粮食的基础上，才有可能将剩余的粮食用来酿酒，成为酒产业发展的物质基础。正如《诗经·小雅·楚茨》记载："我黍与与，我稷翼翼。我仓既盈，我庾维亿。以为酒食，以享以祀。"可见，农业的发展和粮食的充裕，为酿酒活动的开展，尤其是为谷物酒的酿造提供了必要的原料来源，也才有了酒这一重要饮品和物质文化成果，进而为丰富多元的酒文化的孕育和发展奠定了基础。赤水河流域从云贵高原奔腾而来，在崇山峻岭间穿行，进入今习水县后，终于冲破了群山的阻挠，进入四川盆地边缘的丘陵地带，河谷逐渐开阔，水势趋于平缓，为古代先民的生产生活提供了条件，农业在这些地区取得了较好的发展，也为酒产业的发展与酒文化繁荣奠定了基础，赤水河流域酒文化廊道的形成与发展首先在开阔平坦的中下游地区实现了突破。

明代以前这一悠久的历史发展阶段是赤水河流域酒文化廊道实现点状突破的历史时期，也是赤水河流域酒文化廊道的萌芽时期。赤水河流域酒文化廊道在明代以前的萌芽与发展主要集中在秦汉、两宋以及元代时期。酒作为一种重要介质，在这一历史时期实现了从娱神向娱人的转变，在大众化的酿酒饮酒发展过程中，逐渐创造和积淀了丰富的酒文化内容。赤水河流域酒文化发展主要集中在中下游区域，赤水河不同区域之间虽已经开始出现不同程度的酒产品交易与酒文化交流，但是酒文化廊道的整体轮廓与走向尚未形成。总体而言，这一历史时期赤水河流域酒文化廊道主要呈现出以下特点。

一是酒实现了从祭祀用品向日常生活饮品的历史转变。在农业经济发展水平较低、酿酒技术较为落后的封建社会早期，酒事实上是一种稀缺品。同时，由于酒含有一定酒精浓度，饮用后给人带来一种眩晕与飘忽的感觉，如同脱离世俗社会，进入另一个自由王国之中。正是在这种本身稀缺性和独特感官刺激的作用下，酒成为古代先民用以祭祀祖先、沟通人神的重要介质，古代巫师们借助饮酒带来的恍惚之感实现与神灵的沟通。以酒祭祀既是我国古代祭祀文化的重要特点，也赋予了酒独特而又神秘的文化内涵。随着社会生产力水平的不断进步和人们认识水平的逐渐提升，酒依旧是各种祭祀活动中的重要介质，也开始成为人们饮用的独特饮品，尤其是在上层社会阶级中开始流行，并逐渐扩散到整个社会各阶层，成为人们日常生活中的重要饮品之一。如泸州市出土的各类酒文物充分体现了酒在古代泸州地区不仅是巫师们借以祭祀祈祷、沟通人神的重要介质，也成为社会大众日常饮食中的重要饮品之一。酒从祭祀用品向日常生活饮品的历史转变，使得酒作为人神沟通的神秘性被弱化和消解，饮酒后给人带来的感官刺激与愉悦之感则被极大地增强了。同时，随着大众在日常生活中对酒的大量饮用，对酒的生产规模、酿酒技艺改进等需求日渐凸显，与酿酒、饮酒相关的各种器物和规范、习俗等酒文化内容开始形成和发展起来，而这些酒文化内容与将酒作为祭祀用品，以酒祭祀的各种酒文化内容和形式是有一定差异的，它们共同构成了丰富多元的酒文化体系。

二是酒文化发展实现巨大突破。赤水河流域酒文化在明代以前的漫长历史岁月中虽发展缓慢，却也取得了巨大进步，为赤水河流域酒文化，乃至全国酒文化的发展奠定了坚实的基础。这一时期赤水河流域酒文化的巨大突破突出体现为甘醇曲的成功研制。曲药是白酒酿制必不可少的重要原料之一，曲药质量的高低和风格的迥异将直接影响所酿制出来的酒在品质上的差异化。宋代今习水地区所酿风曲法酒即以曲药名称命名所酿之酒，可见曲药的重要性，即便到了当代社会，依旧有各种曲酒、大曲酒、特曲酒等凸显曲药重要性的白酒命名方式。元代泸州人郭怀玉成功研制甘醇曲并一直沿用至今，揭开了我国浓香型大曲酒的发展序幕，为浓香型大曲酒的发展奠定了坚实的基础，开创了浓香型大曲酒的发展时代，也为整个赤水河流域酒文化发展作出了奠基性的积极贡献。自此以来的很长一段时间，直到中华人民共和国成立以来，赤水河流域沿线区域酿酒所需曲药大多自泸州采购，浓香型曲酒酿制技艺亦大多师从泸州。泸州作为赤水河流域酒文化廊道的枢纽城市之一，对赤水河流域酒文化的传播与发展产生了举足轻重的积极贡献。

三是酒文化发展区域相对集中。这一时期赤水河流域酒文化发展主要集中在中下游的今泸州市和习水县两大区域，呈现出零散化的点状分布状态。赤水河流域酒文化发展的集中性主要源于经济和政治两个层面的因素。从经济层面看，今泸州市和习水县（尤其是酒文化较为集中的今土城镇）两大区域皆处于河流冲积地带，地势相对平坦，土壤肥沃，为农业经济的发展提供了优越的条件，使得这些地区农业经济较为发达，进而为酿酒活动的开展和酒文化的发展提供了基础。从政治层面来看，凭借着一定的地理区位优势和相对发达的经济水平，今泸州市和习水县土城镇是古代重要的政治中心，伴随着政治权力的集中，这些区域也成为重要的经济和文化中心。如今泸州市曾是西汉江阳县、东汉江阳郡、隋代泸川郡、唐代泸州都督府、北宋泸川军节度、南宋江安川和宋代泸州所在地，其中心地位的确立和持续，使得这里经济发达，人才汇聚，为酒文化的发展与繁荣提供了必不可少的基础保障。今习水县是古鳛国所在地，自秦汉以来，属今泸州管辖，直到宋大观三年（1109年），宋代统治者在今习水县土城镇设置滋州，后又改设武都城，所辖范围包括今习水县、赤水市等地，赋予了今土城镇区域中心的优越地位，一定程度上推动了土城镇酒文化的发展，尤其是南宋理宗端平元年（1234年）袁世盟奉旨"留镇守土"，保障了土城镇社会稳定和经济发展，袁氏家族在土城镇创办酿酒作坊、发展酿酒产业，为土城镇乃至整个习水县酒文化的发展作出了不可磨灭的积极贡献。

一、泸州：历史积淀与甘醇曲的诞生

秦汉时期国势日趋强盛，尤其是两汉时期相对稳定的社会环境和发达的国民经济，为酒产业的发展与酒文化繁荣奠定了坚实的基础。酒的文化、政治、经济等多元化价值日益受到重视，酒不仅仅是沟通人神的媒介，更走向民众，成为大众日常生活中的重要饮食品类之一，成为人们借以宣泄情感、

图4.1　巫术祈祷图（来源：泸州市博物馆）

寄托志趣、交流思想、体验刺激的重要介质。人们不仅"以酒祭祀",更"以酒宴饮""以酒成礼"。所谓"酒醪以靡谷者多",酒在这一时期更加受到统治者的重视,禁酒、榷酒与税酒等酒业管理制度和政策开始出现。

泸州是赤水河流域酒文化廊道枢纽城市之一,系赤水河流域下游辐射区域,在西汉称江阳县,属犍为郡,东汉置江阳郡。近年来,泸州市出土了诸多秦汉时期的文物,其中不乏与酒相关的珍贵文物。这些文物的出土,进一步证实了早在秦汉时期,今泸州地区已有着较为发达的酒产业和繁荣的酒文化。1983年,在泸州市新区麻柳湾基建工地出土了一座汉代崖墓,在崖墓内发掘了一具汉代画像石棺(编号为泸州8号汉画像石棺)。该石棺长1.9米,宽0.6米,左侧为"巫术祈祷图",展示了两个巫师相对举起酒器进行祭祀活动的场面,表明在汉代时期的泸州人已经开始用酒进行祭祀活动,以酒祭祀成为当地先民进行祭祀活动的重要礼俗。1987年,泸州市区出土了一座汉代砖室墓,在墓内发掘出一具汉代画像石棺(编号为泸州11号汉棺),该石棺左侧为"宴饮图",展示了一男一女二人相对而坐于一圆桌前,"桌上置有碗、碟、杯、箸,二人双手相握,双目相视,神情安详亲切……二人后面有一侍者跪于一鼎前,作侍候状"[1]。"宴饮图"充分表现出汉代家庭宴饮的场景,表明在汉代时期,酒已经进入人们的日常生活中,成为人们日常饮食中的重要内容之一。从"宴饮图"中出现侍者这一现象看,日常生活饮酒主要在上层社会中盛行,他们把美酒美食当作一种生活享受。1987年4月,在泸州市童家路天然气公司基建工地上出土了由三座汉代崖墓组成的崖墓群,其中1号墓内发掘出一具陶制饮酒俑,该俑高33厘米,肩宽10厘米,"陶俑手捧陶耳杯作饮酒状,造型生动简朴,面带微笑,一副其乐融融之态"[2]。该饮酒俑的出土,进一步表明在秦汉时期,饮酒已成为当时社会的重要饮食习俗之一,酒不仅是人们祭祀祖先与神灵的沟通之物,也是人们日常生活中的常备饮品。

唐代是一个崇尚美酒的时代,酒在唐代人的饮食生活中占据着重要的地位,"朝野上下,城乡内外,其官宦酬酢,士人交往,豪侠聚集,平民沟通,都会把酒当作媒介;至若骄者跋扈,志者诉说,孤者感叹,愁者排遣,也都

---

① 陈文.泸州博物馆藏酒文物与泸州酒史浅论 [J].四川文物,1993(1):62.
② 陈文.泸州博物馆藏酒文物与泸州酒史浅论 [J].四川文物,1993(1):62.

会视酒为凭据"①。在相对稳定的社会环境和发达的农业经济基础上，加之普遍好酒的宏观社会背景，泸州酒文化在唐代也取得了进一步的发展。1999年，在泸州市区营沟头古窑址出土了大量唐代时期的陶制酒器，包括瓜棱壶、敞口壶、双耳杯、敞口杯、带柄三足杯、敞口罐、瓜棱罐等。这些酒器的发掘与出土，进一步说明了唐代泸州地区有着繁盛的酒文化。唐代诗人郑谷曾有"昔年共照松溪影，松折溪荒僧已无。今日重思锦城事，雪销花谢梦何殊。乱离未定身俱老，骚雅全休道甚孤。我拜师门更南去，荔枝春熟向渝泸"的表述，其中提到的"荔枝春"即以荔枝为原料酿制出的酒，"春"也就是古代对"酒"的一种别称。这一表述充分彰显了唐代泸州地区已能够以荔枝为原料酿制出美味佳酿，反映了泸州在唐代已经有着较为繁盛的酒文化。

两宋时期是我国封建社会经济文化较为发达的时期，也是酒产业与酒文化较为发达的历史时期。有宋一代，始终坚持榷酒政策，并设置了都曲院、都酒务、酒务、坊场等榷酒机构，以对酒的酿造与售卖进行管控。较前代而言，两宋时期的酒文化进入了一个更高的层面，无论是酿造技艺、制曲工艺、酒品类别、酒器设计，还是酒业管理、酒业规模等方面，都较前代有了更多的创新与提升。北宋在今泸州置泸州军节度，南宋改泸州为江安州，属童川路管辖。"百斤黄鱼脍玉，万户赤酒流霞"，宋代泸州酒业呈现出一派欣欣向荣的气象。1985年，在今泸州老窖酒厂罗汉基地发掘出3件龙泉窑影青瓷酒碗，酒碗"为圈足，喇叭口，通高5.3厘米，底径4.8厘米，口径16.6厘米，胎灰白色，瓷化较强，质地较细腻"②。该文物的出土，体现了宋代泸州地区酒器设计较为精美，酒器工艺极其讲究，反映了该时期泸州酒业的繁盛。1991年，在今泸州市区出土了一座宋代石墓，墓内发掘出大批精美石刻，其中有一件侍者捧酒壶石刻尤为突出。该石刻"高1.15米，宽0.5米，为一侍者双手托起一酒壶于右肩前，其酒壶高0.39米，宽0.4米"③。从侍者本身来看，其"体态丰满，神态安详，表现出一派安定祥和的意味"④，该石刻充分反映出宋

① 王赛时.中国酒史［M］.济南：山东画报出版社，2018：159.
② 陈文.泸州博物馆藏酒文物与泸州酒史浅论［J］.四川文物，1993（1）：63.
③ 陈文.泸州博物馆藏酒文物与泸州酒史浅论［J］.四川文物，1993（1）：63.
④ 陈文.泸州博物馆藏酒文物与泸州酒史浅论［J］.四川文物，1993（1）：63.

代泸州社会经济的繁荣与酒业的兴盛发达。1995年，在泸州市凤凰山也出土一座宋代石墓，在石墓中发掘一件双耳陶杯，该陶杯"直口，腹下部内收，足呈喇叭形，腹部有一对对称的耳，该容器容量为30毫升左右"①。从以上酒器、石刻等与酒相关的出土文物可以发现，宋代泸州地区已经有了大量设计精美、做工精细的酒器，从这些酒器的材质和器形来看，应为日常生活中饮酒所用，足见该时期泸州酒业的繁盛和饮酒行为的普遍性，尤其是侍者捧酒壶石刻画像的出土，为我们呈现出一派宋代泸州酒业繁荣兴盛、社会大众饮酒自乐的稳定富庶之社会景象。

图4.2　侍者捧酒壶石刻
（来源：泸州市博物馆）

元代是一个以蒙古族人为统治主体而建立的跨地域多民族国家，各民族相互交流、相互影响，使得元代酒文化也随之呈现出诸多新面貌。尤其是在酿造技艺层面，"元朝人从中亚及欧洲引进了蒸馏酒法，制造出中国式的谷物蒸馏酒，推动了中国造酒工艺的变革"②。关于蒸馏酒，明代李时珍所撰《本草纲目》记载道："烧酒，非古法也，自元时始创其法，用浓酒和糟入甑，蒸令气上，用器承取滴露。凡酸坏之酒，皆可蒸烧。近时惟以糯米或粳米或黍或秫或大麦蒸熟，和曲酿瓮中七日，以甑蒸取。其清如水，味极浓烈，盖酒露也。""烧酒，纯阳毒物也。面有细花者为真。与火同性，得火即燃，同乎焰消。北人四时饮之，南人止暑月饮之。其味辛甘，升扬发散；其气燥热，胜湿祛寒。"③蒸馏酒在古代称烧酒、火酒、酒露等，现代统称白酒。蒸馏酒技艺

① 杨辰.可以品味的历史［M］.西安：陕西师范大学出版社，2012：81.
② 王赛时.中国酒史［M］.济南：山东画报出版社，2018：272.
③ 李时珍.本草纲目：卷二十五［M］.北京：人民卫生出版社，1982：1567.

于何时传入赤水河流域尚无可考，但这一时期的赤水河流域却在制曲方面实现了重大突破。有元一代，赤水河流域酒文化的发展尤以"甘醇曲"的研制最为典型。根据清道光进士张宗本遗著刻本《阅微壶杂记》第四卷《乡土杂拾》记载："揭至元代泰定年间（1324年），泸州始有脱颖而出者，郭氏怀玉也。十四岁学艺，四十八岁制成酿酒曲药，曰'甘醇曲'，用以酿出之酒，浓香甘洌，优于回味，更辅以技艺之改进，大曲而成焉。"根据该记载，元泰定元年泸州人郭怀玉首创甘醇曲，用这种曲药酿制出的酒口感更好。甘醇曲一直沿用至今，当代泸州老窖所用曲药即为甘醇曲。而郭怀玉"不仅是泸州酒业发展史上的伟大革新者，亦是中国第一代浓香大曲酒的创始人、开山鼻祖，为后世泸州曲酒业的发展作出了奠基性的重要贡献"[1]，开创了浓香型白酒的酿造发展史，将赤水河流域酒文化的发展推向了新的高度。

关于秦汉至元代这一历史时期泸州市酿酒活动的记载并不多，但是与酒相关的各种出土文物较为普遍，各种与酒相关的画像砖、酒器、雕刻等历史文物的出土，从饮酒的视角充分反映出泸州市在该历史时期普遍的饮酒习俗和繁盛的酒文化。在古代交通通达性较为不便的情况下，饮酒习俗的普遍性需要本土发达的酿酒产业或是较为盛行的酿酒活动作为支撑。由此可见，这一时期泸州市酿酒产业或酿酒活动应该同样较为发达和普遍。尤其是到了元代，郭怀玉在历代酿酒产业发展的基础上，深入总结和提炼，发明了甘醇曲，对泸州市酒文化发展作出了巨大贡献，也为当代泸州大曲酒的发展以及整个赤水河流域酒文化廊道浓香型酒文化的发展奠定了坚实基础。

二、习水：从枸酱酒到风曲法酒的演进

今习水县在秦汉时期属符县（今合江县）管辖，西汉属犍为郡，东汉属江阳郡。这时期的赤水河称大涉水，其上游地区主要受鳖、夜郎等方国和少数民族部落控制。随着汉武帝开西南夷，逐步将今赤水河流域纳入汉王朝版图，并在这一开拓过程中，促进了中原先进文化与赤水河流域本土文化之间的交流与传播，从而使得该区域出产的枸酱酒广为流传，成为汉武帝称赞

---

① 杨辰.可以品味的历史［M］.西安：陕西师范大学出版社，2012：86.

"甘美之"的优质饮品。而大量汉人的迁入也有效推动了当地农业经济的发展，为酒文化的发展奠定了坚实的物质基础。

相传生活在远古时期赤水河流域，今习水一带的土著居民鳖人，也称濮人、僰人已善于酿酒，但无确切的文字记载或文物考证。《史记·西南夷列传》中关于"枸酱"的记载被学界普遍认为是赤水河流域中下游地区酿酒历史的最早记录。根据该记载，西汉建元六年（前135年），汉武帝曾派番阳地方长官唐蒙为使节前往南越（今广东一带），唐蒙在南越初次品尝到了枸酱，后又问蜀贾人南越的枸酱从何而来，贾人回答曰："独蜀出枸酱，多持窃出市夜郎。"①而今赤水河流域中下游地区习水县、赤水市等地正属于蜀地。后来清朝仁怀直隶厅同知陈熙晋所写"尤物移人付酒杯，荔枝滩上瘴烟开，汉家枸酱知何物，赚得唐蒙鳖部来"则明确指明枸酱产地在鳖部，即今习水县一带。后来清代诗人郑珍亦有"橡蚕不自乌江渡，枸酱还从益部来"的描述，汉武帝建十三刺史部时曾将梁州改为益州，亦称益部，今习水县即属古代益州范围。如果说西汉司马迁"独蜀出枸酱"的表述还是将枸酱产地模糊地界定为"蜀"这一大区域范围，那么清代郑珍"枸酱还从益部来"和陈熙晋"赚得唐蒙鳖部来"的描述则进一步明确了今习水县在历史上曾生产枸酱，是枸酱的重要产地之一。然而，关于"枸酱"是否为酒，学界亦存在两种观点：一种观点认为"枸酱"非酒，而是一种酒制食品。另一种观点则认为"枸酱"是一种果酒，这也是学界较为普遍的理解。如根据《蜀枸酱入番禺考》即认为"枸酱"是一种酒，其酿法为："取拐枣捏碎，布滤去籽，纳入瓮中，布蒙其口，加厚泥密封之，如黄酒贮藏法，贮藏之。久则所含之水分透泥逸去，而外物不犯其质，渐稠浓成甘美之酱，贮时逾久逾佳，是为蜀枸酱。"《说文解字》中也指出，"酱，醢也。酒已和酱。'酱'字从'酉'，与酒相类。醢，初为酱，久储为酒"。此外，宋代宋伯仁所撰《酒小史》共列出历代名酒106种，其中即有"南粤食蒙枸酱"的记载，将"枸酱"视为酒的一种。基于以上分析可以发现，至迟在西汉时期，以习水县为代表的赤水河流域中游地区已生产枸酱酒，而"持窃出市夜郎"表明已有人将产于蜀地之枸酱酒带到当时夜郎国售卖，赤水河中游地区的酒产品开始进入上游地区的市场，为上游地区消费者所消费。与酒产品交易相伴随的是，酒文化亦开始向上游地区传播。

宋代在今习水县设置滋州，后又改为武都城，治所在今习水县土城镇，领承流、仁怀两县（今仁怀市、赤水市、习水县等地）。就习水县而言，这一时期已开始酿造风曲法酒。根据宋人朱肱所著《酒经》记载："瑶泉曲、金波曲、滑台曲、豆花曲、以上风曲。"①风曲是曲类名，是古代酿酒用曲的一种，制作风曲时，需将曲饼置于当风处吹晾。法酒是"按照国家法定或民间约定俗成的一种规范性酿酒生产标准"酿制的酒，"代表着按正规化生产的好酒"②。据李心传《建炎以来系年要录》记载，南宋时居住在今习水县土城镇的阿永蛮，每岁冬至后即组成两千人的商队，带着风曲法酒等土特产品到泸州博易为市，表明这一时期，习水县土城地区已大量酿制风曲法酒，并与下游辐射区域的泸州等地有了广泛的酒产品交易和酒文化交流。

根据相关文献记载及文物考证，位于今习水县土城镇团结街的春阳岗烧房和红军街的狮子山烧房皆系宋代酿酒窖池遗址，表明有宋一代，今习水地区已形成较为发达的酒产业。根据《贵州酒百科全书》记载，春阳岗烧房是"宋至民国年间酿酒作坊，位于赤水河中游东岸土城古镇团结街大土上，紧临赤水河，是土城最早的酒坊之一"③。据史料记载，南宋绍定六年（1233年），时任江淮总制江西吉安府人袁世盟奉南宋理宗皇帝诏命领兵近万人入蜀平蛮夷，于"南宋理宗端平元年（1234年）正月初一强渡赤虺河（赤水河），兵分两路，攻占留元坝（今赤水市复兴镇），激战七星谷（今习水县东皇镇长嵌沟），克唐朝坝（今习水县同民镇），直捣武都城（今习水县土城镇），决战飞虎谷（今习水县城九龙山）"④，历经5个月的激烈战斗，袁世盟所率军队成功击溃了当地蛮夷。南宋朝廷为了蜀南民族边区的安定，并未召回袁世盟及其所率军队，而是命其就地驻守、留镇守土。《贵州酒百科全书》亦曾记载：

① 朱肱.酒经［M］.南京：江苏凤凰科学技术出版社，2016：34.

② 禹明先.宋代酒政与土城的滋州风曲法酒［C］//习水县历史文化研究会.习水历史文化.重庆：重庆创越印务有限公司，2015：29.

③ 贵州酒百科全书编辑委员会.贵州酒百科全书［M］.贵阳：贵州人民出版社，2016：63.

④ 陈应洋.美酒河畔窖之源——贵州习水宋代春阳岗酒窖旧址考述［C］//习水县历史文化研究会编.习水历史文化.重庆：重庆创越印务有限公司，2015：20.

"南宋理宗端平元年（1234年），江西袁世盟奉旨'留镇守土'，其子孙世居习水土城，在城内开办酒坊。"①春阳岗烧房便是其中之一。清光绪二年（1876年），袁氏后人利用春阳岗原有老窖池酿酒，并在原址基础上新建作坊，在挖地基时挖出一批宋代钱币，进一步证实了该作坊源于宋代的说法。春阳岗烧房遗址现已不再用于酿酒，而是在原有基础上经过扩建整改成春阳岗酒窖博物馆，成为习水县酒文化陈列与展示的重要窗口。另一宋代酿酒窖池遗址土城狮子山烧房"最初为滋州州衙于北宋末期开办的官办酒作坊。南宋理宗端平元年（1234年），袁世盟奉旨'留镇守土'，初居习水土城，接管狮子山酒坊继续酿酒，除满足军政事务所需，还增加地方财政收入"②。狮子山烧房同样不再用于酒业生产。2010年，贵州省宋窖酒业公司在狮子山烧房留存下来的两口老窖池基础上，新建了宋窖博物馆，并在老窖池旁边新建窖池用于酿造宋窖酒。2020年2月，作为赤水河流域酒文化发展的历史遗存和重要见证，以宋代老窖池遗存为核心的宋窖酒酿酒作坊旧址被列入遵义市第三批市级文物保护单位。需要说明的是，根据现有历史文献资料记载，春阳岗烧房和狮子山烧房确为宋代酿酒作坊，但是有关两大烧房中的窖池、用途及其利用情况却鲜有相关文献记录。

宋代出现了盛酒用的标准化器具——酒瓶，"宋朝的成品酒采用了标准化的措施，普遍使用瓶装，每瓶容积相等，大致一升至三升不等"③。酒瓶的出现是对酒产业发展的一次重大变革，容积一致的酒瓶设计与包装不仅为酒体数量的度量提供了标准，而且给酒的标准化定价与售卖、携带带来了巨大的便捷，极大地推动了酒产业的发展。如根据《宋会要辑稿·食货》记载："杭州酒务每岁卖酒一百万瓶，每瓶官价六十八文。"表明宋代酒的售卖开始以瓶售卖、以瓶定价。这一时期，在赤水河流域同样出现了以标准化酒瓶盛装酒的现象。1990年，遵义市新舟镇龙凤村出土了一件宋代陶制酒瓶，该酒瓶以细泥为胎，外施白色陶衣，腹部对称饰黑釉折枝牡丹纹，器形优美，属该时期较为优质豪华的酒瓶。有学者指出，该酒瓶正是"宋代滋州行政当局向播州

① 贵州酒百科全书编辑委员会.贵州酒百科全书［M］.贵阳：贵州人民出版社，2016：63.
② 贵州酒百科全书编辑委员会.贵州酒百科全书［M］.贵阳：贵州人民出版社，2016：63.
③ 王赛时.中国酒史［M］.济南：山东画报出版社，2018：213.

杨氏等馈赠'滋州风曲法酒'时用的酒瓶"①。滋州正是今赤水河畔习水县土城所在地，表明在宋代时期，赤水河流域不仅在酿酒技艺上取得了重大突破，而且有了酒瓶这一标准化酒器的流通与使用，甚至可能已经形成了较为成熟的以陶制酒器设计与制作为核心的酒器文化。现流传于土城旁边隆兴镇的制陶工艺或许正是滋州陶艺文化历史发展的遗存，已于2009年入选遵义市第二批非物质文化遗产保护名录。通过以上分析可见，有宋一代，今习水地区已形成了较为发达的酒产业和繁荣的酒文化，在酿酒规模、酿酒技艺等方面都较之前有了更大的发展，从秦汉时期盛极一时的枸酱酒到两宋时期风曲法酒的历史演进，充分反映了今习水县地区酿酒技艺在历史长河中的缓慢演进，虽然两种类型的酒都是发酵酒，但无论是酿酒原料、曲药制作，还是最终酿出的酒体品质等，都发生了巨大的改变。尤其是酒瓶作为一种专业化、标准化酒器的出现和普遍使用，进一步推动了酒产业的发展和酒文化的繁荣。

第二节　明清时期赤水河流域酒文化廊道的线性拓展

明清时期是我国酒文化发展尤为辉煌的阶段，这一时期的"酿酒工艺高度成熟，美酒佳酿完美呈现，饮酒生活弥漫社会，几千年的酒文化积累与沉淀，使得伟大的中华酒海汪洋，酒气芬芳，酒人激昂，尤其是高质量的名酒持续呈现，品牌挺立，有效提升了国人的生活品位"②。

明清时期，随着社会经济的繁荣发展，加之历史上积淀并传承下来的酒文化传统，使得赤水河流域酒产业迎来了发展的高峰期，酒文化异彩纷呈，尤其是川盐入黔、皇木运输、铅铜进京以及对赤水河航运的整治疏通，极大地带动了赤水河流域沿线的商贸发展，进而推动了沿线酒产业的发展、兴盛与酒文化的传播、繁荣，赤水河流域酒文化发展逐步突破前代以泸州市和习水县等中下游地区为核心的零星化、散点化分布与发展格局，开始沿赤水河流域延展到下游的赤水市以及中上游的仁怀市、金沙县等区域，逐渐形成线

---

① 禹明先.美酒河探源［C］//刘一鸣.赤水河流域历史文化研究论文集（一）.成都：四川大学出版社，2018：121.

② 王赛时.中国酒史［M］.济南：山东画报出版社，2018：322.

性化、互动化的带状空间分布与互动发展新局面。

明清时期是赤水河流域酒文化廊道的形成时期。在这一时期，原盛行于泸州、习水等赤水河中下游地区的酒文化开始沿赤水河流域向中上游地区传播，各区域之间酒文化交流频繁，酒文化发展迅速，以赤水河为核心轴线的酒文化廊道逐渐形成。赤水河流域酒文化在明清时期的快速传播与发展，以及酒文化廊道的形成与赤水河航运经济的发展，尤其是川盐入黔（主要是四川食盐沿赤水河流域逆流而上运至贵州的"仁岸"）历史活动密切相关。川盐入黔作为一种国家战略和跨区域经济活动，极大地推动了赤水河流域沿线丙安、土城、茅台等主要盐运码头的崛起和兴盛，围绕盐运而形成的大量人流、物流、信息流开始沿赤水河流域广泛流动与传播，原本相对孤立的区域不仅因盐的运输而相互连接起来，更因盐的运输带动了这些区域社会经济的发展和文化的多元交流与融合，酒文化正是在这一历史进程中逐渐传播与发展起来的。

以川盐入黔为核心的赤水河流域航运经济的发展，给沿线区域带来了大量的盐商、航运商、盐运工等群体，他们之中既有具备一定资本实力和经营能力的商人，也有普通的运输工人，成为当地酒文化消费的重要群体和酒文化传播的重要载体，甚至成为酒文化建设的重要主体。正是这一群体的持续存在，从市场需求的角度倒逼酒产品供给，极大地推动了习水县袁氏糟坊等沿线各区域酿酒作坊和酿酒产业的发展。一些商人发现了赤水河沿线大量消费群体对酒产品的庞大需求，于是开始将流域外部其他区域的酒产品倒卖至此，以满足沿线群体的消费需求，形成了茅台村"偈盛酒号"等专业化卖酒商号。同时，为降低运输成本，部分商人开始就地设厂酿酒，不仅提供了大量酒产品以满足市场需求，也推动了赤水河流域酒文化的发展。可以说，正是川盐入黔的推进，促进了赤水河流域沿线酒产业的迅速崛起与酒文化的快速传播。比如今茅台集团前身"成义烧房"和"荣和烧房"皆为盐商所建，金沙回沙酒的前身"陆酒"是金沙县"慎初烧房"所推出的主要产品，而"慎初烧房"老板黄慎初系频繁来往于川盐入黔商路上的商人等。而地处赤水河下游的赤水市酒文化的发展，则主要得益于赤水市邻近四川的地缘优势，在四川隆昌、松溉等地酒师的推动下，实现了酒文化的缓慢发展。

一、泸州：从舒聚源到温永盛的历史延续

明代初期，由于连年战争导致民生凋敝，明太祖为休养生息而实行禁酒之策。根据余继登《典故纪闻》记载，"太祖尝禁种糯，其略言：曩以民闲造酒糜费，故行禁酒之令"。明太祖所施行禁酒之策使得明代初期全国酒产业发展萎靡不振。到明中期以后，随着社会经济逐渐繁荣，之前施行的禁酒之策逐渐废弛，酒产业复又兴盛起来。也正是在这一背景之下，泸州酒业再次迎来了发展的黄金时期，进一步推动了酒文化的向前发展。

前文提到，元泰定元年（1324年）泸州人郭怀玉首创甘醇曲，用此曲酿制出来的酒口感极佳，郭怀玉也因此成为第一代浓香型大曲酒的开创者。到了明仁宗洪熙元年（1425年），泸州酒文化发展史上又出现了一位极具代表性的重要人物——施敬章，他不仅对甘醇曲进行改良，改进了曲药中的燥辣与苦涩成分，还研制出"窖藏酿制"法，开创了利用泥窖对原酒进行持续发酵的新工艺，从而将大曲酒推向了泥窖生香的新高度，成为第二代浓香型大曲酒的开创者。施敬章所研制"窖藏酿制"法的核心在于增加了泥窖发酵环节，主要是"用缸或桶发酵后，通过蒸馏酿出的大曲酒转入泥窖中储存，让其在窖中低温条件下继续缓慢发酵，以淡化酒中的燥、辣成分，产生醇和、浓香、甘美并兼有陈香回味的口感风格"[①]。施敬章"窖藏酿制"法的研制不仅极大地改善了大曲酒的口感，使之更加受到饮酒者的青睐，更开创了泥窖发酵与生香的新时代。较传统酿造技艺而言，施敬章所研制的"窖藏酿制"法的独特之处在于优化了酒的储存与老化环节，通过将酿制出来的原酒置于泥窖中存储，在时间与泥窖的共同作用下，使原酒得以持续发酵和老熟，并在这一过程中实现原酒口感的提升和香气的变化。

到了明万历元年（1573年），泸州酒文化发展史上的另一位代表人物——舒承宗进入史家的视野中。舒承宗系泸州人，本在陕西略阳担任武将，后回到泸州建窖池、开酒铺，在今泸州市营沟头新建窖池，酿制大曲酒，创建了"舒聚源"酿酒作坊，促进了泸州酿酒工艺的极大提升，推动了泸州酒文化的跨越式发展。舒承宗可谓泸州酿酒工艺的集大成者，他是"泸州大曲工艺发

---

① 杨辰.可以品味的历史［M］.西安：陕西师范大学出版社，2012：89.

展历史上继郭怀玉、施敬章之后的第三代窖酿大曲的创始人。他直接从事生产经营和酿制工艺研究，总结探索了从窖藏储酒到'醅糟入窖、固态发酵、脂化老熟、泥窖生香'的一整套大曲酒的工艺技术，使浓香型大曲酒的酿制进入'大成'阶段[①]。舒承宗特别重视泥窖的修建与养护，由他牵头修建的"舒聚源"酿酒作坊中的泥窖是用泸州城外五渡溪黄泥和凤凰山下龙泉井水掺和、踩揉修建而成，使得窖内泥土细柔绵软无夹砂。"舒聚源"酿酒作坊酒窖一直沿用至今，被誉为"中国第一窖"，于1996年被国务院认定为全国重点文物保护单位，系我国酒类行业的首例，现已成为泸州老窖集团酿制国窖1573的专用窖池。舒承宗不仅继承和延续了施敬章"窖藏酿制"的传统工艺，以窖池储酒实现酒的老熟和"泥窖生香"，更将窖池用于酿酒原料的发酵环节，通过窖池固态发酵，促进酿酒微生物的充分繁殖与聚集，从而进一步提升了所酿之酒的品质。

此外，从出土文物来看，泸州市纳溪区曾于1986年出土一件明代麒麟青铜温酒器，该温酒器"通高27cm，长37cm，宽28cm，麒麟背为一烧炉，长13cm，高7cm，烧炉底即为麒麟腹，留有孔，可通风"，在烧炉的两侧，各有一圆形温酒壶，"其外径9.5cm，壁厚0.6cm，深与麒麟腹齐"[②]。该温酒器的出土反映了明代泸州地区饮酒习俗及其相关酒器的特点，充分体现了明代泸州地区繁盛的酒文化现象。

同明代类似，清代初期，统治者出于维护自身统治地位以及对粮食的考量，亦曾施行禁酒之策，酒业发展随之变得缓慢。随着国家经济的发展，尤其是康乾盛世的出现，社会

图4.3　麒麟温酒器（来源：泸州市博物馆）

---

①　杨辰.可以品味的历史［M］.西安：陕西师范大学出版社，2012：90.

②　陈文.泸州博物馆藏酒文物与泸州酒史浅论［J］.四川文物，1993（1）：64.

经济繁荣，酿酒产业得以稳定发展。这一时期的泸州地区，除"舒聚源"之外，相继出现了"天成生""洪兴和""顺昌祥""稻香村""永兴诚""鼎丰恒""生发荣"等一批知名酿酒作坊。乾隆五十七年（1792年），素有"巴蜀第一才子"美誉的张问陶路过泸州时曾作吟咏泸州名酒的《泸州》三首，其中即有"城下人家水上城，酒旗红处一江明。衔杯却爱泸州好，十指寒香给客橙"的精彩赞颂，形象地描述了当时泸州所酿美酒的优质、酒产业的繁荣以及酒文化生活的繁盛景象。根据《泸县志》卷三《食货志·酒》记载，"泸酒，以高粱酿制者曰白烧，以高粱、小麦合酿者曰大曲。清末白烧糟户六百余家，出品运销永宁及黔边各地。……大曲糟户十余家，窖老者尤清冽，以温永盛、天成生为有名。运销川东、北一带及省外。又有用白烧熏制香花、玫瑰、佛手、玉兰、薄荷而成者，通称花酒"。文中提到的"温永盛"即明代"舒聚源"在清代的延续。清同治八年（1869年），由广东迁来泸州的温氏后人温宣豫将"舒聚源"酒坊连同它在营沟头的10口老窖池一同买下，并更名为"豫记温永盛酒厂"，开始酿制大曲酒，其所酿制的"三百年老窖大曲"曾盛极一时。现泸州市博物馆还收藏有一件标有"豫记温永盛曲酒厂"款记的瓷制酒瓶和一件清末温永盛老窖大曲封口套，从酒器与包装设计的视角为我们展现了清代泸州酒文化发展的一个侧面。此外，位于泸州市城西忠山脚下的清代"百子图石刻"，"以生动细腻的雕刻，流畅的线条，反映了6个童子饮酒相欢，相互嬉乐的情景"①，以及收藏于泸州市博物馆的清代《红楼梦》象牙人物酒令等文物都从不同视角反映了清代泸州地区发达的酒产业、丰富的酒生活和繁荣的酒文化景象。

二、赤水：缓慢中的艰难探索

明洪武十四年（1381年），今赤水市辖地属播州五十四里之仁怀里、龙门里（亦称下赤水里）和上赤水里部分，到了万历二十九年平定播州之乱后，明代统治者在该地区推行"改土归流"，将仁怀里、龙门里、上赤水里、丁山里、小溪里等地合并设置仁怀县，属四川行省之遵义军民府管辖。清雍正六

---

① 陈文.泸州博物馆藏酒文物与泸州酒史浅论［J］.四川文物，1993（1）：65.

年（1728年），将原属四川管辖的遵义府被划归贵州，今赤水市随之被纳入贵州版图至今。

赤水市地处赤水河下游，其东南与习水县接壤，西北分别与四川省古蔺、叙永、合江三县交界。赤水市生态环境优美，境内丹霞地貌分布广泛，已于2010年被评为世界自然遗产。然而，就酒文化而言，与赤水河流域其他区域相比，赤水市酿酒历史短暂，相关的酒文化文献或出土的酒文物缺乏，酒产业发展缓慢。根据原赤水县文史资料记载①，这一时期赤水市主要有两家较为知名的酿酒作坊，即东门坡糟坊和洪顺祥糟坊。赤水县人江廷璋因科举考试未中而选择放弃通过学业入仕的道路，转而开始经商，于清光绪三十四年（1908年），在赤水县城东门坡栅子门侧修建三间门面，开设糟坊，取名东门坡糟坊，酿制高粱酒。然而，江廷璋本人并不懂酿酒技艺，于是雇请了本地农村的酒师作为其糟坊的技术人员，负责酿制高粱酒。可惜的是酿出来的酒口感不佳且产量不稳。后来经同业人介绍，又从四川松溉（现为重庆市永川区下辖古镇）请来曹姓酒师及其徒弟李澄清二人负责酿制，两三年后，酒质大有改善，不幸的是曹酒师病故，徒弟李澄清不能独立操作，酿制工作不得不中断。后来江廷璋又聘请四川隆昌酒师李玉先及其徒弟唐绍奎（赤水人），由他们二人负责酿出的酒，质量颇佳，且产量稳定，一经推向市场便广受消费者喜爱，供不应求，东门坡糟坊因此盛极一时。后因资金缺乏等，于1912年停业。关于洪顺祥糟坊的记载较为简略，1910年，四川松溉人李鉴三迁来赤水县打洞场（现为大同古镇），开设洪顺祥糟坊，酿制高粱酒，然而受当地匪患影响，于1924年迁至赤水县城北门后街，并改名福顺祥糟坊。从以上两大糟坊的创办与发展来看，这一时期赤水市酒产业的发展主要依托外来技术人员，尤其是四川一带的酒师为赤水市酒产业的发展与酒文化的传播作出了巨大贡献。也正是这一时期的缓慢探索与积淀，为赤水市酒文化与酒产业在之后的发展奠定了坚实的基础。

① 袁廷华.赤水酿酒工业概述［C］//赤水文史资料：第七期.合江：国营合江县印刷厂，1986：43-44.

三、习水：春阳岗的百年家族传承

前文提到，早在"南宋理宗端平元年1234年，江西袁世盟奉旨'留镇守土'，其子孙世居习水土城，在城内开办酒坊"[①]。也正是在这一时期，袁氏后人创办了春阳岗酒坊，并一直沿用下来。从南宋理宗端平元年（1234年）袁世盟奉诏入蜀平乱，进驻武都城（今习水县土城镇）并奉旨留镇守土起，一直到清乾隆四十一年（1776年）土城镇最后一个世袭土司长官、袁世盟第十八代孙袁濂卸任，袁世盟后裔"共有十八代世袭了土司长官制度，经历了542年，也是春阳岗酒最兴盛时期"[②]。清乾隆四十一年（1776年）袁氏最后一个世袭土司长官袁濂卸任后，春阳岗酒坊并未随之易主，而是继续由袁氏后裔经营管理。到清光绪二年（1876年），袁世盟第二十三代孙袁思圻不仅延续了春阳岗酒坊的经营，并"将祖传的老酒糟坊（酒作坊）拆除，利用原有的4个老窖池，新建60个窖池，在原址重建新糟坊，除酒坊旁边袁茂溢祠堂用于办学外，8个四合天井庄园都进行扩大生产，酒坊面积达到近一万平方米，沿用'春阳岗'酒名，叫袁氏糟坊（后来称作大土上酒厂）"[③]。从春阳岗酒坊到袁氏糟坊的名称演变，表明到了清光绪年间，春阳岗酒坊在袁氏后人上百年的家族式传承发展过程中得以延续下来，这一历史延续的背后体现了袁氏家族对土城镇酿酒工业上百年的传承与发展，更是对习水县酒文化上百年的家族式传承与发展。春阳岗酒坊也在这一时期实现扩大化生产，可谓达到了历史上最兴盛的发展阶段。这时期的春阳岗酒坊，亦即袁氏糟坊所酿制的酒大多供辗转于赤水河流域的航运商、盐商以及过往商人饮用。赤水河航运经济的兴盛以及土城镇作为赤水河重要航运码头的兴起，为春阳岗酒坊的发展带来了源源不断的客流，其"鼎盛时期每天酿酒三百多斤"，除在土城镇本地销售外，"旺季时还运往赤水、合江、泸州等地销售"[④]。春阳岗酒坊自南宋时

[①] 贵州酒百科全书编辑委员会.贵州酒百科全书［M］.贵阳：贵州人民出版社，2016：63.

[②] 陈应洋.美酒河畔窖之源——贵州习水宋代春阳岗酒窖旧址考述［C］//习水县历史文化研究会.习水历史文化.重庆：重庆创越印务有限公司，2015：20.

[③] 陈应洋.美酒河畔窖之源——贵州习水宋代春阳岗酒窖旧址考述［C］//习水县历史文化研究会.习水历史文化.重庆：重庆创越印务有限公司，2015：22.

[④] 陈应洋.美酒河畔窖之源——贵州习水宋代春阳岗酒窖旧址考述［C］//习水县历史文化研究会.习水历史文化.重庆：重庆创越印务有限公司，2015：22.

期创建以来，历经元、明、清三代，历时数百年，始终由袁氏家族经营管理，这是赤水河流域酒文化发展史上绝无仅有的现象，也是我国酒文化发展史上少见的案例。春阳岗酒坊这种家族式、数百年的持续经营与发展，不仅是习水县酒文化发展的主要载体，也创造了习水县酒文化发展史上的辉煌时期，更为习水县酒文化的未来发展奠定了深厚的历史基础。

四、仁怀：因盐运而兴的后起之秀

北宋大观三年（1109年）首置仁怀县，县城位于今赤水市复兴镇，属滋州管辖，元代曾将仁怀县改名怀阳县，属播州安抚司，到明代洪武十四年（1381年）复又改为仁怀县，属四川行省遵义府管辖。清雍正六年（1728年），将原属四川管辖的遵义府划归贵州，仁怀县随之纳入贵州版图至今，清雍正八年（1730年），将仁怀县城从赤水市复兴镇迁移至生界亭子坝，即今仁怀市所在地。

仁怀市地处赤水河中游，大娄山北侧，属于云贵高原向四川盆地过渡的山地地带，是黔北经济区与川南经济区的连接点。仁怀市酒业发达，酒文化资源丰富，已于2004年被中国食文化研究会授予"中国酒都"荣誉称号。仁怀市发达的酒产业几乎都集中在茅台镇周围7.5平方千米范围之内，尤以茅台酒最为出名。然而，纵观仁怀市酒文化发展历史，其有记录的文献或出土文物并不多，从时间来看，明清以前的文献鲜有记录，亦少有相关出土文物予以证明。直到明清以来，尤其是伴随着以川盐入黔为核心的赤水河航运经济发展，极大地推动了仁怀市以今茅台镇为核心的酒文化的发展。

根据《中国贵州茅台酒厂有限责任公司志》记载，1989年，在茅台镇交通乡袁家湾出土了9件明代酒具，"该批酒具中的酒壶从执壶到单提梁壶，从单提梁壶到双提梁壶，从无支架到有支架，从斜腹过渡到鼓腹，具有很高的审美价值"[①]。酒壶作为重要的酒器之一和酒文化的重要组成部分，是对一个地区酒文化发展程度的直观反映。这批酒具的出土充分体现了明代仁怀地区酒文化已发展到一定高度。

---

① 中国贵州茅台酒厂有限责任公司.中国贵州茅台酒厂有限责任公司志［M］.北京：方志出版社，2011：81.

"家惟储酒卖，船只载盐多"，明清时期，以川盐入黔为核心的赤水河航运经济极大地推动了仁怀市酒文化的发展。赤水河作为西南地区重要的水路通道之一，在明清时期一度成为西南地区较为繁忙的航运通道之一，进而形成了较为繁荣的航运经济。原产自四川的井盐正是从今合江县溯赤水河而上运至贵州腹地，朝廷所需楠木即有部分采自赤水河沿岸的镇雄、乌蒙等地区，之后沿河漂放至长江再转运京都，黔西北等地所产之铅、云南所产之铜亦是顺赤水河而下至长江，之后再北上达到京都。川盐入黔始于元至顺二年（1331年），朝廷诏令四川以盐供黔。由于交通不便，川盐入黔以河运为主，然而由于贵州河流多在深峡急滩中穿行，盐船遇断航险滩，需转船或改由陆路，由人背马驮，运往各地。明洪武十三年（1380年），景川侯曹震曾组织人员整治赤水河，凿石削崖以通漕运，10~20吨的盐船已可达到沙湾塘（今赤水市文华乡沙湾村），从此揭开了赤水河整治的序幕和大规模航运的历史。乾隆初年，时任贵州总督张广泗从滇黔两省铜铅进京、川盐入黔的角度向朝廷提出开发赤水河航道的建议，指出"黔省威宁、大定等府州县，崇山峻岭，不通舟楫，所产铜、铅，陆运维艰，合之滇省运京铜，每年十余万斤，皆取道于威宁、毕节，驮马短少，趱运不前。查有大定府毕节县属之赤水河，下接遵义府仁怀县属之猿猴地方，若将此河开凿通舟，即可顺流直达四川重庆水次。委员勘估水程五百余里，计应开修大小六十八滩，约需银四万七千余两，以三年余之节省，即可抵补开河工费。再，黔省食盐例销川引，若开修赤水河，盐船亦可通行，盐价立见平减。大定、威宁等处，即偶遇丰歉不齐，川米可以运济，实为黔省无穷之利"[①]后经清政府批准，张广泗对赤水河展开了一年多的整治，盐船已可上溯至茅台村，较原有航程延伸了300余里，大大地改善了赤水河的运输条件。随着赤水河河道整治与航运开通，依托赤水河运往贵州之食盐日渐增多，且航运的范围已延伸至上游的仁怀市茅台村，形成了以赤水、习水、仁怀为重要节点的仁岸，与綦岸、涪岸、永岸共同构成川盐入黔的四大口岸。以仁岸为核心的川盐入黔路线主要是沿赤水河逆流而上，川盐首先经邓井关运至赤水市，之后从赤水市沿赤水河运至元厚，再从元厚

---

① 参见《高宗实录》，转引自谢尊修，谭智勇.赤水河航道开发史略［J］.贵州文史丛刊，1982（4）：105.

运至土城，之后经二郎滩到达茅台村，此后，水路转陆路，分五路运往贵州省其他区域，一是经鸭溪、刀靶水至贵阳；二是经团溪、瓮安至福泉；三是经金沙、大关至清镇；四是经平远至清镇；五是经滴金桥至织金等地。茅台村成为川盐入黔水路的终点和陆路的起点，商贾云集，成为赤水河沿岸繁华的商业中心之一。

清代郑珍、莫友芝编撰《遵义府志》曾对这时期的茅台酒文化有过记载："仁怀城西茅台村制酒，黔省称第一。其料纯用高粱者，上；用杂粮者，次之。制法：煮料、和曲，即纳地窖中，弥月出窖熇之。其曲用小麦，谓之白水曲，黔人又通称大曲酒，一曰茅台烧。仁怀地贫民瘠，茅台烧房不下二十家，所费山粮，不下二万石。"①可见，这一时期茅台村酿酒所用曲药为大曲，酿制出的酒称为茅台烧，且酒产业已达到一定规模。同时，从酿酒技艺上看，"即纳地窖中，弥月出窖熇之"，表明窖池发酵、高温蒸馏等工艺已经开始广泛使用。

作为今茅台集团前身的"成义烧房"与"荣和烧房"正是在这一时期创建并发展起来的。成义烧房创建于清同治元年（1862年），原名"成裕烧房"，其创始人为贵阳盐商华联辉。华联辉且读且商，先是创办了永隆裕盐号，后又读书应试，曾中咸丰己亥科举人。清光绪三年（1877年），时任四川总督丁宝桢曾聘请华联辉任四川盐法道总文案，协助推行"官运商销"的新盐法。华联辉之弟华国英亦是举人，并长期担任四川官盐总办。据《中国贵州茅台酒厂有限责任公司志》记载，"华氏兄弟先后经办盐务，控制川盐运销，在茅台镇开设'永隆裕'盐号，在贵阳开设'永发祥'盐号"。②事实上，这一时期盐业才是华氏兄弟的主业，酒业反倒是副业。据华联辉之孙华问渠回忆：清咸丰末年，华联辉的母亲彭氏偶然想起自己年轻时路过茅台，曾喝过一种好酒，觉得口感极佳且希望能够再次喝到这种好酒，于是便嘱咐华联辉去茅台时带一些回来。然而，当华联辉再次到茅台时，由于战争破坏，茅台已成为一片废墟，四处残垣断壁，母亲口中所提到酿出美酒的作坊也已被夷为平

① 郑珍，莫友芝.遵义府志［M］.成都：巴蜀书社，2013：304.
② 中国贵州茅台酒厂有限责任公司.中国贵州茅台酒厂有限责任公司志［M］.北京：方志出版社，2011：86.

地。后来恰巧已被战争夷为平地的酿酒作坊被收入官产变卖，华联辉便将位于今茅台镇杨柳湾的酒坊旧址买下，并建起简易作坊，请来昔日的酒师，开始酿酒，其所得之酒主要用于家庭饮用和馈赠亲友，并不对外销售。由于所酿之酒口感极好，很多爱酒者慕名而来，希望购得美酒。在这一背景下，华联辉决定提高酒的产量，并将酒坊定名为"成裕烧房"，作为自己所创办"永隆裕"盐号的附属机构，后又更名为"成义烧房"，这时期的"成义烧房"规模不大，"只有两个窖，年产1750公斤，酒名叫'回沙茅酒'"①，所酿之酒悉数交由"永隆裕"盐号对外销售。

"荣和烧房"原名"荣太和烧房"，由当时仁怀县富绅石荣霄、孙全太和"王天和"盐号老板王立夫于清光绪五年（1879年）合股创办。创办之初，三位股东商定根据股东名字和店名各取一字为烧房命名，故而将烧房命名为"荣太和烧房"，由孙全太担任掌柜，负责烧房的经营，三家股东分别按股提取利润。

从"成义烧房"和"荣和烧房"的创建可以看出，正是川盐入黔航运经济的开通以及盐业经济的发展，带动了茅台市场的扩展和商业的繁荣，往来不绝的盐商、船商以及其他各色人员为酒产业的发展提供了广阔的市场空间，而盐业富商的汇聚和盐号的发展，为酒产业的发展提供了市场主体，于是，在巨大的市场需求与雄厚的资本积累的基础上，当时还是茅台村的酒产业开始从附属于盐号的副业经济逐渐发展壮大起来，孕育了以茅台酒为代表的众多知名白酒品牌，成为我国白酒金三角的核心腹地和赤水河流域酒文化廊道的核心区域。

酒业经济的繁荣还推动了酒曲、酒器的发展。曲乃酒之骨，随着大批商人在茅台、土城等地设厂酿酒，对酒曲的需求量日渐增加。部分陕西商人便抓住了这一商机，"源源不断地从陕西略阳将所产优质大曲运到茅台等赤水河沿岸各码头销售"②，除了赤水河沿线的茅台酒等曾使用略阳大曲外，泸州老

---

① 中国贵州茅台酒厂有限责任公司.中国贵州茅台酒厂有限责任公司志［M］.北京：方志出版社，2011：86.

② 禹明先.美酒河探源［C］//刘一鸣.赤水河流域历史文化研究论文集（一）.成都：四川大学出版社，2018：122.

窖、五粮液、剑南春等知名白酒也曾使用过略阳大曲，可见略阳大曲的引入为赤水河流域酒业经济和酒文化发展奠定了坚实基础。乾隆以前，赤水河流域盛酒用的器具以"支子"为主，这是一种经过特殊加工的竹篓。通过在竹篓内部糊上猪血、生石灰和皮纸，再经当地出产的桐油浸泡，这样就能在一定程度上避免酒体泄漏，体现了在当时社会生产力条件下当地居民的智慧创造。每个"支子"能够容纳50千克的酒体，"支子"较为轻便，十分有利于当地居民挑着沿街叫卖或对外运输。除了用"支子"盛酒贩运与叫卖，固定的零售点则以各种陶制酒坛为主，消费者如需购买酒喝，则要自备盛酒器皿，极为不便。随着赤水河流域酒业经济的发展，到乾隆二十年前后，开始出现了专门用于盛酒的小型酒器，这是一种大约能容纳半斤酒体的圆形鼓腹陶瓶，当地人形象地称为"罐罐儿"。"罐罐儿"的出现，不仅极大地方便了消费者购买和携带不同酒体，也丰富了酒器的类型，促进了酒器的发展。

五、金沙：古盐道上的酒文化新星

川盐入黔共分4条路线，即永岸、仁岸、綦岸和涪岸四大口岸。其中仁岸主要是沿赤水河逆流而上，川盐沿赤水河运至茅台后，水路转陆路，分五路运往贵州省其他区域，其中即有一路是经金沙、大关至清镇等地。金沙县原名打鼓新场，明代属遵义府，清代属黔西府，明代以来，金沙县因地处川黔边界川盐交通要道，来往客商众多，成为黔北地区的重要商贸中心之一，金沙县酒产业正是在这一背景之下得以孕育和发展起来。根据《金沙县志》记载，"金沙早在明代就有糟坊酿酒销售，民间更多的是习惯于在婚丧喜庆期间自酿自用"①，也就是说金沙县酒产业在明代已开始萌芽，但这一时期酒产业规模较小，自给型酿酒行为较为普遍，这也反映出金沙县民间饮酒的普遍性。从酿酒原料看，以稻谷、大米、苞谷、小麦、高粱为主要原料，也有的用米糠、红薯和青稞籽作为替代原料。到了清光绪末年，随着川盐入黔商路的发展，金沙县安底镇的黄慎初由于经商，时常往来于茅台村与金沙之间，并在这期间结识了茅台村的刘开廷酒师。后来，黄慎初在安底陡滩开设酒坊酿酒，

---

① 金沙县地方志编撰委员会.金沙县志（1993—2013）［M］.北京：方志出版社，2016：288.

取名"慎初烧房",并邀请刘开廷到安底进行技术指导,将所酿出的酒命名为"陡酒",亦称"斗酒"。在茅台村酒师刘开廷技术指导之下,"慎初烧房"开始将盛行于茅台村的酿酒工艺引进至金沙地区,为金沙县酒文化的发展作出了积极探索。后来,"慎初烧房"不断创新,"酿造出了清香醇厚的地方名产'慎初斗酒',也就是现在金沙回沙酒、回沙老窖酒、金沙古酒等金沙酱香酒的前身"①。

从金沙县"慎初烧房"的发展历程可以看出,金沙县酒文化的发展,尤其是酱香型酒文化的发展是与川盐入黔商路的发展以及在此基础上形成的商贸往来与文化传播密不可分的。正是黄慎初往来于茅台与金沙之间的商贸活动、与茅台酒师刘开廷的结识以及引进,使得当时流传于茅台的酿酒工艺开始传入金沙地区,成为现金沙县酱香型酒文化发展的基础,推动了金沙酒文化的发展,并逐渐发展成为川盐入黔古道上的酒业新星。文化传播是"一种文化特质或一个文化综合体从一群人传到另一群人的过程"②,文化在纵向的代际传播属于文化传承,在横向的空间传播则属于文化扩散。以刘开廷为载体,将茅台村酿酒工艺传播至金沙县这一过程也就是酒文化在不同地理空间之间的横向传播过程,即文化扩散。正是通过这一文化扩散的过程,金沙县揭开了酱香型酒文化的发展序幕,同时又在一代一代的文化传承与创新发展过程中,金沙县形成了以酱香型为核心的多元化酒文化发展格局,成为赤水河流域酒文化廊道上的重要节点。

第三节　民国时期赤水河流域酒文化廊道的历史延续

对于古老的中国而言,20世纪上半叶可谓一个极度混乱和急遽变革的时代。这一时期的中国经历了从封建帝制灭亡到民主共和、军阀混战、国民党一党专政,再到社会主义制度建立的复杂历史进程。革命起义、军阀混战、土地革命斗争、抗日战争、解放战争相继在广袤的中华大地上狼烟四起。自1840年鸦片战争爆发,西方列强凭借坚船利炮打开了清政府闭关锁国的大门

---

① 金沙县地方志编撰委员会.金沙县志(1993—2013)[M].北京:方志出版社,2016:288.
② 周尚意,孔翔,朱竑.文化地理学[M].北京:高等教育出版社,2004:175.

开始，西方帝国主义国家纷纷以签订不平等条约的方式进驻中国领土，攫取中国资源，损害中国权益。古老的中国在内外交困、前所未有的新环境下艰难生存着，传统的中华文化在连年的战争、动荡的社会环境和西方外来文化的冲击下艰难地存续着。酒文化作为中华传统文化的重要组成部分，在这一时期呈现出艰难而多元的发展特点，西方洋酒、啤酒的进入，打破了中国传统的黄酒、烧酒等发展格局，使得中华大地上的酒文化变得更加异彩纷呈。对赤水河流域酒文化而言，赤水河地处祖国大西南、大后方，虽受西方外来酒文化冲击相对微弱，但也在历史的积淀、时代的变革与频繁的交流中持续发展。郎酒、董酒等当代知名品牌正是在这一时期诞生；茅台、泸州老窖更是在巴拿马万国博览会上双双荣获金奖，享誉中外；中国工农红军四渡赤水，以酒疗伤、借酒解乏的故事广为流传……

　　民国时期是赤水河流域酒文化廊道的发展时期。在那个极度混乱的时代，赤水河流域酒文化发展亦呈现出显著的不稳定性，赤水河流域酒文化廊道作为一个整体在历史的传承与延续中缓慢发展。赤水河流域因地处西南内陆地区，虽在一定程度上受到外部文化的冲击，但传统酒文化尚能在历史的延续中缓慢地向前发展，泸州、赤水、仁怀、金沙等区域酒文化缓慢地发展着，其中习水县在明清时期较为盛行的袁氏糟坊到了民国年间已走向衰落，整个民国时期，习水县鲜有知名酿酒作坊，但酿酒工艺并未就此中断，酒文化也并未就此消亡，而是转向民间，自酿自用成为这一时期习水县酒文化发展的显著特点。而泸州老窖特曲和茅台酒在巴拿马万国博览会上分获大奖，极大地促进了赤水河流域酒文化的对外宣传，提升了其社会影响力，也提振了当地社会各界的酒文化自信。此外，古蔺、遵义等赤水河流域新兴酒文化区域开始崛起，郎酒、董酒等当代知名白酒品牌正是在这一时期开始出现和崛起，赤水河流域沿线各区域之间酒文化交流与合作日趋频繁，赤水河流域酒文化廊道在历史的传承与延续中继续发展。然而到了新中国成立前夕，受当时宏观社会环境的影响，赤水河流域主要酒文化区域纷纷遭受影响，酿酒作坊要么停产，要么被毁，酿酒酒师和酿酒工人亦脱离酿酒行业。传统酿造技艺随着酿酒活动的停止和酿酒酒师的离去而陷入停顿状态，仅仅作为酿酒师头脑中的观念、想法和经验存在，一旦某些关键酒师离世，由其掌控的相关酿造技艺也将随之消亡。总体而言，赤水河流域酒文化在民国早期处于创新与发展的黄金时期，无论是各区域之间酒文化交流、多元酒文化创新还是酒文化"走出去"和酒文化保护等方面，都取得了一定成效，极大地推动了赤水河流域酒文化向前发展，也促进了赤水河流域酒文化廊道的历史延续和发展。而民国晚期却是赤水河流域酒文化缓慢发展乃至停滞时期，酿酒作坊停止生产、酒产品停止供应、酿酒设备被毁或被丢弃、作为酒文化传承人的酿酒师纷纷离岗或离世等，赤水河流域酒文化在宏观社会环境的制约下陷入了发展困境，亟待通过社会变革实现自身的持续发展。

一、泸州：大曲工艺的延续与发展

民国时期泸州酒业延续了明清以来大曲酒的传统工艺，温永盛作为泸州大曲酒的传承者，继续引领着泸州大曲酒的发展。民国初期，整个泸州共有十大酿酒作坊，分别是温永盛、天成生、协泰祥、春和福、爱人堂、李荣盛、预顺、豫丰同、双荣昌与大兴和。然而，受多方面因素影响，这一时期泸州酒业发展缓慢，十大作坊共有"窖池50个，年产量大约240吨"[①]。1915年，由温永盛酒坊酿制的"三百年大曲酒"，即泸州老窖大曲被选送参加巴拿马太平洋万国博览会，并一举夺得金奖。这不仅推动了泸州酒文化在国际上的传播，也表明泸州老窖大曲凭借其优越的品质得到了国际同行的高度认可，赋予了泸州老窖大曲极大的荣誉和更加广阔的市场空间。在这一背景之下，整个泸州从事曲酒经营的酒坊逐渐增多，酒业发展规模逐步扩大。到1937年，除原有的十大酿酒作坊外，"裕厚祥、陈兴盛、义和春、生发荣、秌誉村、洪兴和、鼎丰恒（后改为定记）、福星和、蓬莱春、鸿盛祥、同发生"[②]11家作坊也陆续开办起来，酿酒窖池亦从原来的50口增加到86口，产量日渐增加，最高年产量一度达到800吨。

民国时期的泸州酒文化，不仅在酿造技艺上延续了传统大曲酒的独特工艺、在产业规模上实现了大幅度增长、在文化品牌上实现了国际化与"走出去"，更凭借着悠久的发展历史和繁盛的文化现象而被赋予"酒城"之美誉。

①　郭旭.中国近代酒业发展与社会文化变迁研究［D］.无锡：江南大学，2015：39.
②　郭旭.中国近代酒业发展与社会文化变迁研究［D］.无锡：江南大学，2015：39.

1916年，朱德随蔡锷起兵，由云南入川讨袁，驻防泸州。时任护国军十三混成旅旅长兼泸州城防司令的朱德曾在泸州驻防5年，其间与泸州名人温筱泉、艾承庥等29人结成"振华诗社"，留下了诸多著名诗章，其中即有诗句道："护国军兴事变迁，烽烟交警振阗阗。酒城幸保身无恙，检点机韬又一年。"朱德以酒城代泸州，足见泸州酒文化的繁盛，是对泸州城市文化特点的高度凝练，而将泸州命名为"酒城"，又进一步丰富了泸州的酒文化内涵。

二、古蔺："郎酒之乡"的崛起

古蔺县古称"蔺州"，地处四川盆地南缘，云贵高原北麓，赤水河从其县域南缘与东缘流过。古蔺系著名的贵州水西奢香夫人故里，被誉为"郎酒之乡"，是全国知名酱香型白酒生产基地和中国白酒金三角的重要组成部分，也是赤水河流域酒文化廊道的重要构成区域。根据《古蔺县志》记载，古蔺"素有家酿坛坛酒、凌（呷）酒、醪糟米酒、小酢酒自食待客之习。明、清以前，世居彝、苗、羿民无论婚丧嫁娶，打猎扎山，逢年过节，少不了酒。苗民更有'无酒不成规'之说"①，表明古蔺县民间酿酒、饮酒习俗历史悠久且广为流行，然而鲜有关于古蔺县古代酿酒历史的记载。民国年间，古蔺县酒产业发展渐成规模，酒文化日益丰富，如古蔺县于"20年代末30年代初即试制回沙郎酒、乐芳茅酒、茅坡窖酒成功。40年代，全县有作坊30余家，茅坡窖酒、乐芳茅酒、蔺酒已载誉川黔，回沙郎酒远销港澳、东南亚"②。

古蔺县酒文化的集大成者当数位于赤水河畔二郎镇的郎酒。郎酒是西南地区民族之间在近代史上文化交流加速、生产开发扩大背景下发生的，是随着赤水河流域沿线酒业持续兴盛，蓬勃发展起来以后新兴的后起国家名酒。"郎酒的品牌经营历史并不很长，但成就辉煌，以酱香型酒品位列国家名酒序列，并以浓香、兼香配次发展，获得产业优势，在全国白酒行业首开'一树三花'的名酒生产先例。"③可以说，郎酒的产生与发展，极大丰富和发展了赤

---

① 古蔺县志编撰委员会.古蔺县志［M］.成都：四川科学技术出版社，1993：282.
② 古蔺县志编撰委员会.古蔺县志［M］.成都：四川科学技术出版社，1993：282-283.
③ 李正山.郎酒述论［C］//向章明.郎酒酒史研究.泸州：泸州华美彩色印制有限公司，2008：33.

水河流域酒文化廊道的内涵，是赤水河流域名酒迭出纷呈、酒文化丰富多彩的典型例证。

　　郎酒产地二郎镇位于川南边陲，赤水河滨，距县城55千米，与贵州省习水县、仁怀市只一河之隔，与习酒厂、茅台酒厂隔江相望，是中国工农红军万里长征四渡赤水，使革命转危为安的重要关津。早在1909年，四川荣昌商人邓惠川便已开始将产自泸州的高粱酒贩卖到二郎镇，广阔的市场和丰厚的利润激发了邓惠川开坊酿酒的决心，1912年，便在今二郎小学处新建酒坊酿酒，取名曰"絮志酒厂"，"初酿高粱酒，后按泸州'爱仁堂'香花酒配方制作，扩展酿出玫瑰酒、佛手、桂花、刺梨、葡萄等各色花酒和香沙曲酒"[1]。后来随着资本积累的日渐增加，邓惠川开始扩充酒坊，并将原"絮志酒厂"更名为"惠川糟房"（俗称"老糟房"），"产量日增，很快名扬赤水河沿岸"[2]。1925年，"经贵州茅台荣和酒坊酒师张子兴指导开始用茅酒工艺酿造回沙大曲，时仅一个窖池"[3]。1929年，又将"惠川糟房"更名为"仁寿酒坊"，并已发展到三个窖池。"一次投粮8万余斤，产品定名回沙郎酒（简称郎酒）"[4]，1934年，酒坊解体停产。1938年，邓惠川与莫绍成合办"成记惠川老糟房"，复又恢复酿酒生产，直到1950年年初再次停产。

　　1933年，二郎镇本地盐业富商雷绍清见"老糟房"所酿之酒销路广、利润丰，便与李兴廷等人合计集资合办酒厂酿酒，取名曰"集义酒厂"（俗称"新糟房"）。雷绍清"高薪聘请茅台酒作坊之一的'成义酒厂'总酒师郑银安和'惠川糟房'酒师莫绍成来厂，共同担任'集义酒厂'总酒师"[5]。郑银安和莫绍成两大酒师的到来，也将"成义酒厂"和"惠川糟房"的酿酒工艺带过来，并在技术上实现了互补与融合。"取郎泉天然优质泉水，用优质高粱作原料，以优质小麦制曲，两次投粮，八次加曲糖化，窖外堆积，窖内发酵，七

　　① 黄渊洪.古蔺百年郎酒发展史观［C］//中国人民政治协商会议四川省古蔺县委员会,文史资料委员会.古蔺文史资料选辑：第四辑.古蔺：国营古蔺县印刷厂,1991：43.
　　② 李正山.郎酒述论［C］//《郎酒酒史专刊》编辑部.郎酒酒史研究.泸州：泸州华美彩色印制有限公司,2008：34.
　　③ 古蔺县志编撰委员会.古蔺县志［M］.成都：四川科学技术出版社,1993：283.
　　④ 古蔺县志编撰委员会.古蔺县志［M］.成都：四川科学技术出版社,1993：283.
　　⑤ 李正山.郎酒述论［C］//向章明.郎酒酒史研究.泸州：泸州华美彩色印制有限公司,2008：34.

次取酒，生产周期一轮为九个月，储存期为两年左右。"①按照这种工艺酿制出来的酒近似于茅台酒，其质量超越了"老糟房"所酿的回沙郎酒，后来正式定名为"郎酒"。1950年年初，"集义酒厂"解体停产，名噪一时的"郎酒"随之停止生产和供应。

三、赤水：持续探索与历史延续

经历了明清时期的缓慢探索，赤水市酒产业在民国时期虽在历史发展的基础上持续推进，却少有大酒坊和知名酒产生，只能算是在明清时期的发展与积累上的延续。同明清时期类似，民国赤水市酒文化的发展与四川保持着密切的联系，无论是酿酒作坊的创始人，还是作为酿酒技术指导人员的酒师，乃至酿酒工人等均能看到四川人的身影，即便酿制出的成品酒，也有很大部分销往四川市场，足见四川对赤水市酒文化发展的重要影响。究其原因，这既是地缘相近、文化相似的因素所致，也是明清时期所形成的互动关系在民国的历史延续。

根据史料记载，民国时期，今赤水市"仅有私人糟坊12家，多数为几人或者十几人的小作坊，分布在中城镇、大同、复兴、土城、元厚等区镇，工人多数为四川白沙、松溉等地请来，生产过程是手工操作，质量产量很不稳定"②。如由赤水市人江廷璋于清光绪三十四年（1908年）所创办的"东门坡糟坊"一度成为赤水市较为知名的酿酒作坊，成为这时期赤水市酒文化发展的重要代表。发展至1912年，酒坊曾对所酿之酒进行分类，并在质量相对较差的酒中加入糯米酒、红糖等，从而制成酒精度较低、口味清甜的窨酒（黄酒），深受老年人、妇女以及酒量较小的消费者欢迎。然而，好景不长，"东门坡糟坊"后来因资金缺乏、管理不善等而一度停业。直到1948年，江氏后人江梦萍回到赤水，集资添股，恢复了祖传"东门坡糟坊"的生产，并更名为"民胜糟坊"，一直经营至中华人民共和国成立之后，因欠税而告终。1910

---

① 李正山.郎酒述论［C］//向章明.郎酒酒史研究.泸州：泸州华美彩色印制有限公司，2008：34.

② 袁廷华.赤水酿酒工业概述［C］//赤水文史资料：第七期.合江：国营合江县印刷厂，1986：45.

年，从四川松溉迁居赤水的李鉴三曾于打洞场（今大同古镇）开设"洪顺祥糟坊"，由于受当地匪患干扰，后于1924年将糟坊迁至当时赤水县城北门后街，并更名为"福顺祥糟坊"，开始以高粱为原料，以药曲进行糖化发酵，生产出晶莹剔透、质地纯净的高粱酒。后来因市场竞争力较弱而遭淘汰。此外，还有四川合江县人刘东林，于1917年通过集资入股的方式，在赤水县城十字口创建"聚福长"，主要经营烟酒业，后又新建酒坊，开始生产酿制桂花酒、玫瑰酒、佛手酒、香花酒等，颇受市场欢迎。在1930年举办的贵州实业展览中，"聚福长"酿制的香花酒一举夺得甲等奖，桂花酒、玫瑰酒和佛手酒亦分别获得乙等奖。后来受抗日战争的影响，1941年不得不中断生产。

四、仁怀：历史延续与变革创新

民国时期，仁怀市酒文化的发展仍以今茅台镇为主要阵地。这一时期的仁怀市酒文化不仅延续了前代的发展，更在酿造技艺、酿造主体乃至国际化、品牌化方面实现了新的突破。

在酿造技艺方面，在延续了前代地窖发酵、高温蒸烤工艺基础上，仁怀进一步发展出数次蒸烤复酿、多轮次取酒的回沙工艺，逐渐形成了现代茅台酒9次蒸煮、8次发酵、7轮次取酒的酱香型酿造工艺。根据《续遵义府志》记载，"《近泉居杂录》：'制法纯用高粱，作沙煮熟，和小麦面三分，纳酿地窖中，经月而出蒸烤之。既烤而复酿，必经数回然后成。初曰生沙，三四轮曰燧沙，六七轮曰大回沙，以次概曰小回沙，终乃得酒可饮。其品之醇、气之香，乃百经自具，非假曲与香料而成。造法不易，他处艰于仿制，故独以茅台称也。'"[1]表明这一时期茅台镇酿酒工艺独特、酿造过程艰难，所酿出的酒口感、香气俱佳，别的地方想要模仿酿造茅台镇之酒尤为不易。凭借着独特的工艺和极佳的酒质，在茅台镇所酿之酒皆以地名命名，统称为"茅台"。这种命名方式也成为后来成义烧房与荣和烧房为巴拿马博览会奖章及其荣誉归属而纷争不断的根源。

在酿造主体方面，"恒兴烧房"的诞生进一步丰富了仁怀市酒文化内涵，

① 周恭寿.续遵义府志［M］.成都：巴蜀书社，2014：414.

与成立于清末的"成义烧房""荣和烧房"三足鼎立，共同构成了今茅台集团的前身。"恒兴烧房"本为"衡昌烧房"，系贵阳人周秉衡于1929年创办，由于经营不善，于1938年以烧房作价入股，与贵阳商人赖永初合伙成立大兴实业公司。后又将烧房卖给赖永初，赖永初于1941年将"衡昌烧房"更名为"恒兴烧房"并扩大经营。

事实上，赖永初与习水县春阳岗酒坊之间还有着密切的历史渊源。自南宋理宗端平元年（1234年），江西袁世盟奉旨"留镇守土"，其子孙世居习水土城，在城内开办酒坊并创建春阳岗酒坊以来，一直到清光绪二年（1876年），袁世盟第二十三代孙袁思圻延续并扩大了春阳岗酒坊的经营，袁氏家族实现了对春阳岗酒坊数百年的家族传承与发展。负责春阳岗酒坊酿酒工艺的赖氏酒师为酒坊的发展作出了巨大贡献，到清乾隆四十一年（1776年），赖氏酒师将酿酒技艺传给袁氏后裔之后便离开春阳岗酒坊，到赤水河上游的茅台村自行开坊酿酒，其后人赖正衡曾于道光年间在茅台村创办"茅台烧春"酒坊，后于咸丰、同治年间被战争焚毁，赖正衡亦率家眷迁至今黔东南州黄平县安家落户、繁衍子嗣。后来赖正衡之子赖宗贵迁往贵阳，在今贵阳市南明区开设"赖兴隆商号"，赖宗贵有三个孙子，长孙赖永初、次孙赖贵山、幼孙赖雨生，三人共同继承了"赖兴隆商号"。后来，赖永初与周秉衡合伙开设实业公司，后又接管并发展"恒兴烧房"，推出了后来极具影响力的"赖茅"。可以说，赖氏家族本为酿酒世家，后因多方面因素而中断了酿酒业务，直到赖永初经营"恒兴烧房"，复又将酿酒业务发展起来。至此，茅台镇酒产业形成了"成义烧房""荣和烧房""恒兴烧房"三足鼎立的局面，所酿出的酒皆随地名称为"茅台酒"，习惯上又依据三家烧房老板姓氏分别将"成义烧房"所酿之酒称为"华茅"、将"荣和烧房"所酿之酒称为"王茅"、将"恒兴烧房"所酿之酒称为"赖茅"。

在国际化方面，这时期最为著名的当数由"成义烧房"与"荣和烧房"所选送之"茅台酒"，该酒于1915年在首届巴拿马太平洋万国博览会上荣获金奖。产自我国西南内陆、赤水河畔茅台村的茅台酒一举名扬世界，实现了我国酒文化"走出去"。1912年，民国政府收到美国发来的首届巴拿马太平洋万国博览会邀请函，随即于1913年成立了"筹备巴拿马赛会事务局"，由工商部、农林部、教育部、交通部、财政部配合组织筹备工作，各省也相继成立了"赴赛展品协会"，负责征集展品。贵州在征集展品时，便将产自仁怀县城西茅台村"成义烧房"与"荣和烧房"之茅台酒分别上报送展，而当时负责参展事宜的中国农工部未加分别，将两家烧房所酿之酒以"茅台造酒公司"的名义，统称为"茅台酒"送到展会参展。展会上，由民国政府选送之"茅台酒"以其特有的品质和风格一举荣获金奖，与法国科涅克白兰地、英国苏格兰威士忌并称世界三大蒸馏名酒。关于此次参展获奖，《续遵义府志》曾有记载："往年携赴巴拿马赛会，得金牌奖，固不特黔人珍之矣。"[①]一语道出了茅台酒走向国际、广受青睐的时代特点。然而，奖牌只有一块，而酿制"茅台酒"的烧房却有2家。于是，一场荣誉归属之争便在"成义烧房"与"荣和烧房"之间展开了。1918年，仁怀县商会将两家烧房的荣誉之争上呈到贵州省公署，1921年，时任贵州省省长刘显世签署了省长指令，方才将两家烧房之间的荣誉归属之争化解。根据仁怀县文史资料记载，该指令全文如下：

令仁怀县知事覃光銮

呈一件，巴拿马赛会茅酒，系荣和、成义两户选项呈，获奖一份，难以分给，请核示由。

呈悉：查此案出品，该县当时征集呈署时原系一家造酒公司名义，故奖凭、奖牌仅有一份。据呈各节，虽属实情，但当日既未分别两户，且此项奖品亦无从再领，应由该知事发交县商会事务所领收陈列，勿庸发给造酒之户，以免执争而留纪念。至荣和、成义两户俱系曾经得奖之人，嗣后该两户售货仿单、商标，均可模仿奖品，以增荣誉，不必专以收执为贵也，仰即转饬遵照，此令！[②]

在这一指令的促使下，成义、荣和两家烧房之间的荣誉归属争执方才告终。此后，两家烧房共享巴拿马万国博览会获奖荣誉。这一事件也促进了两家

① 周恭寿.续遵义府志［M］.成都：巴蜀书社，2014：414.
② 周梦生.茅台酒厂今昔见闻［C］//贵州省仁怀县政协文史资料工作委员会.仁怀县文史资料：第六辑，1989：74.

烧房品牌意识的提升，越发重视对产权的保护以及对巴拿马金奖荣誉的使用。

在品牌化发展方面，随着社会经济的发展，产权保护与品牌化发展日益受到政府和业界的重视。1923年，北京国民政府颁布了我国历史上第一部《商标法》，对商标相关事宜作出了详细的规定，使用"使用在先"和"注册在先"的双轨制。1930年，南京国民政府再次颁布《商标法》，其后经历次修订，成为商标保护的基本法律之一。为维护自身利益，突出品牌形象，也是鉴于巴拿马金奖归属之争的历史经验，"成义烧房"与"荣和烧房"纷纷申请专用商标。根据1938年所刊发的第148期《商标公报》显示，当时的"荣和烧房"老板王泽生先生向国民政府申请酒类专用商标，具体信息为：

审定商标第二七二四三号

呈文 渝字第九八三号二十七年五月十七日到局

商标名称 麦穗图

专用商品 第三十八项 酒类 茅台酒

国籍"中华民国"

呈请人 荣和烧房王泽生 贵州茅台村

代理人 陈述会计师 重庆都邮街四十二号

图4.4 民国时期荣和烧房商标

另外根据1940年刊发的《商标公报》第171期显示，"成义烧房"亦向民国政府申请酒类专用商标，其具体信息为：

审定商标第三〇一六七号

呈文 渝字第一三六〇三号廿九年五月六日

渝字第一四九七七号廿九年七月十六日到局

商标名称 成义茅台及图

专用商品 第三十八项 酒类 茅台酒

国籍 "中华民国"

呈请人 成义烧房华问渠 贵阳忠烈街五号

代理人 于治常 财政部秘书处

图4.5　民国时期成义烧房商标

　　从荣和与成义两家烧房申请商标信息来看，都将商品的名称定为"茅台酒"，只是在具体的商标图案和商标主体上有所差异。作为后起之秀的"恒兴烧房"，由于资料有限，尚未发现其申请专用商标之信息，《中国贵州茅台酒厂有限责任公司志》在对"恒兴烧房"进行介绍时，附有"恒兴烧房"所酿酒之商标图案，表明"恒兴烧房"同样注重产权保护与品牌化发展，并申请了相应的专用商标。

五、金沙：回沙工艺的传承与传播

伴随着明清时期川盐入黔商道发展而兴起的金沙酒文化在这一时期陷入了缓慢发展乃至停滞的状态。这一时期金沙县酒文化的发展主要体现在酿造技艺的传承与传播层面。黄慎初在清末将茅台酒师刘开廷引进金沙，从而将茅台镇酿酒技艺引入金沙，推动了金沙县酿酒技艺的提升与酒文化发展。民国时期，由黄慎初创建的"慎初烧房"依旧由刘开廷酒师负责技术指导，并按照茅台镇回沙工艺进行酿制。在这期间，除了"慎初烧房"延续茅台镇酿酒工艺并持续酿制"斗酒"外，位于源村的车姓作坊主于1942年开始尝试生产窖酒，由于技术不成熟而以失败告终。两年后，即1944年，车氏经与"慎初烧房"老板黄慎初商量并获得授权，请酒师刘开廷前往指导酿制回沙窖酒。刘开廷的到来虽然解决了技术上的瓶颈问题，但是由于酿制回沙窖酒周期较长，所需费用较高，仅仅维持了一个周期之后，车氏便停止了回沙窖酒的生产。源村车氏酿制回沙窖酒的时间虽然较为短暂，但在一定程度上促进了茅台镇回沙工艺在金沙县的传播与传承，对金沙县酿酒技艺的提升、酒文化的发展具有重要的推动作用。后来，随着黄慎初于1944年逝世，"慎初烧房"亦是时产时停，极不稳定，最终于1948年停产。

六、遵义：董酒的形成与创新

遵义古称"播州"，地处云贵高原向四川盆地过渡的斜坡地带，是成渝—黔中经济区走廊的核心区和主廊道。民国时期是遵义酒文化发展史上具有划时代意义的一个重要历史阶段，独具特色的董酒正是诞生于这一时期。董酒原名"窖酒""程家窖酒""董公寺窖酒"，产自遵义市北郊董公寺程氏酒坊，其创始人为遵义人程明坤。1927年，程明坤以当地的河沙、白泥、石灰等原料修筑窖池，将产自今遵义市松坎、山盆、观音寺等地的糯高粱作为原料开始制酒。然而，当时所用酒曲仍为酿制普通苞谷酒的药曲，无法酿制窖酒。于是程明坤不断求教于人，尝试以稻米制作米曲（小曲），逐渐形成了制作小曲的"百草单"。1928年，程明坤将制作好的小曲进行酿制窖酒失败，复而研制以小麦为原料的大曲，并形成了制作大曲的"产香单"。"百草单"和"产香单"的成功研制，为董酒大、小曲发酵工艺奠定了坚实的物质基础，在大、小曲制作过程中加入的上百种中药成分更赋予了董酒独特的香型构成以及康养功能。除了酿制董酒所需的曲药创新，程明坤还对发酵用的窖池进行改进。1930年，程明坤利用新研制出的曲药在原有窖池中发酵酿制出来的窖酒酒质并不理想，于是他便开始改进窖池，通过减少窖池建设中的河沙数量，转而加入当地所产野生猕猴桃（又叫阳桃）藤汁，再加上当地所产石灰、白泥等原料拌和修建而成的窖池，呈现偏碱性，更适宜窖池中微生物的繁殖，所酿制出来的酒口感更佳、日臻完美，被称为"程家窖酒"。1932年，程明坤扩大酿酒规模，并酿制了"董公寺窖酒"，与"程家窖酒"一并推向云、贵、川、湘等地市场，广受欢迎，初露名酒神韵。1942年，程明坤以地为名，将所酿之酒统一命名为"董酒"。

在当时整个赤水河流域，乃至全国知名白酒酿制皆采用大曲为糖化发酵剂的时代背景之下，程明坤另辟蹊径、大胆创新，"采用了小曲和大曲同时使用，糖化、发酵、再发酵分段进行"，并且"大小曲采用140味中草药参与酿造（被列为民族遗产保护项目，国家级机密工艺）"[1]，创造出了独具特色的"药香型"白酒文化。其独特性主要体现在以下三方面：一是在酒曲制作与使用方面，大、小曲的混合使用以及在制曲过程中加入上百味中药，使其更具康养价值。通过"采用大曲生香、小曲产酒使董酒兼有小曲和大曲酒的风格，大曲的浓郁芬芳和小曲酒醇绵甜的特点融为一体"[2]，更为多种曲酿酒提供了依据。二是在酒窖建设方面，就地取材，以当地的石灰、白泥为主要原料，并采用当地野生猕猴桃藤泡汁拌和并抹于窖池四壁，使窖池呈偏碱性，使得"丁酸乙酯与乙酸乙酯、己酸乙酯的量比关系，丁酸与乙酸、己酸的量比关系形成符合董酒风格的量比关系"[3]。三是在酿造技艺方面，通过大曲制香醅，小曲制高粱酒醅，将大曲香醅置于上方，高粱小曲酒醅置于下方进行串蒸，形成了独特的串蒸工艺，这种"小曲产酒、大曲发酵生香的串蒸工艺，为中国

① 刘平忠.董酒论［J］.中国酿造，1995（2）：8.
② 张国强.对董酒的再认识［J］.酿酒，2019（1）：13.
③ 贵州遵义董酒厂.董酒工艺、香型和风格研究——"董型"酒探讨［J］.酿酒，1992（10）：56.

白酒工艺多样性提供了范例"①。

第四节 中华人民共和国成立以来赤水河流域
酒文化廊道的全面发展

中华人民共和国成立初期，国家积极鼓励和扶持私营酿酒作坊，以迅速恢复白酒产业的发展，很多私营酿酒作坊通过社会主义改造逐步被纳入社会主义公有制体系中，转变成为社会主义国营酒厂，一些在民国时期因各种因素被迫停产、破产的私营酿酒作坊也在国家扶持之下逐渐恢复生产。同时，为优化民间传统酿造技艺，促进白酒质量的稳定发展，在国家相关部门指导之下，茅台酒厂等一些大型国营酒厂开始组建酿酒科研机构，不断提炼和改进酿酒技艺，并通过历次全国评酒会的召开，逐步确定了赤水河流域几种主要白酒的不同工艺流程、香型及特点。随着我国改革开放的深入推进和社会主义市场经济不断发展，赤水河流域已成为酒厂林立、酒类多元、多种所有制并存的酒产业发展带，赤水河流域酒文化呈现出全新、多元而复杂的特点。

中华人民共和国成立以来，赤水河流域酒文化廊道进入成熟时期，赤水河流域酒文化在新的时代背景和社会环境下实现了快速发展。这一时期，传统酿酒主体在新的社会制度和社会环境下实现了根本性变革与现代化发展，且在所有制、发展规模等方面都呈现出更加多元的特点；赤水河流域沿线各类酿酒主体所酿制出来的不同酒体更加多元丰富；窖池、酒器等酿酒储酒设备与器物更加充实；传统酿酒技艺经现代科学的规范化整理与改进后变得更加成熟，并形成了更为科学系统的现代酿酒规范和标准化操作流程；酒的包装设计更加多元创新；酒文化建设、保护、利用与品牌化发展日益受到重视；与酿酒饮酒相关的各种书画作品、节庆会展、礼仪习俗等文化事项愈加丰富；沿线各区域之间酒文化交流与合作也变得更加频繁而深入。赤水河流域酒文化廊道在空间覆盖范围上实现了明显的扩展，从赤水河源头至入江口，酒文化广泛分布在赤水河全流域，只是不同区域酒文化存在发展程度不一、社会

---

① 张国强.对董酒的再认识［J］.酿酒，2019（1）：13.

影响程度不同等差异化特点。赤水河流域酒文化廊道作为一个整体，随着自身的持续发展与日益成熟，其文化知名度和影响力亦日渐增强，被高度凝练为"美酒河""世界酱香酒谷""中国白酒金三角"等不同称号，集中凸显了赤水河流域酒文化廊道独特而丰富的酒文化内涵和显著的酒文化地位。

一、从小作坊到现代企业的规模化发展

中华人民共和国成立初期，历经动荡的社会环境和多年的战争破坏，全国上下一片凋敝，百废待兴。新生的中央人民政府随即在千疮百孔的中华大地上开展了轰轰烈烈的社会主义建设与发展。广泛分布在赤水河流域的众多传统民营酿酒作坊正是在这一社会背景之下，迎来了新的发展机遇，走上了新的发展道路。传统民营酿酒作坊作为传统酿酒主体不再是赤水河流域主流的酒业市场主体，取而代之的是各类国营、公私合营或民营酒厂，在新的经营环境、经营主体和经营制度下，整个赤水河流域酒厂林立，酒业得以迅速恢复和发展起来。改革开放后，伴随着社会主义市场经济的快速发展，赤水河流域酒业经营主体又纷纷向现代企业制转变，在国际、国内宏观经济发展环境大背景之下，依托现代企业制度的科学管理方式，赤水河流域酒业迎来了史无前例的发展黄金期，实现了规模化、集约化和现代化发展，并在这一过程中进一步丰富和发展了赤水河流域酒文化内容。

（一）从民营酿酒作坊向国营酒厂的变革

从1949年中华人民共和国成立到1956年社会主义制度基本确立，是我国从新民主主义社会到社会主义社会的过渡时期，这一过渡时期的总路线和总任务就是要实现国家工业化以及对农业、手工业和资本主义工商业的社会主义改造，亦即"一化三改造"。分布于赤水河流域的民营酿酒作坊也被纳入社会主义改造的范畴之中。其中最具代表性的当数对泸州市和仁怀市两地民营酿酒作坊的改造，正是通过这次社会主义改造，有效整合了当地分散且出于多种原因经营困难的民间传统酿酒作坊，保住了悠久而珍贵的酒文化资源，并促进了酒产业的恢复和发展，为当代社会以泸州老窖酒、茅台酒等为代表的赤水河流域酒产业和酒文化发展奠定了基础。

1.赤水河流域酒文化廊道核心区域主要酿酒作坊的变革

仁怀市对传统酿酒作坊的社会主义改造主要集中在茅台镇，改造对象主要是成义、荣和与恒兴三家传统烧房。1950年，当时新成立的仁怀县人民政府对民营酿酒作坊采取积极扶持发展的政策，通过贷款2400万元（人民币旧币），提供小麦3000千克，以扶持民营酿酒作坊恢复茅台酒的生产，但并未达到预期的结果，包括成义、荣和与恒兴三家传统烧房在内的民营酿酒作坊经营惨淡，整个仁怀县酒产业仍旧处于艰难境地。1951年，第一届中共仁怀县委、仁怀县人民政府经请示上级行政部门同意，经与"成义烧房"老板华问渠协商并征得同意之后，"分别于1951年6月25日和1951年11月8日两次立约（一次为烧房房产，一次为辅助房产，含土地1800平方尺、灶两个、窖18口、马5匹、部分工具、桌椅板凳、木柜等），以人民币旧币1.3亿元（合人民币新币1.3万元）将'成义烧房'全部收购，随即正式成立'贵州省专卖事业管理局仁怀茅台酒厂'，由税务局长王善斋暂为代管厂务"①。可见，当时仁怀县人民政府对"成义烧房"的社会主义改造是通过作价收购的方式，将私有的"成义烧房"改造成为公有的"贵州省专卖事业管理局仁怀茅台酒厂"。对"荣和烧房"和"恒兴烧房"两家民营烧房则是通过没收的方式实现了社会主义改造的目的。1951年2月，"荣和烧房"老板王秉乾因获罪被仁怀县人民政府判处死刑并执行枪决，其所属的"荣和烧房"随即停止生产并被县政府没收。到1952年10月，仁怀县财经委员会将"荣和烧房"作价500万元人民币旧币（合人民币新币500元），并交由贵州省专卖事业管理局仁怀茅台酒厂负责经营管理。1952年，"恒兴烧房"老板赖永初同样因获罪被贵阳市人民法院判处有期徒刑10年，"1952年12月底，遵义专区财经委员会向仁怀县财经委员会转发贵阳市财经委员会1952年12月19日《关于接管赖永初恒兴酒厂财产的通知》，由仁怀县财经委转给茅台酒厂接管"②，这里所说的茅台酒厂即贵州省专卖事业管理局仁怀茅台酒厂。至此，分别建于1862的"成义烧房"、1879

---

① 中国贵州茅台酒厂有限责任公司.中国贵州茅台酒厂有限责任公司志［M］.北京：方志出版社，2011：94.

② 中国贵州茅台酒厂有限责任公司.中国贵州茅台酒厂有限责任公司志［M］.北京：方志出版社，2011：95.

年的"荣和烧房"和1929年的"恒兴烧房"皆通过社会主义改造并入国营贵州省专卖事业管理局仁怀茅台酒厂,实现了从民营酿酒作坊向国营酒厂的历史变革。经改造整合而组建的国营贵州省专卖事业管理局仁怀茅台酒厂,其"建筑总面积约4000平方米,共有酒窖41口,酒灶5个,酒甑5口,石磨11盘,骡马35头"①,成为全新的国营贵州省专卖事业管理局仁怀茅台酒厂借以发展壮大的物质基础。

习水县通过对当地土酒师修建的小作坊进行整合,于1960年在赤水河中游二郎滩渡口北岸建成国营贵州习水酒厂,1967年试制浓香型大曲白酒——习水大曲取得成功,随后逐渐扩大规模。1976年,根据当时贵州省科委对习水酒厂下达的研制大曲酱香型白酒要求,习水酒厂参照茅台酒酿造工艺,于1983年成功试制大曲酱香型白酒——习酒,成为贵州大曲酱香型白酒的后起之秀。

1957年,古蔺县在对"惠川糟房"和"集义酒厂"整合的基础上,在今二郎镇成立国营古蔺郎酒厂,并派专人到上游的茅台酒厂"运回曲药200斤,醅糟1万斤"②,以恢复郎酒生产。除国营古蔺郎酒厂之外,这一时期古蔺县还成立了多家不同类型酒厂。1985年,"全县有各类酒厂619家,其中曲酒厂558家,烧酒厂61家……按体制分:国营22家,供销系统13家,二轻系统5家,联营5家,乡镇企业(含个体)574家"③,如国营四川省古蔺县酒厂、国营四川省古蔺县曲酒厂、古蔺县永乐酒厂等。

2.赤水河流域酒文化廊道辐射区域主要酿酒作坊的变革

1952年,毕节市金沙县在社会主义供销合作社运动中,依托安底供销社生产"安底斗窖",使得"安底斗酒"这一传统酿造工艺得以延续和发展。1957年,金沙县成立金沙县国营窖酒厂,"时任厂长韦银从安底供销社酒厂调入刘开廷,将安底斗酒移植入源村,并且工艺、技术得以提高"④。1959年,金沙县政府正式将国营窖酒厂酿制的酒定名为金沙回沙酒。

① 中国贵州茅台酒厂有限责任公司.中国贵州茅台酒厂有限责任公司志[M].北京:方志出版社,2011:95.
② 古蔺县志编撰委员会.古蔺县志[M].成都:四川科学技术出版社,1993:283.
③ 古蔺县志编撰委员会.古蔺县志[M].成都:四川科学技术出版社,1993:289.
④ 金沙县地方志编撰委员会.金沙县志(1993—2013)[M].北京:方志出版社,2016:292.

1952年，赤水县税务局接管了位于夹子口的一家民营酿酒作坊，并在其基础上建立了国营赤水县第一酿酒厂，后来又于土城镇建立国营赤水县第二酿酒厂。1965年，因行政区划调整，土城镇划归习水县管辖，第二酿酒厂也随之划归习水县。1972年，国营赤水县第一酿酒厂酒师聘请袁廷华担任酒师，后来袁廷华到泸州曲酒厂参观学习，并到赤水河中游二郎滩古蔺县曲酒厂购得用于酿造曲酒的大曲，回厂后便开始试制曲酒，最终于1973年生产出"清澈透明、芳香浓郁的曲酒，经检验合格，定名'赤水大曲'"①。此外，大同酒厂、楠乡酒厂、华平酒厂、高洞酒厂、板桥酒厂等一批乡镇酒厂也纷纷建立起来。

合江县在1949年10月前仅有民营酿酒作坊10余户，主要分布在大桥、白沙、鹿角、城关、榕山等地。1951年，合江县成立专卖管理局，"对全县酒类实行专卖管理和独家经营，统购县内糟房产酒和县外调补满足全县市场的供应"②，逐步恢复全县酒业生产与发展。1956年，合江县整合民营酿酒作坊8户和供销社酿酒作坊1户，共同成立了公私合营酒厂，由专卖管理局统一管理。1966年，合江县"将全县酒厂合并为'四川省合江酒厂'"，实行酒类产品独家生产。

3.赤水河流域酒文化廊道枢纽城市主要酿酒作坊的变革

1953年，毕节县人民政府将毕节县酒精厂更名为地方国营毕节县酒厂，开始设厂酿酒。毕节县酒精厂原是成立于民国时期的川滇东路运输管理局酒精厂，中华人民共和国成立后由新成立的毕节县人民政府接管，并将其更名为毕节县酒精生产联合办事处，后又更名为毕节县酒精厂，主要负责酒精生产，以支持地方经济发展。新成立的地方国营毕节县酒厂于1957年派专人赴泸州曲酒厂学习曲酒酿制技艺，随后于1958年开始以小麦制曲，以高粱为原料试制大曲酒取得成功，取名为"毕节大曲"。地方国营毕节县酒厂的形成和"毕节大曲"的酿制并非在原有传统酿酒作坊基础上的社会主义改造与变革，

---

① 袁廷华.赤水酿酒工业概述［C］//赤水文史资料：第七辑.合江：国营合江县印刷二厂，1986：46.

② 姜修龄.合江酿酒工业的五十年［C］//中国人民政治协商会议四川省合江县委员会社会事业发展委员会.合江县文史资料选辑：第十八辑.合江：合江县新华印务有限责任公司，1999：41.

而是在酒精厂基础上的转型。酒精厂向酒厂的转型，以及向泸州曲酒厂引进大曲酒酿制技艺，促进了毕节县（今毕节市）酒文化的发展。

民国时期诞生于遵义董公寺程氏酒坊的董酒曾在川、滇、黔、湘等地颇负盛名，但是到了新中国成立前夕，程氏酒坊在内外交困的窘境之下一度关闭、停止生产，董酒也一度在市场上消失了很长一段时间。直到1957年，遵义市政府决定重新恢复董酒的生产，由当时国营遵义酒精厂派人在程氏酒坊的基础上修灶建窖，建设董酒酿造车间，隶属遵义酒精厂，并请回董酒创始人程明坤负责技术指导，当年试产一次成功，受到了各级政府及主管部门的重视。1976年，在原遵义酒精厂董酒酿造车间的基础上，成立了遵义董酒厂，真正实现了董酒从传统民营作坊酿造到国营酒厂酿造的转变，并取得了快速的发展，成为国家名酒和药香型白酒的典型代表。

1958年，遵义县建立国营鸭溪窖酒厂，在传统雷泉大曲和荣华窖酒的基础上，以大小曲清蒸工艺酿造鸭溪窖酒。1972年，"参照浓香型大曲白酒的生产工艺将原工艺进行了改进，形成了一套固定的操作规程，即用上等小麦制成中温大曲作为糖化发酵剂，以优质高粱、糯谷为原料，采用续渣发酵、混蒸混烧工艺，酿出自然生香的浓香型白酒，经过一年以上贮陈老熟，后经精心勾兑成鸭溪窖酒"[①]。

在国家推动社会主义改造之前，一些民营酿酒作坊主曾通过联营的方式，整合资源、抱团发展，以恢复和发展酿酒产业。1950年年初，泸州酿酒实业家李华伯便以自己所经营的"春和荣"酿酒作坊为首，牵头组建了"泸州曲酒联营工业酿造社"，可谓迈出了恢复和发展泸州酒业的第一步。在他的带动下，同年10月，泸州市其他酿酒作坊主又联合成立了"义中曲酒酿造社"，泸州传统酿酒世家温氏"温永盛"酒坊也在年底整合起来，成立了"温永盛曲酒联营社"。这种联营的方式也取得了显著的效果。在实施联营的1950年，泸州城内的白酒产量已达到416吨，[②]迅速实现了泸州市酒产业的恢复和发展。1952年，政府通过购买的方式，在原私有的泸县金川酒精厂基础上，成立了川南第一酿酒厂，后于1953年更名为四川省专卖公司国营第一酿酒厂。在民

---

① 贵州省地方志编撰委员会.贵州省志：轻纺工业志［M］.贵阳：贵州人民出版社，1993：36.
② 杨辰.可以品味的历史［M］.西安：陕西师范大学出版社，2012：103.

营酿酒作坊联营社和国营酿酒厂的共同推动下，泸州市酒产业得以迅速恢复和发展起来。1953年，泸州市成立了泸州国营酒厂，设立小市、南城、罗汉、蓝田、胡市、福集6个厂区。1954年，又将泸州国营酒厂并入四川省专卖公司国营第一酿酒厂，国营第一酿酒厂规模迅速扩大。1955年，由民营酿酒作坊主联合成立的泸州曲酒联营工业酿造社、义中曲酒酿造社以及民营酿酒厂定记曲酒厂、温永盛曲酒厂联合成立了"泸州市曲酒厂"，民营酿酒作坊的进一步整合，使其规模较之前的联营社又扩大了不少。1960年，泸州市曲酒厂与四川省专卖公司国营第一酿酒厂又联合组建了公私合营泸州市曲酒厂，实现了泸州市国营与民营酿酒厂之间的跨所有制整合，成为一种混合所有制的发展形式。1961年，公私合营泸州市曲酒厂正式更名为泸州市曲酒厂，成为社会主义公有制的国营酒厂，1964年，又将泸州市曲酒厂更名为四川省泸州曲酒厂，共有4个酿造车间，其中"一车间在营沟头，这里有'温永盛''永兴诚''春和荣'等老作坊，窖池达数百口；二车间在小市，在清咸丰十年（1860年）以前，已有杜姓人家以'杏花村'招牌生产老窖大曲酒；三车间在罗汉场，就是当年黄庭坚所称'拙溪'处；四是位于大驿坝的花酒车间"①。

（二）从酿造酒厂向现代企业的改制

现代企业制度是为适应社会化大生产和市场经济体制而形成的一种企业制度，包括业主制、合伙制和公司制三种，产权清晰、权责明确、政企分开、管理科学是我国现代企业制度建设的基本特征和要求。改革开放以来，为适应社会主义市场经济发展要求，扩大酒业发展规模，赤水河流域沿线的酿造酒厂纷纷向现代企业改制，实现了工厂制向公司制的转变，形成了更加多元化的酒业发展市场主体，酒业经济迈入现代化发展轨道，酒业规模日益扩大。

1.赤水河流域酒文化廊道核心区域主要酒厂改制

仁怀市酿造酒厂向现代企业的改制以贵州省专卖事业管理局仁怀茅台酒厂为代表，在完成转企改制之前，贵州省专卖事业管理局仁怀茅台酒厂曾经历多次名称变更。1954年5月，经遵义专署批准，将原贵州省专卖事业管理

---

①　杨辰.可以品味的历史［M］.西安：陕西师范大学出版社，2012：105-106.

局仁怀茅台酒厂更名为"地方国营茅台酒厂"，7月，复又更名为"贵州省人民政府工业厅茅台酒厂"。1955年7月，贵州省人民政府工业厅茅台酒厂被划为省管企业，其名称再一次变更为"贵州省茅台酒厂"，为贵州省工业厅直属企业，由遵义专署代管。1958年，经原国家工商行政管理总局批复同意，将"贵州省茅台酒厂"更名为"中国贵州茅台酒厂"。直到1996年7月，经贵州省人民政府批复同意，中国贵州茅台酒厂才转企改制为国有独资公司，并再一次更名为"中国贵州茅台酒厂（集团）有限责任公司"，2000年5月，经贵州省工商行政管理局登记，最终将名称确定为"中国贵州茅台酒厂有限责任公司"并沿用至今。1999年，由当时尚未更名的"中国贵州茅台酒厂（集团）有限责任公司"联合中国食品工业发酵研究所等机构，共同成立了贵州茅台酒股份有限公司，实现了向股份制企业的迈进，贵州茅台股票随即于2001年在上交所挂牌上市，截至2019年年底，贵州茅台股份有限公司取得了股票价格破千、公司市值破万亿元的发展成绩。

位于习水县二郎滩的贵州习水酒厂的改制与发展历程较中国贵州茅台酒厂而言显得更为艰难，也进一步凸显了赤水河流域紧密的酒文化交流与酒业合作关系。1992年，贵州习水酒厂在整合兼并当地的习水县龙曲酒厂、习林酒厂和向阳酒厂的基础上转企改制，组建贵州习酒总公司。1993年，贵州习酒总公司分别向习水县人民政府、贵州省商业厅和贵州省体改委申报对企业进行股份制改造，以期通过融资缓解资金紧缺的现状。在征得相关主管部门同意后，贵州习酒总公司随即开展股份制改造工作，并于1994年组建成立贵州习酒股份有限公司，实现了向股份制公司的转变。然而，由于多种因素影响，贵州习酒总公司经营惨淡，贵州习酒股份有限公司也于1997年解散，其所有债务均转由贵州习酒总公司担负。截至1997年12月31日，"习酒总公司资产总额为59358万元，总负债82339万元，负债率达139%"[①]。鉴于贵州习酒总公司经营上遭遇的困境，为了盘活贵州习酒总公司存量资产，帮助习酒总公司走出困境并带动地方经济发展，贵州省政府采取了由当时的贵州茅台酒厂（集团）有限责任公司对贵州习酒总公司予以兼并的策略。1998年8月，

---

① 贵州省习水县地方志编撰委员会.习水县志（1991—2010）[M].北京：方志出版社，2012：459.

贵州省轻工业厅、贵州茅台酒厂（集团）有限责任公司、习水县人民政府和贵州习酒总公司四方代表在贵阳正式签署兼并协议，贵州习酒总公司随即变更为中国贵州茅台酒厂（集团）习酒有限责任公司并于1998年10月挂牌成立，标志着贵州习酒总公司不复存在，作为赤水河流域知名白酒品牌的习酒迈入了新的历史发展阶段。

1998年，原国营古蔺县郎酒厂改制为郎酒集团有限责任公司，"但企业领导层全部是组织任命，重大决策权也在县里"①。首次改制后的郎酒集团有限责任公司在后来的发展中遭遇了经营上的困难，2001年，公司"年销售收入下滑到2.5亿元，当年亏损1.5亿元，累计负债逾10亿元"②，郎酒集团濒临破产。为扭转郎酒集团经营亏损的局面，2002年3月，郎酒作价6.39亿元③正式并入四川省民营企业泸州宝光集团。根据改制协议，古蔺县将原郎酒集团有限责任公司有形资产全部转让给宝光集团，无形资产——郎酒商标依旧由古蔺县所有，宝光集团每年须支付一定的使用费用。通过对资产的剥离核算以及跨所有制改革，进一步推动了郎酒集团有限责任公司制度建设与完善，并激活了郎酒集团的发展，2002年年底，"郎酒销售止跌回升，销售收入比2001年增加1.5亿元"④。

2.赤水河流域酒文化廊道辐射区域主要酒厂改制

2007年，原金沙县国营窖酒厂经改制成为贵州金沙窖酒酒业有限公司，实现了向现代企业的转变。改制后的贵州金沙窖酒酒业有限公司位于金沙县经济开发区，赤水河与乌江穿境而过，为酱香型白酒的酿造提供了独特的自然生态条件。公司现有员工2000余人，年产基酒达1.9万吨，老酒储备达4万吨，其品牌产品金沙回沙酒是贵州省传统八大名酒和国家地理标志保护产品。2008年，贵州金沙安底斗酒厂亦通过组建贵州金沙安底斗酒酒业有限公司完成转企改制。此外，原国营四川省合江县酒厂也于1997年完成转企改制，组建成立了泸州市佳荔酒业有限公司。

① 徐波.百年老企中兴路——四川郎酒集团改制转型的思考 [J].求是，2004（7）：38.
② 徐波.百年老企中兴路——四川郎酒集团改制转型的思考 [J].求是，2004（7）：38.
③ 徐波.百年老企中兴路——四川郎酒集团改制转型的思考 [J].求是，2004（7）：38.
④ 徐波.百年老企中兴路——四川郎酒集团改制转型的思考 [J].求是，2004（7）：39.

3.赤水河流域酒文化廊道枢纽城市主要酒厂改制

作为传统名酒的董酒，其经营主体遵义董酒厂的发展与改制可谓一波三折、历尽艰辛。遵义董酒厂自1976年成立以来，一度取得了辉煌的成绩，无论是在技术改进、酒厂规模、经济效益还是社会荣誉等方面，都取得了显著成效。1994年，经贵州省工商行政管理局登记注册，遵义董酒厂正式更名为遵义董酒股份有限公司，实现了传统酿酒工厂向现代企业的改制。然而1995年，随着厂长陈锡初离世，董酒股份有限公司内部矛盾重重、分化严重，董酒的生产和效益大幅度滑坡，不仅没有及时抓住全国白酒行业发展的关键时期，更让董酒股份有限公司陷入了濒临破产的艰难局面。1997年，国有深圳振业集团以参股的形式介入董酒股份有限公司，并于2001年将原"遵义董酒股份有限公司"更名为"贵州振业董酒股份有限公司"，深圳振业集团的介入虽然一定程度上建立和完善了董酒股份有限公司法人治理结构，推动了现代企业制度建设，但是并没有从根本上激活董酒的市场发展动力。直到2007年，重新组建的贵州董酒股份有限公司通过全新的股权变更，由福建万祥集团股份有限公司控股60%，北京申易通投资公司、七匹狼集团和上海华欣投资有限公司共同占股40%，进一步明晰了贵州董酒股份有限公司的产权关系，推动了现代企业制度的建立和完善，使其真正成为具有现代法人治理结构的股份制企业。1987年，四川省泸州曲酒厂被认定为国家经贸委推行现代化管理的重点联系企业，在酿酒行业中首先实行计算机联网管理，开展全面质量管理，推动了泸州曲酒厂从传统酿酒工厂向现代化企业的转型。1990年，经泸州市人民政府批准，原四川省泸州曲酒厂更名为"泸州老窖酒厂"，实现了酒厂名称、品牌名称和老窖池群名称相统一。1993年，泸州老窖酒厂独家发起并改组成立了四川省酿酒行业中第一家上市股份制企业——泸州老窖股份有限公司，真正实现了从酿酒工厂向现代股份制企业的改制与转型。

可以说，建立和完善现代企业制度，充分激发市场经营主体的活力，发挥市场在资源配置中的基础性作用，是推动我国经济从社会主义计划经济向社会主义市场经济转型与发展的关键。正是在这一时代发展背景下，赤水河流域酒文化廊道上诸多酿酒工厂纷纷推动转企改制，建立现代企业制度，实现了从传统酿酒工厂向现代企业的转型，并在社会主义市场经济体制下取得了迅速的发展，呈现出规模化、集约化和现代化的特点。而这些传统酿酒工厂，大多是由中华人民共和国成立前就已存在、具有一定酿造历史的民营酿酒作坊经社会主义改造而形成的国营酒厂。传统酿酒作坊向现代酒类企业改制的历史进程中，传统的酒窖、酒器等酿酒储酒设备和器物并未被完全丢弃，而是继续作为改制后的酿酒主体借以开展酿酒活动的物质基础，传统酿酒技艺也被新的酿酒主体沿用和传承下来。因此，古代传统酿造技艺、酒窖、酒器等传统酒文化内容随着酿酒主体从传统民营酿酒作坊到国营酒厂，再到现代酒类企业的演变而得以延续、传承和发展。

二、基于技术改进与提升的规范化发展

中华人民共和国成立初期，百废待兴，全国酒产业亟待整顿和恢复发展，以确保国家外交、军队、文化等重要领域的用酒需求，更是恢复和发展国民经济、建设社会主义社会的迫切需要。但是，当时我国农业生产力水平较低，农业经济发展薄弱，广大人民的温饱问题都尚未解决，而白酒酿造对粮食需求量较大，白酒产业的发展势必会影响国家粮食供给，这也是古代社会在粮食歉收年份实施禁酒政策的主要原因。如何解决既要酿酒以满足用酒需求，又要尽量减少酿酒对粮食的消耗之间的矛盾，成为当时整个酒产业发展亟待解决的难题。从改进酿造技艺入手，在确保酒体质量基础上提升单位用粮出酒率成了化解这一矛盾的着力点。正是基于该社会背景下对传统酿造技艺的科学研究、系统总结和持续改进，最终促进了当代赤水河流域酒文化廊道多元化酒体不同香型的划分和科学操作流程的确定，为当代不同酒体香型文化的形成奠定了基础，促进了酒产业的规范化发展。

（一）酿造技艺研究与总结

1956年召开的全国名酒会议明确提出了从恢复原有工艺操作入手，迅速恢复、巩固和提高名酒质量的要求。随后，以茅台酒厂等为代表的一些传统名酒生产厂在国家和各地相关部门的指导和支持下，迅速组建了生产技术研究机构，以加强酿造工艺研究、改进和培训，确保名酒质量的稳定和提升。如1960年，贵州茅台酒厂成立了研究室，负责对全厂各种产品进行科学分

析与研究；1961年，研究室并入生产技术科；1973年，成立茅台酒厂科研室；1975年，茅台酒厂科研室升级为茅台酒厂科研所；1998年，经国家经贸委等部门批准，茅台酒厂成立了当时唯一的白酒行业国家级技术中心，从整体上覆盖了原茅台酒厂科研所。

除了成立各类科研机构，加强茅台酒技术研究与攻关之外，茅台酒厂还曾对其传统酿造工艺作了三次较为系统全面的总结，为茅台酒传统酿造技艺的传承、创新和发展奠定了基础。

第一次系统总结（1956年10月—1957年6月）：1956年全国名酒会议召开之后，为落实名酒会议要求，保证茅台酒质量，由当时轻工业部食品局局长杜子端率领工作队组建了"茅台酒厂工作组"并进驻茅台酒厂，分两个阶段（第一阶段为1956年10月—1957年1月，第二阶段为1957年2月—6月）对茅台酒酿造工艺、质量检测等工作进行探索和总结。本次总结"采纳了老酒师郑义兴恢复老操作方法的意见，郑义兴将近30年积累的宝贵经验和其五代家传技术口述记录，并动员其他老酒师打破保守观念，传授技术"①。通过这次系统梳理和总结，初步整理出茅台酒制曲、制酒操作相关规定，对茅台酒酿造技艺实现了整合与统一。

第二次系统总结（1959年4月—1960年8月）：由轻工业部、贵州省轻工业厅、轻工研究所等相关机构的专家和技术人员共同组成了"贵州茅台酒总结工作组"，对茅台酒传统酿造工艺进行全面系统的发掘与总结。工作组通过对茅台酒制曲和酿酒的现场观察、生产记录、取样分析、测定、微生物分离检查等方式，对茅台酒的制曲、酿造、成品酒、酿造工具、酿酒原料等进行全面整理和研究，形成了16万余字的《贵州茅台酒整理总结报告》，成为"自茅台酒生产有史以来的第一部完整、系统、全面的总结资料"②，对茅台酒传统酿造工艺进行了全面系统的整理和记载。

第三次系统总结（1964年10月—1966年4月）：本次系统总结以轻工业

---

① 中国贵州茅台酒厂有限责任公司.中国贵州茅台酒厂有限责任公司志［M］.北京：方志出版社，2011：244.

② 中国贵州茅台酒厂有限责任公司.中国贵州茅台酒厂有限责任公司志［M］.北京：方志出版社，2011：246.

部组织的两期"茅台试点"科研项目为基础，借助现代科学技术的分析工具和方法，通过对茅台酒传统操作技术的总结、酒糟堆积发酵试验、酒曲对比试验、酒样理化分析以及对主体香气、香味成分及其微生物研究等，论证了茅台酒传统酿造工艺的合理性及其规律性，极大地推动了茅台酒传统酿造工艺的继承和提高。本次总结工作对茅台酒传统酿造工艺作了以下5方面的评定：[①]一是重阳下沙、端午踩曲和季节性生产是科学的；二是堆积发酵是茅台酒独特的操作工艺，该工艺既能网络、筛选、繁殖微生物，又弥补了大曲微生物品种和数量不足的问题，还能生成大量的香气味物质和香气味的前驱物质，在茅台酒传统酿造工艺中占有重要位置；三是茅台酒是由酱香、醇甜和窖底香三种典型体构成的；四是茅台酒的浓度是合理的；五是酿造茅台酒所用赤水河水优于井水。

　　长期以来，赤水河流域传统酿酒作坊都是通过师徒关系、口传心授的方式实现酿酒工艺的传承，在酿酒具体操作过程中几乎都是凭借酒师丰富的酿酒经验进行判断进而采取相应的措施，缺乏科学、规范的操作流程。以茅台酒厂为代表的对传统酿造工艺进行系统研究、总结和提升，将历代酒师口传心授的传统酿造工艺进行系统梳理和记录，为酿酒操作流程的规范化提供了可能。同时，通过对传统酿造工艺流程、规律和特点的科学论证和认识，实现了对传统酿造工艺的现代科学阐释，进而有助于实现对传统酿造工艺的改进和酒质的提升。

（二）名酒评选与香型划分

　　1952—1989年，由国家相关部门主持开展了五届国家级名酒评选活动，又叫"全国评酒会"。历届全国评酒会的举办，充分反映了国家在不同历史时期对白酒产业的宏观管理，对白酒酿造工艺的改进、酒质的提升、白酒消费的引导等都产生了巨大的影响。

---

　　①　中国贵州茅台酒厂有限责任公司.中国贵州茅台酒厂有限责任公司志［M］.北京：方志出版社，2011：248.

表4.1　赤水河流域酒文化廊道入选历届评酒会名酒情况

评酒会届次	主持单位	时间	地点	入选名酒
第一届	中国专卖事业总公司	1952年	北京	茅台酒、泸州老窖特曲
第二届	轻工业部、商业部	1963年	北京	茅台酒、泸州老窖特曲、董酒
第三届	轻工业部	1978年	大连	茅台酒、泸州老窖特曲、董酒、郎酒
第四届	中国食品工业协会	1984年	太原	茅台酒、泸州老窖特曲、董酒、郎酒
第五届	中国食品工业协会	1989年	合肥	茅台酒、泸州老窖特曲、董酒、郎酒、珍酒、习酒、湄窖酒

来源：根据历届全国评酒会资料整理，入选名酒包括国家级名酒和国家优质酒。

从表4.1可以看出，茅台酒和泸州老窖特曲酒在五届全国评酒会中都被评选为国家级名酒，展现了这两款酒独特的魅力。董酒因没有参加第一届评酒会，从第二届评酒会开始，亦是凭借独特的工艺和优良的品质连续四届入选国家级名酒。珍酒、习酒和湄窖酒在第五届全国评酒会中入选国家优质酒。从空间分布上看，赤水河流域酒文化廊道通过五届全国评酒会评选出的名酒主要集中在核心区和枢纽城市，辐射区域无入选名酒。从第三届全国评酒会开始，首次按照香型、生产工艺和糖化发酵剂分别进行评比，并在本次评酒会上统一形成了四大白酒香型及其特点，分别是以酱香突出、幽雅细腻、酒体醇厚、回味悠长为特点的酱香型；以窖香浓郁、绵甜甘洌、香味协调、尾净味长为特点的浓香型；以清香醇正、诸味协调、醇甜柔和、余味爽净为特点的清香型；以蜜香清雅、入口绵柔、落口爽净、回味怡畅为特点的米香型。第四届全国评酒会延续了对白酒香型的辨识和划分，并增加了药香型、兼香型以及豉香型三种类型。1989年在安徽合肥举办的第五届全国评酒会上，又延伸出凤香型、特香型以及芝麻香型三种类型，至此，形成了全国白酒中具有代表性的十大香型。后来，老白干和馥郁香作为两种具有典型性的香型也被纳入我国白酒香型结构中，最终构成了我国白酒十二大香型的总体构架。不同白酒极具差异化的香型特点是基于白酒不同酿造工艺而形成的，历届全国评酒会的举办及其对白酒香型的划分，为我国独具特色、多元丰富的白酒形态划分明确了依据，促进了我国白酒香型文化的形成和发展。赤水河流域酒文化廊道拥有全国白酒十二大主要香型中的四种，分别是以茅台酒为代表的酱香型、以郎酒为代表的兼香型、以董酒为代表的药香型和以泸州老窖为代表的浓香型。

三、彰显不同历史时代特点的品牌化发展

"品牌"一词来源于古斯堪的纳维亚语"brandr"，其原义是牲畜所有者用以识别他们所拥有动物的工具，是一种所有权的象征。随着社会经济的发展，品牌作为一种产权标识的工具，逐渐被应用到经济、文化等诸多领域，其内涵与外延得到进一步拓展。美国市场营销协会（AMA）将品牌定义为"名称、专有名词、标记、符号，或设计，或是上述元素的组合，用于识别一个销售商或销售商群体的商品与服务，并且使他们与其竞争者的商品与服务区分开来"[1]。事实上，早在清末泸州温永盛酒坊就在其老窖大曲封口套上印制"四川泸县温永盛老窖大曲"字样，以标识该酒的产权归属。在民国时期，今茅台酒厂的前身"成义烧房"与"荣和烧房"就通过注册商标的形式，赋予自己烧房所酿之酒以特殊的品牌标识，将自己所酿之酒与其他烧房所酿之酒进行区分。

伴随着中华人民共和国成立以来的社会主义建设进程不断推进，我国经历了几个不同的历史发展阶段，呈现出与之相应的时代发展特点。而这些不同历史阶段的时代发展特点也在赤水河流域酒文化廊道主要白酒品牌的发展演变中得以充分彰显。以茅台酒品牌发展为例，其品牌发展与我国社会发展不同历史阶段的时代特点密切关联，突出体现在以下几个独特品牌上。

一是"工农牌"茅台酒。20世纪50年代初，工农联盟是当时社会的热点，茅台酒厂成立之后，最开始便推出了以"工农携手"为核心标志的"工农牌"茅台酒，其鲜明的"工农牌"商标充分展现了工农联合建设社会主义的激情。

二是"金轮牌"茅台酒。从1953年开始，茅台酒厂推出了"金轮牌"茅台酒，其商标由五星、齿轮和麦穗等图案构成，商品名称为"贵州茅苔酒"。

---

① 凯文·莱恩·凯勒.战略品牌管理［M］.卢泰宏，吴水龙，译.北京：中国人民大学出版社，2009：3-4.

1956年，在不改变"金轮牌"商标图案的前提下，将商品名称改为"贵州茅台酒"，便于识读。"金轮牌"茅台酒同样充分彰显了鲜明的时代特点，"五星"象征着红色，代表着社会主义的中国，"齿轮"则是工人阶级的代表，而"麦穗"不仅表明茅台酒酿造以小麦等粮食为原料，以小麦制曲，也反映了我国作为农业大国的基本国情。

三是"飞天牌"茅台酒。1958年，茅台酒厂首次推出了"飞天牌"茅台酒用于外销，并首次用白色瓷瓶包装，在瓶口处系上红色飘带，成为茅台酒鲜明的标识而沿用至今。从此形成了"金轮牌"茅台酒用于内销、"飞天牌"茅台酒用于外销的局面。

四是"葵花牌"茅台酒。该品牌诞生于"文化大革命"时期，是茅台酒发展历史上短暂而又独具特色的一个品牌。1966年"文化大革命"开始后，原用于外销的"飞天牌"茅台酒的"飞天"图案改成了"葵花"图案，表示"朵朵葵花向太阳"，"飞天牌"茅台酒变成了"葵花牌"茅台酒，直到1975年才改回"飞天牌"标识。原用于内销的"金轮牌"茅台酒虽没有更换图案，但是在其背标上增加了"三大革命"的字样，因而也被称为"三大革命"茅台，该标识一直用到1982年，之后也改回"金轮牌"标识，同时，对其称呼也逐渐改为"五星牌"茅台酒。此后，"飞天牌"茅台酒和"五星牌"茅台酒就一直成为茅台酒厂最主要的酒类品牌。当然，随着茅台酒厂不断发展壮大，其产品类型日益增多，逐渐形成了多元化的品牌体系。

第五节　赤水河流域酒文化廊道历史流变的主要特征

时间与空间为人类的生存提供了依据，人类正是在特定的时间与空间范围内开展各种活动、实施各种行为，进而创造了各具特色的文化形态。生活于赤水河流域的古代先民们正是依托赤水河流域独特地理空间，在不断认识、适应与利用所处自然环境的过程中创造了丰富多彩的酒文化。一切事物总是处于不断的变化发展之中，文化亦然。随着时间的推移与社会的发展，赤水河流域酒文化亦变得愈加丰富多彩，并通过纵向（时间）上的传承与横向（空间）上的扩散得以传播和发展，由点到线，构成了独具特色、动态流变的赤水河流域酒文化廊道，具有显著的特征。

一、由点到线的线性延展

从横向的地理空间上看，赤水河流域酒文化廊道经历了一个由点到线的线性延展过程。从纵向的历史时间上看，赤水河流域酒文化经历了一个代际传承与发展的过程，为酒文化廊道的横向延展提供了可能。从早期以赤水河中下游的习水、泸州等地区为核心孕育并形成了繁盛的酒文化，到明清时期，川盐入黔、皇木进京、铅铜运输等航运与商贸活动的开展，推动了赤水河沿线各地区之间的联通、交流与发展，以古蔺二郎、仁怀茅台、金沙等为代表的川盐运输集镇和商贸中心迅速崛起，大量人流、物流的汇聚，带来了不同地区之间酒文化的交流、传播以及饮酒需求的扩张，进而促进了酒产业在这些新兴集镇和商贸中心的发展，推动了酒文化沿赤水河的空间扩散与传播。明清时期，赤水河流域酒文化的发展已经突破了早期以习水、泸州为核心的散点分布状态，逐渐形成了以下游的泸州、赤水，中游的习水、古蔺、仁怀以及上游的金沙等为核心的线性分布与发展格局。到了民国时期，在内外交困、外商冲击的时代背景之下，赤水河流域酒文化廊道在历史发展的基础上得以延续，泸州老窖特曲和茅台酒被选为参展商品远赴海外参加巴拿马太平洋万国博览会并一举荣获大奖，实现了赤水河流域酒文化"走出去"并获得国际认可。产自遵义市北郊董公寺的董酒，更是凭借其创始人程明坤的大胆创新，开创了大、小曲混合使用酿酒的先河，成为赤水河流域乃至全国酒文化发展史上浓墨重彩的一笔。中华人民共和国成立以来，随着所有制的改革、行业标准的不断完善、现代企业制度建设、市场经济的发展以及全球化的深入推进，赤水河流域酒文化廊道不仅在地理空间范围上实现了全面拓展，酒文化的内涵与外延也变得前所未有之丰富。因此，赤水河流域酒文化廊道的历史流变是一个由零散的点状分布到线性廊道发展过程，且呈现出从赤水河流域中下游点状分布向中上游地区线性延展的空间走向特点，反映了赤水河流域酒文化在历史发展过程中的纵向传承与横向扩散。正是通过纵向时间上的代际传承，丰富的酒文化得以延续、创新和发展；通过横向空间上的地理扩散，不同地区的酒文化得以传播、交流与融合。

在赤水河流域酒文化廊道动态流变的历史进程中，不同区域之间的酒文化交流互动尤为突出。如明清时期四川松溉等地酒师、作坊主到今赤水市推广酿酒技艺，发展酿酒产业，对赤水市酒文化发展曾作出巨大贡献；民国时期茅台"荣和烧房"酒师张子兴、"成义烧房"酒师郑银安对郎酒酿造的技术指导以及茅台酒师刘开廷对金沙"慎初烧房"的技术指导，都在一定程度上推动了茅台酿造技艺在二郎和金沙的传播与发展，程明坤在研究酿制董酒初期亦曾亲赴茅台购买酒糟；中华人民共和国成立之后，随着现代交通的日益完善，尤其是现代商品经济的发展和信息传播的多元化、便捷化，赤水河流域酒文化逐渐打破了传统的地方区隔，实现了酒文化在赤水河流域乃至全国范围内的大交流与大融会，沿线各地区之间在酿造技艺交流、产业发展合作、自然生态保护等方面展开了全方位、多角度的深度交流与合作，逐渐形成了密切合作、深度融合的一体化发展新格局。

二、由发酵酒到蒸馏酒的技艺演进

从酿造技艺层面来看，赤水河流域酒文化廊道经历了从发酵酒到蒸馏酒的历史演进过程。无论是被汉武帝称赞"甘美之"的枸酱酒，还是两宋时期盛行的风曲法酒，其本质都是发酵酒。发酵酒又被称作酿造酒或原汁酒，是以谷物、水果等为原料，依托酵母的作用，将含有一定量淀粉和糖分的谷物、水果等原料进行发酵得到的低度酒。古代所称米酒、浊酒、醪糟等即为发酵酒。"荔枝新熟鸡冠色，烧酒初开琥珀香"，白居易在《荔枝楼对酒》一诗中提到的"烧酒"也是发酵酒，只是在工艺上增加了低温加热的环节。对发酵酒进行低温加热，有助于促进酒体成熟，提高酒的品质。宋代称为火迫酒的技艺，与烧酒类似，皆为对所得发酵酒进行文火缓慢加热，以提升酒质。"宋以前的'烧酒'，都是指低温加热处理的谷物发酵酒，'烧酒'一词所表示的'烧'的词义，指用加热的方法，即对发酵酒进行灭活杀菌，促进酒的成熟。"[①]到了元代，通过从境外引进的蒸馏法试蒸谷物酒获得成功，我国开始有蒸馏酒。只是当时并不叫蒸馏酒，而是习惯上称作"烧酒""火酒""酒

---

① 王赛时.中国酒史［M］.济南：山东画报出版社，2018：313.

露""汗酒""气酒"等，现代则将蒸馏酒统称为"白酒"。元代所称"烧酒"，
"基本上都属于蒸馏酒范畴，但其中既有葡萄烧酒，亦有谷物蒸馏酒。明代以
后，'烧酒'二字专指谷物蒸馏酒"①。正是在这一酿酒技艺演进的宏观时代背
景之下，赤水河流域酿酒技艺也随之实现了从发酵酒到蒸馏酒的过渡，明清
以来所称之"泸州老窖大曲""回沙郎酒""茅台烧""慎初斗酒""董酒"等
皆为蒸馏酒。到了现代，整个赤水河流域所酿之酒基本上属于蒸馏酒的范畴，
即便民间自酿自饮的苞谷酒，亦是通过民间简易蒸馏设备酿制出来的蒸馏酒，
只有少部分少数民族地区仍然用传统发酵酒酿制技艺酿制米酒、醪糟等。

三、浓香、酱香、兼香、药香的多元创新

早期的白酒并无香型之分，只是后来随着我国白酒产业的快速发展，在
全国各地迅速崛起了口感、风格各异的多元化酒体。为了有效区分不同酒体
之间的差异，在1979年于辽宁省大连市召开的第三届全国评酒会上，首次对
不同白酒的香型风格作了统一界定。本次评酒会上仅作了酱香型、浓香型、
清香型和米香型四种香型界定，将不属于以上四种香型的酒体列入其他香型
系列。随着全国各地酒体的日益多元化和香型界定的细分化，到1989年召开
的第五届全国评酒会时，又将其他香型进一步细分为药香型、豉香型、兼香
型、凤香型、特香型、芝麻香型六大类别，后来又加入老白干和馥郁香两种
类别，共同构成了目前中国白酒的十二大香型结构。

从中国白酒十二香型结构图中可以看出，酱香、浓香、清香和米香是中
国白酒的基本香型，其他八种香型则是在这四种基本香型的基础上形成的，
是以一种、两种或两种以上香型，在对不同酿酒工艺的融合下形成了自身独
特的工艺，进而延伸出相应的香型。其中：

酱香型又称茅香型，以高粱为主要酿酒原料，以大曲为主要酿酒曲药，
通过高温制曲、高温堆积、高温发酵、高温馏酒、长期贮存、精心勾兑而成。
其中所含微量有机物质有623种，具有入口醇甜、酱香突出、口味细腻、回味
悠长、空杯留香等典型风味特点，以贵州茅台酒为主要代表。

① 王赛时.中国酒史［M］.济南：山东画报出版社，2018：313.

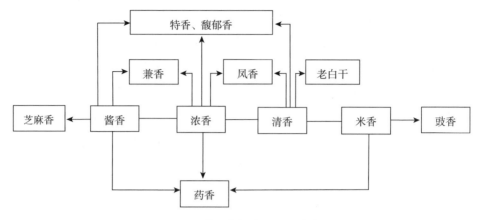

图4.6 中国白酒十二香型结构

浓香型又称泸香型，以单一高粱或多种粮食复合为主要酿酒原料，以大曲为主要酿酒曲药，通过中、高温曲，泥窖固态发酵，续糟配料，混蒸混烧，原酒贮存，精心勾兑而成。其中所含微量有机物质多达861种，具有以己酸乙酯为主体、醇正协调的复合香气，总体上呈现出窖香浓郁、醇甜爽净、香味协调、回味悠长的风味特点。浓香型又分以江苏、山东、河南、安徽等地为代表的江淮派淡雅浓香型和四川浓香型两大派别。江淮派淡雅浓香型具有己酸乙酯香气突出、口味醇正、醇甜爽净、清新淡雅等特点，以洋河大曲、双沟大曲、古井贡酒等为代表。四川浓香型则表现为窖香浓郁、口味绵甜、香味丰满等特点，以泸州老窖、五粮液、剑南春等为主要代表。

清香型以高粱等多种谷物为主要酿酒原料，以大曲、小曲等为主要酿酒曲药，采取清蒸清糟酿造工艺，通过固态地缸发酵、清蒸馏酒而成。其中所含微量有机物质663种，具有清香醇正、入口微甜、香味悠长、入口干爽等风味特点，以山西汾酒、北京红星二锅头等为主要代表。

米香型以大米为主要酿酒原料，以小曲为主要酿酒曲药，以陶缸或不锈钢罐等为主要发酵空间，通过米饭前期固态培菌糖化、后期转缸加水半固态发酵、液态蒸馏而成。其中所含微量有机物质109种，具有米香清雅、入口醇和、饮后微甜等风味特点，以广西桂林三花酒为主要代表。

风香型是浓香型与清香型相结合而衍生出来的新香型，以高粱为主要酿酒原料，以大曲或麸曲为主要酿酒曲药，通过续渣配料、土窖发酵、高温蒸馏、酒海贮存而得。其中所含微量有机物质109种，具有清亮透明、醇香突出、尾净悠长、清而不淡、浓而不酽等风味特点，以陕西西凤酒为主要代表。

兼香型是浓香型与酱香型相结合而衍生出来的新香型，以高粱为主要酿酒原料，以大曲为主要酿酒曲药，在酿造工艺上包括分别按照浓香型和酱香型各自的工艺流程分型发酵产酒、分型贮存，再按一定比例勾兑而成的"两步法"与融合浓香型与酱香型酿造工艺一次性酿造而成的"一步法"。兼香型白酒中所含微量有机物质有171种，其风味特点具有两种典型风格。一种以湖北白云边为代表，以酱香风味为主，兼有浓香风味；另一种则以黑龙江玉泉酒、安徽口子窖和湖南白沙液为主要代表，以浓香风味为主，兼有浓香风味。

药香型又称董香型，以高粱为主要酿酒原料，以大曲、小曲为主要酿酒曲药，在酿造过程中加入100多味中药材，通过大曲制香醅生香、小曲制酒醅产酒，串蒸串烧而得。其中所含微量有机物质138种，具有酯香浓郁、药香突出、醇香明显等风味特点，以贵州董酒为主要代表。

豉香型是对米香型的进一步衍生，以大米为主要酿酒原料，以小曲为主要酿酒曲药，以埕（一种酒瓮）为发酵容器，蒸馏后加入肥猪肉陈酿勾调而成。其中所含微量有机物质122种，具有腊肉香气明显、口味绵软柔和等风味特点，以广东玉冰烧为主要代表。

特香型是对浓香型、酱香型和清香型相结合而衍生出来的新香型，以整粒大米为主要酿酒原料，以大曲为主要酿酒曲药，经固态发酵、蒸馏、陈酿、勾兑而成。其中所含微量有机物质133种，具有酒体醇厚、焦煳香气轻微、入口绵甜、口味持久等风味特点，以江西四特酒为主要代表。

馥郁香型亦是对浓香型、酱香型和清香型相结合而衍生出来的新香型，因在酿造工艺、口感差异等方面表现出与特香型白酒显著的差异性而成为独具特色的白酒香型之一。馥郁香型白酒以高粱、大米、糯米、玉米、小麦等多种粮食复合为主要酿酒原料，以大曲和小曲为主要酿酒曲药，通过大曲配糟发酵、小曲培菌糖化、泥窖固态发酵、清蒸清烧、分段取酒、分级贮存、精心勾兑而成。其中所含微量有机物质有200余种，具有芳香秀雅、绵柔甘洌、香味馥郁、酒体爽净等风味特点，以湖南酒鬼酒为主要代表。

老白干型是对清香型的进一步衍生，以高粱为主要酿酒原料，以大曲为主要酿酒曲药，通过地缸发酵、混蒸馏酒、分段取酒、分级贮存、精心勾兑而成。其中所含微量有机物质554种，具有香气清雅、醇厚甘洌、回味悠长等风味特点，以河北老白干为主要代表。

芝麻香型同样也是兼有浓香、酱香和清香三大香型特点而又自成一体的新香型。芝麻香型以高粱、玉米、大米、糯米、小麦、麸皮等为酿酒原料。以大曲、麸曲等为主要酿酒曲药，通过高温堆积、泥底砖窖发酵、清蒸续渣、长期贮存、精心勾调而成。其中所含微量有机物质有299种，具有酱香浓郁、焦香突出、芝麻香明显等风味特点，以山东景芝酒、扳倒井等为主要代表。

赤水河流域酒文化廊道占据了全国白酒十二大香型中的4种，不同的香型体现了不同的风格特征，这些差异化风格特征的形成，源于酿酒时所采用的原料、曲种、发酵容器、生产工艺、贮存、勾调技术以及不同地理环境之间的差异性。赤水河流域酒文化廊道浓香型、酱香型、兼香型和药香型四大香型的构成，不仅体现了该区域酒体口感、风格的多元化特征，通过这些多元化的酒体风格，折射出赤水河流域居民在充分适应与利用所处地理环境过程中的智慧创造与多元创新，进而创造出了以不同原料、曲种、发酵容器、生产工艺以及贮存、勾调技术为核心的酒文化内容，构成了赤水河流域酒文化廊道的丰富内涵。

第五章

赤水河流域酒文化廊道保护与发展经验及问题

　　中华酒文化源远流长，历史悠久，赤水河流域酒文化亦经历了自秦汉以来两千多年的发展历史。在悠久而漫长的历史发展过程中，赤水河流域积累和沉淀了多元丰富的酒文化遗产，这些遗产资源既包括窖池、作坊等有形的物质文化遗产，也包括酿造技艺等无形的非物质文化遗产，为当代社会酒产业发展以及以酒为主题的相关经济发展与文化活动提供了宝贵的历史资源。事实上，近年来赤水河流域沿线各地区纷纷深入挖掘本地悠久的酒文化资源，梳理酿酒发展历史，开发利用酒文化资源，形成了以酒文化为主题的多种经济形态，在延续酒产业发展的同时，进一步拓宽了酒文化的发展空间，也为地方经济的发展注入了新的活力。然而，随着酒产业在现代社会的快速发展以及各地对酒文化资源的挖掘、利用，赤水河流域酒文化廊道也面临着自然生态破坏、假冒伪劣泛滥等诸多问题，严重阻碍了赤水河流域酒文化的健康、可持续发展。

第一节　赤水河流域酒文化遗产保护经验及模式

　　赤水河流域酿酒历史悠久，在长期的历史发展过程中积淀并留存了丰富的酒文化遗产，为人类社会留下了宝贵的财富。然而，面对当今社会城市化、工业化以及全球化的深入推进，这些历经数年而延续和留存下来的宝贵文化遗产面临着被损坏、灭绝的危险。如何科学有效地保护好这些宝贵遗产，使之能够延续至后代，实现文化的传递，并成为后代继续享有的宝贵财富，这是当代人不可推卸的历史责任和伟大使命。近年来，赤水河流域沿线各地区不断强化本地酒文化遗产资源挖掘与梳理，采取多元化措施和手段，对酒文化遗产资源进行多角度、立体化的保护。

一、酒文化遗产保护的主要经验

赤水河流域酒文化遗产主要包括有形的物质文化遗产和无形的非物质文化遗产两大类。近年来，赤水河沿线各地区根据酒文化遗产的不同类型和特点，采取了有针对性、多元化的保护措施，积累了诸多宝贵经验。

（一）物质文化遗产保护

1.工业遗产认定与保护

赤水河流域酒文化廊道在历史发展与流变过程中积淀了丰厚的文化遗产资源，其中以各种窖池、酿酒作坊等为代表的有形物质文化遗产尤为突出。无论是在古代传统酿酒作坊模式下的手工酿造，还是现代企业制度下的机械化酿造，抑或手工酿造与机械酿造的有机结合，酒作为一种工业品的属性并没有发生根本性改变，酿酒行为作为一种工业行为的本质特征也没有发生根本性改变。因而，酒文化遗产也被作为一种工业遗产加以保护。

在19世纪末期诞生于英国的工业考古学是当代工业遗产保护的萌芽，工业考古学主要强调对"工业革命与工业大发展时期的工业遗迹和遗物加以记录和保存"[①]，成为关于工业遗产保护的早期思想。1978年，在第三届国际工业纪念物大会期间，国际工业遗产保护联合会（TICCIH）的成立标志着工业遗产保护进入了发展期。国际工业遗产保护联合会（TICCIH）作为国际古迹遗址理事会（ICOMOS）关于工业遗产问题的专门咨询机构，参与了联合国教科文组织开展的一系列工业遗产保护主题研究，逐渐形成了较为完善的工业遗产保护思想，工业遗产也逐渐成为《世界遗产名录》中的重要类别之一。尤其是2003年在俄罗斯下塔吉尔召开的国际工业遗产保护联合会大会上通过了保护工业遗产的国际准则——《关于工业遗产的下塔吉尔宪章》，对工业遗

---

① 刘瑞，余书敏.工业遗产的保护展示探索——以水井街酒坊遗址为例［J］.中华文化论坛，2015（9）：44.

的内涵界定、价值评估、遗产认定、遗产保护等方面都作出了较为完备的阐释，成为指导当代工业遗产保护的国际性、标准化操作规范。根据《关于工业遗产的下塔吉尔宪章》的界定，工业遗产"具有历史的、科技的、社会的、建筑的或科学的价值。这些遗存包括建筑群、机械、车间、工厂、选矿和冶炼的矿场和矿区、货栈仓库、能源生产、输送和利用的场所，运输及基础设施，以及与工业相关的社会活动场所，如住宅、宗教和教育设施等"，并进一步对工业遗产的时间范围作了界定，认为"具有重要影响的历史时期始于18世纪下半叶的工业革命，直到当代，当然也要研究更早的前工业和原始工业起源"①。这就表明始于18世纪工业革命之前的前工业和原始工业时期的工业遗存，也应当被纳入工业遗产保护研究的范畴。从国内来看，2006年中国工业遗产保护论坛上通过的《无锡建议》成为我国工业遗产保护的重要指导性文本。2006年4月18日，以"重视并保护工业遗产"为主题的中国工业遗产保护论坛在江苏省无锡市举行。本次论坛上通过了我国首部关于工业遗产保护的共识文件——《无锡建议》，极大地推动了我国工业遗产保护进程。《无锡建议》对我国工业遗产的内容构成、面临的威胁以及保护工业遗产的具体路径等都作了相应的界定和说明，为我国工业遗产研究、认定、保护等相关工作的开展奠定了基础。

　　工业遗产是我国庞大文化遗产体系中的重要构成部分，见证了我国工业发展的历史进程和时代变迁。对工业遗产的研究与保护不仅受到学术界的广泛关注，更被纳入国家文化遗产保护的总体布局中。自2017年以来，工信部持续开展了国家工业遗产认定工作，并发布了三批国家工业遗产名单，对符合工业遗产认定要求的工业项目予以认定，以促进工业遗产的保护与管理，推动工业文化的传承与发展。其中，茅台酒酿酒作坊、泸州老窖窖池群及酿酒作坊于2018年入选第二批国家工业遗产名单，标志着赤水河流域酒文化遗产保护进入了新的阶段。根据工信部的认定，茅台酒酿酒作坊被纳入工业遗产认定与保护的核心物项主要包括"成义烧房"烤酒房旧址；"荣和烧房"干曲仓旧址、踩曲房旧址，烤酒房旧址；"恒兴烧房"烤酒房旧址；制曲一片区

---

　　① 国际工业遗产保护联合会.关于工业遗产的下塔吉尔宪章［C］//国家文物局，等.国际文化遗产保护文件选编.北京：文物出版社，2007：251–252.

发酵仓；制曲二片区踩曲房、发酵仓；制曲二片区石磨坊、干曲仓；勾贮车间下酒库第五栋酒库、第八栋酒库。泸州老窖窖池群及酿酒作坊的核心物项则包括明万历年间4口和清代1615口酿酒窖池；16处酿酒古作坊；天然藏酒洞3个（纯阳洞、龙泉洞、醉翁洞）；龙泉井及清代井碑；泥石晾堂；甑桶、云盘、木轮鸡公车等传统酿酒设施；1915年巴拿马太平洋万国博览会奖牌；唐宋窑址遗址及出土酒文物。从以上茅台酒酿酒作坊和泸州老窖窖池群及酿酒作坊工业遗产的核心物项内容来看，主要涉及与酿酒相关的窖池、仓库、酒库、甑桶等传统酿酒基础设施和酿酒设备，皆属有形的物质文化遗产。茅台酒酿酒作坊和泸州老窖窖池群及酿酒作坊两大工业遗产反映了历史上泸州和茅台酿酒文化的发展水平，具有极高的历史、社会、经济、科技、审美等价值。对两大工业遗产的认定、保护与管理，凸显了该遗产对赤水河流域酒文化发展的重要影响，也反映了当代社会对泸州和茅台酒文化的高度自觉和积极保护。

图5.1 茅台酒酿酒工业遗产群——"荣和烧房"干曲仓旧址（黄小刚 摄）

2.博物馆静态保护

除了茅台酒酿酒作坊和泸州老窖窖池群及酿酒作坊被认定为国家工业遗

产并予以保护，赤水河流域还留存着诸多酒文化遗址遗存，这些遗址遗存虽然没有入选国家工业遗产名单，但是也通过其他方式得以保护和传承。如建于宋代的今习水县土城镇狮子山烧房留存下来的两口老窖池，现已被纳入宋窖博物馆予以保护起来，宋窖博物馆由贵州省宋窖酒业有限公司于2012年投资兴建，系私有公益性博物馆，全馆占地39亩，2013年正式对外开放。同样位于今习水县土城镇的宋代春阳岗烧房窖池亦不再使用，转而在其基础之上修建春阳岗博物馆被予以保护。位于贵州省茅台镇的中国酒文化城和位于四川省泸州市的泸州老窖博物馆作为贵州茅台酒股份有限公司和四川泸州老窖股份有限公司两大白酒企业分别修建的经营性博物馆，不仅是对自身酒文化发展历史和文化遗产的挖掘、保护、展示与传承，也涉及企业自身之外的区域酒文化展示，尤其是茅台镇中国酒文化城里面新修建的中国酒技馆、中国酒韵馆等主题展馆，对我国酒文化的不同侧面进行了一定程度的陈列与展示。位于贵州省遵义市的酒类专业性博物馆——贵州酒文化博物馆，则从总体上对贵州全省酒文化遗产进行收集、整理、保护与研究，赤水河流域丰厚的酒文化遗产亦在其馆藏范围之内。此外，赤水河流域沿线各县、市（州）级博物馆中亦不乏对当地酒文化发展历史的梳理和酒文化遗产的收集、整理、保护和研究。如泸州市博物馆就设有"酒城扬名"这一独立展厅，对泸州市酒文化发展历史和酒文化遗产进行展示。

"博物馆作为文化遗产的贮藏所和管理者，其文化遗产保护和利用功能显著增强，日益成为我国文化遗产保护和利用的主力军。"①馆内收藏作为博物馆对物质文化遗产保护的传统手段，通过将传统窖池、出土酒文物等予以收藏、陈列和展出，有助于确保相关酒文化遗产的本真性和原始性，为后人了解、研究赤水河流域悠久的酒文化发展历史提供了珍贵的素材。以上实例一方面表明赤水河流域酒文化底蕴深厚，酿酒设施与设备、储酒设备与空间、制曲设施与设备等物质文化遗存多元，构成了赤水河流域丰富多彩的酒文化遗产资源，另一方面也体现了这些丰富的酒文化遗产在当代社会通过博物馆馆藏进行保护与传承的存续状态。

---

① 姚伟钧.从文化资源到文化产业［M］.武汉：华中师范大学出版社，2012：98.

（二）非物质文化遗产保护

非物质文化遗产是相对于物质文化遗产而言的，是人类历史发展过程中留存下来的宝贵的无形财富。2003年，联合国教科文组织第32届大会上通过了《保护非物质文化遗产公约》（以下简称《公约》）。根据该《公约》的界定，非物质文化遗产是"被各群体、团体、有时为个人视为其文化遗产的各种实践、表演、表现形式、知识和技能及其有关的工具、实物、工艺品和文化场所"。该《公约》还进一步明确了非物质文化遗产5方面的主要内容：口头传说和表述，包括作为非物质文化遗产媒介的语言；表演艺术；社会风俗、礼仪、节庆；有关自然界和宇宙的知识和实践；传统的手工艺技能。2005年，国务院发布了《关于加强我国非物质文化遗产保护工作的意见》，将非物质文化遗产界定为"各族人民世代相承的、与群众生活密切相关的各种传统文化表现形式（如民俗活动、表演艺术、传统知识和技能，以及与之相关的器具、实物和手工制品等）和文化空间"。可见，相较于物质文化遗产而言，非物质文化遗产具有精神性、活态性、实践性等显著特点。近年来，我国政府出台了诸多政策、采取了多种措施对非物质文化遗产予以认定和保护，经历了"从实施中国民族民间文化保护工程，抢救濒危的民族民间文化遗产；申报评定非物质文化遗产代表作，分级命名非物质文化遗产名录和扩展项目名录；保护非物质文化遗产传承人，公布非物质文化遗产项目代表性传承人名单；到建立文化生态保护区，对非物质文化遗产实行整体性保护；充分利用非物质文化遗产资源，实行生产性保护"[①]的发展历程，对广泛分布于我国广袤大地和各族群体之间的多元化非物质文化遗产予以认定、保护、传承和发展，取得了显著成效。

赤水河流域先民在数千年的制酒饮酒发展历史中，逐渐探索形成了独具特色的酿造技艺，创造了丰富多彩的酒文化内容，并经世代传承而延续至今，成为留给当代社会的宝贵文化遗产。近年来，国家对非物质文化遗产保护的日益重视，保护力度不断增大，赤水河流域以酒文化为主题的非物质文化遗

---

① 黄永林. "文化生态"视野下的非物质文化遗产保护［J］. 文化遗产，2013（5）：6.

产亦在这一背景之下得以系统梳理，并通过国家、省、市（州）、县四级[①]非物质文化遗产代表性项目名录的形式分别予以认定和保护。

一是国家级非物质文化遗产代表性项目，主要有贵州省茅台酒酿制技艺、四川省泸州老窖酒酿制技艺和古蔺郎酒传统酿造技艺三项入选。2006年，茅台酒酿制技艺和泸州老窖酒酿制技艺双双入选第一批国家级非物质文化遗产名录，属传统技艺类。茅台酒作为大曲酱香型白酒的开创者，其酿制工艺主要包括制曲、制酒、贮存、勾兑、检验、包装6个环节。从酿制过程上看，其生产周期为一年，包括端午踩曲、重阳投料、9次蒸煮、8次发酵、7次取酒，再经分型贮存、勾兑贮放等复杂过程，具有两次投料、固态发酵、高温制曲、高温堆积、高温摘酒等显著特点，由此形成独特的酱香型白酒酿造风格。作为中华民族的珍贵文化遗产，茅台酒酿造技艺历经数百年而不断延续、传承和发展，至今仍完整沿用，在赤水河流域酒文化发展，乃至整个中华酒文化发展历史中始终占据着极为重要的地位。泸州老窖酒则是中国浓香型白酒的代表，其传统酿造技艺主要包括泥窖制作维护、大曲药制作鉴评、原酒酿造摘酒、原酒陈酿、勾兑尝评等多方面的技艺及相关法则。"千年老窖万年糟，酒好全凭窖池老。"泸州老窖酒酿造工艺的传承与发展与其所拥有的古老窖池群密切相关。泸州老窖窖池群包括4口位于城区的有400余年历史的老窖池（已被国务院列为国家级重点文物保护单位）和300余口分布于城区及周边县的百年以上老窖池，它们是泸州老窖酒酿造技艺传承、发展的根基。2008年，古蔺郎酒传统酿造技艺入选第二批国家级非物质文化遗产名录，亦归属于传统技艺类。古蔺郎酒传统酿造技艺作为古蔺郎酒厂传承百年的传统技艺，具有"四高一长"的显著特点，即高温制曲、高温堆积糖化、高温发酵、高温馏酒和长期贮存。古蔺郎酒传统酿造技艺在当地民间酿酒工匠中以口传心授的方式世代相传，其中延续百余年的五月端午手工制曲、九月重阳投粮、高温生产、以洞藏方式促使新酿酒老熟陈化等技艺极具个性特点，在赤水河流域酒文化发展中具有很高的历史价值。

---

　　① 由于赤水河流域酒文化廊道沿线各县以酒文化为主题的县级非物质文化遗产代表性项目较少，且几乎都与国家级、省级或市级代表性项目重合，本书在统计时仅统计以酒文化为主题的国家级、省级和市级非物质文化遗产代表性项目。

表5.1 赤水河流域酒文化廊道以酒文化为主题的国家级非物质文化遗产代表性项目

序号	项目类别	项目名称	项目编号	项目批次（时间）	申报地区或单位
1	传统技艺类	茅台酒酿制技艺	VIII–57	第一批（2006）	贵州省遵义市
2	传统技艺类	泸州老窖酒酿制技艺	VIII–58	第一批（2006）	四川省泸州市
3	传统技艺类	古蔺郎酒传统酿造技艺	VIII–144	第二批（2008）	四川省古蔺县
4	传统技艺类	董酒酿制技艺	VIII–144	第五批（2021）	贵州省遵义市

来源：根据国家级非物质文化遗产代表性项目名录整理。

　　2021年，蒸馏酒传统酿造技艺（董酒酿制技艺）入选第五批国家级非物质文化遗产代表性项目名录，归属于传统技艺类。董酒产自遵义市北郊董公寺，其独特的酿制技艺和配方曾于1983年被列为"国家机密"，到1994年被重申为"国家秘密"，到2006年则被列为永久"国家秘密"，充分彰显了董酒酿造技艺的独特性和重要性。从酿造工艺上看，董酒的独特性主要表现在四方面：①同时使用大曲和小曲作为糖化发酵剂。依托大曲生香、小曲产酒，进而使董酒兼具大曲和小曲酒的风格特点。②制曲时添加适量中药材。在制作酿造董酒所用曲药时，通常要加入百余味中药材，其中，"制大曲时要添加40味中药材，制小曲时要添加95味中药材"[①]。中药材的添加，既实现了董酒药香的形成，也依托中药材的作用，在制曲制酒过程中实现对微生物的促进与抑制，进而促进董酒品质的提升与稳定。③以当地特殊材质作为窖泥。酿造董酒所用之窖泥以当地所产的白泥和石灰为主要原料，同时结合当地所产野生猕猴桃藤泡汁拌和之后均匀抹于窖池四壁，确保窖池的碱性特点，对董酒香醇的形成尤为重要。④采用独特的串香工艺。通过大曲制香醅，小曲制酒醅，在蒸酒时，"大曲香醅在上，高粱小曲酒醅在下，进行串蒸"[②]，实现香

---

①　贵州遵义董酒厂.董酒工艺、香型和风格研究——"董型"酒探讨［J］.酿酒，1992（10）：55.

②　贵州遵义董酒厂.董酒工艺、香型和风格研究——"董型"酒探讨［J］.酿酒，1992（10）：56.

气的融合。神秘的配方亦是塑造董酒独特性的重要因素。董酒独特的配方主要在于其制作小曲的"百草单"和制作大曲的"产香单"。这两个制曲配方之所以独特，完全不同于其他任何酒体的制曲配方，在于加入了上百味名贵中草药，这些中草药中"有滋补品，它能丰富酿造微生物的营养基；有香料，能增加酒体香味；其他药材，能抑制杂菌繁殖"①。比如当归、细辛、青皮、柴胡、熟地、虫草、红花、羌活、花粉、天南星、独活、蒌壳等中草药的加入对酵母菌有明显的促进作用，而斑毛、朱砂等则对酵母菌有明显的抑制作用。

名录式、生产性、整体性保护已经成为我国非物质文化遗产保护的重要方式，茅台酒、泸州老窖酒、郎酒以及董酒传统酿造技艺入选国家级非物质文化遗产名录，正是我国名录式非物质文化遗产保护方式的重要体现。

二是省级非物质文化遗产代表性项目。从数量上看，赤水河流域酒文化廊道沿线共有12项以酒文化为主题的非物质文化遗产项目，主要涉及传统音乐和传统技艺两大类，其中传统音乐类仅1项，而传统技艺类有11项，足见酿酒技艺在赤水河流域酒文化廊道中分布之广泛、影响之深远。从项目分布上看，以贵州省为最多，有7项，占赤水河流域酒文化廊道以酒文化为主题的省级非物质文化遗产代表性项目总数的58%之多；四川省次之，有4项，所占比例为33%；云南省仅有1项入选，所占比例仅为9%。

表5.2　赤水河流域酒文化廊道以酒文化为主题的省级非物质文化遗产代表性项目

序号	项目类别	项目名称	项目编号	项目批次（时间）	申报地区或单位
1	传统音乐类	酒礼歌	Ⅱ-1	第一批（2006）	云南省彝良县
2	传统技艺类	茅台酒传统酿造工艺	Ⅶ-17	第一批（2005）	贵州省茅台酒股份有限公司
3	传统技艺类	董酒酿制技艺	Ⅷ-31	第二批（2007）	贵州省遵义市
4	传统技艺类	金沙酱香型白酒酿造技艺	Ⅵ-18	第四批（2015）	贵州省金沙县
5	传统技艺类	赖氏酿酒技艺	Ⅷ-4	第五批（2019）	贵州省贵阳市、遵义市
6	传统技艺类	习酒酿造技艺	Ⅷ-48	第五批（2019）	贵州省习水县

---

① 黄泗亭.遵义酿酒史若干问题研究［C］//贵州酒文化博物馆.贵州酒文化文集.遵义：遵义市人民印刷厂，1990.

序号	项目类别	项目名称	项目编号	项目批次（时间）	申报地区或单位
7	传统技艺类	仡佬族酿酒技艺	Ⅷ–51	第五批（2019）	贵州省仁怀市
8	传统技艺类	宋窖酒酿造技艺	Ⅷ–53	第五批（2019）	贵州省习水县
9	传统技艺类	泸州老窖酒酿制技艺	Ⅷ–39	第一批（2007）	泸州老窖股份有限公司
10	传统技艺类	古蔺郎酒传统酿造技艺	Ⅷ–43	第一批（2007）	四川郎酒集团有限责任公司
11	传统技艺类	仁和糍药制作技艺	Ⅶ–22	第三批（2011）	泸州市泸县得胜仁和糍药厂
12	传统技艺类	醉八仙酒酿制技艺	Ⅷ–1	扩展项目（2011）	泸州市千年酒业有限公司

来源：根据各省省级非物质文化遗产代表性项目名录整理。

三是市（州）级非物质文化遗产代表性项目。赤水河流域酒文化廊道涉及云南省昭通市、贵州省毕节市、遵义市和四川省泸州市4个地级市，4个城市以酒文化为主题的市级非物质文化遗产代表性项目共计55项。从项目类别上看，涉及传统技艺、传统音乐、民间文学和民俗四大类，其中传统技艺类项目最多，有50项；其次为民俗类，有3项；传统音乐和民间文学各有1项。从项目分布上看，四川省泸州市占据绝对优势，有41项，占4个城市项目总数的74%，其次为贵州省遵义市，有12项，所占比例为22%，云南省昭通市有2项，所占比例为4%。贵州省毕节市尚无以酒文化为主题的市级非物质文化遗产代表性项目。

表5.3　赤水河流域酒文化廊道以酒文化为主题的市级非物质文化遗产代表性项目
（昭通市）

序号	项目类别	项目名称	项目编号	项目批次（时间）	申报地区或单位
1	传统音乐类	栽秧酒	Ⅱ–3	第一批（2006）	威信县
2	民俗类	苗族敬酒礼	Ⅹ–1	第三批（2014）	鲁甸县

来源：根据昭通市市级非物质文化遗产代表性项目名录整理。

表5.4 赤水河流域酒文化廊道以酒文化为主题的市级非物质文化遗产代表性项目
（遵义市）

序号	项目类别	项目名称	项目编号	项目批次（时间）	申报地区或单位
1	民间文学类	茅台酒的传说	Z–Ⅰ–101	第一批（2006）	仁怀市
2	传统技艺类	茅台酒酿造技艺	Z–Ⅷ–116	第一批（2006）	仁怀市
3	传统技艺类	董酒酿制技艺	Z–Ⅷ–117	第一批（2006）	遵义市汇川区
4	传统技艺类	浓香型习水大曲酿制技艺	Z–Ⅷ–118	第一批（2006）	习水县
5	传统技艺类	黔北民间土酒酿制技艺	Z–Ⅷ–119	第一批（2006）	遵义市
6	传统技艺类	黔北咂酒制作技艺	Z–Ⅷ–304	第三批（2014）	正安县
7	传统技艺类	习酒酿制技艺	Z–Ⅷ–311	第三批（2014）	习水县
8	传统技艺类	珍酒酿制技艺	Z–Ⅷ–414	第四批（2018）	遵义市汇川区
9	传统技艺类	酱香型白酒酿制技艺	Z–Ⅷ–415	第四批（2018）	仁怀市
10	传统技艺类	黔北民间小酢酒酿制技艺	Z–Ⅷ–438	第四批（2018）	遵义市汇川区
11	民俗类	茅台镇重阳祭水习俗	Z–Ⅹ–402	第四批（2018）	仁怀市
12	民俗类	茅台重阳祭酒节	Z–Ⅹ–403	第四批（2018）	仁怀市

来源：根据遵义市市级非物质文化遗产代表性项目名录整理。

表5.5 赤水河流域酒文化廊道以酒文化为主题的市级非物质文化遗产代表性项目
（泸州市）

序号	项目类别	项目名称	项目编号	项目批次（时间）	申报地区或单位
1	传统技艺类	古蔺郎酒传统酿制技艺	Ⅷ–33	第一批（2006）	四川郎酒集团有限责任公司
2	传统技艺类	天宝洞贮酒技艺空间	Ⅷ–34	第一批（2006）	四川郎酒集团有限责任公司

续表

序号	项目类别	项目名称	项目编号	项目批次（时间）	申报地区或单位
3	传统技艺类	合江小曲酒传统酿制技艺	Ⅷ-15	第三批（2010）	合江县
4	传统技艺类	滩滩窖酒传统酿制技艺	Ⅷ-19	第三批（2010）	泸州市江阳区
5	传统技艺类	泸州醉八仙传统酿制技艺	Ⅷ-20	第三批（2010）	泸州千年酒业有限公司
6	传统技艺类	得胜仁和釉药传统制作技艺	Ⅷ-26	第三批（2010）	泸州市泸县得胜仁和釉药厂
7	传统技艺类	三溪酒传统手工酿制技艺	Ⅷ-46	第四批（2013）	泸州市三溪酒厂
8	传统技艺类	泸皇酒传统酿制技艺	Ⅷ-47	第四批（2013）	泸州市泸通曲酒厂
9	传统技艺类	山村原浆酒传统酿制技艺	Ⅷ-48	第四批（2013）	泸州山村酒业有限公司
10	传统技艺类	泸州玉蝉酒传统酿制技艺	Ⅷ-49	第四批（2013）	泸州玉蝉酒类有限公司
11	传统技艺类	华明窖酒传统酿制技艺	Ⅷ-50	第四批（2013）	泸州华明酒业集团有限公司
12	传统技艺类	四川巴蜀液酒传统酿制技艺	Ⅷ-51	第四批（2013）	巴蜀液酒业集团有限公司
13	传统技艺类	老瓦盆藏酒传统酿制技艺	Ⅷ-52	第四批（2013）	泸州赖公高淮酒业有限公司
14	传统技艺类	纳溪小曲酒传统酿制技艺	Ⅷ-53	第四批（2013）	泸州市纳溪区
15	传统技艺类	陈氏白烧传统酿造技艺	Ⅷ-54	第四批（2013）	泸县青龙白酒厂
16	传统技艺类	昌强富子酒传统酿制技艺	Ⅷ-55	第四批（2013）	泸州昌强酒厂
17	传统技艺类	泸州金窖醇酒传统酿制技艺	Ⅷ-56	第四批（2013）	泸州金窖醇酒业有限公司
18	传统技艺类	上马泥裹酒传统酿制技艺	Ⅷ-57	第四批（2013）	泸州窖行天下酒类有限公司
19	传统技艺类	唐朝老窖传统酿制技艺	Ⅷ-58	第四批（2013）	四川唐朝老窖集团有限公司

续表

序号	项目类别	项目名称	项目编号	项目批次（时间）	申报地区或单位
20	传统技艺类	鼓楼山桂花酒传统熏制技艺	VIII-59	第四批（2013）	泸州市纳溪区
21	传统技艺类	天池陶器传统手工制作技艺	VIII-60	第四批（2013）	叙永县天池镇
22	传统技艺类	两河口土藏窖酒酿造技艺	VIII-69	第五批（2015）	泸县得胜两河口白酒厂
23	传统技艺类	泸县酒仙釉药制造技艺	VIII-70	第五批（2015）	泸州酒仙生物制釉有限公司
24	传统技艺类	白沙桂花配制酒酿制技艺	VIII-71	第五批（2015）	合江县
25	传统技艺类	吴家酒传统酿制技艺	VIII-72	第五批（2015）	泸州市吴家酒酒业有限公司
26	传统技艺类	宏瑞酒传统酿制技艺	VIII-73	第五批（2015）	泸州宏瑞酒业有限公司
27	传统技艺类	普照酒传统酿制技艺	VIII-74	第五批（2015）	合江县普照酒业有限公司
28	传统技艺类	五丰多粮型大曲酒传统酿制技艺	VIII-75	第五批（2015）	泸州五丰酒业有限公司
29	传统技艺类	池窖酒传统酿制技艺	VIII-76	第五批（2015）	泸州池窖酒业集团有限公司
30	传统技艺类	原窖酒传统酿制技艺	VIII-77	第五批（2015）	泸州原窖酒厂股份有限公司
31	传统技艺类	罗府烧坊中华美酒传统酿制技艺	VIII-78	第五批（2015）	四川中华美酒业有限公司
32	传统技艺类	福宝三角塘小曲酒传统制作技艺	VIII-79	第五批（2015）	合江县福宝三角塘酒厂
33	传统技艺类	康庆坊酒传统酿制技艺	VIII-80	第五批（2015）	泸州康庆坊酒业有限公司
34	传统技艺类	泸州周氏古法天锅酿造技艺	VIII-81	第五批（2015）	泸州凯乐名豪酒业有限公司
35	传统技艺类	怡养坊桂花伏酒传统酿制技艺	VIII-13	第六批（2017）	泸州市怡养坊酒业有限公司
36	传统技艺类	罗府药坊九仁堂牌养生酒传统酿制技艺	VIII-14	第六批（2017）	四川天之骄子实业有限公司

续表

序号	项目类别	项目名称	项目编号	项目批次（时间）	申报地区或单位
37	传统技艺类	茅溪老窖酒传统酿制技艺	Ⅷ–15	第六批（2017）	沈酒玖集团有限公司
38	传统技艺类	云锦五斗粮酒传统酿造技艺	Ⅷ–16	第六批（2017）	泸州五斗粮酒业有限公司
39	传统技艺类	唐添宫保健酒传统制作技艺	Ⅷ–17	第六批（2017）	泸州唐添宫酒业有限公司
40	传统技艺类	羽丰酒传统酿制技艺	Ⅷ–18	第六批（2017）	泸州羽丰酒业有限责任公司
41	传统技艺类	泸州醇窖酒传统制作技艺	Ⅷ–19	第六批（2017）	泸州醇窖酒业有限公司

来源：根据泸州市市级非物质文化遗产代表性项目名录整理。

通过以上统计数据可以发现，赤水河流域酒文化廊道以酒文化为主题的各级非物质文化遗产保护代表性项目具有以下两个显著特点。

一是从各级非物质文化遗产保护代表性项目的数量及区域分布情况来看，赤水河流域酒文化遗产分布具有显著的不均衡性。赤水河流域酒文化廊道以酒文化为主题的各级非物质文化遗产保护代表性项目共有70项，针对茅台酒酿制技艺等同为不同级别的项目统一按照一个项目进行核算之后，共有各级非物质文化遗产保护代表性项目61项。其中，地处赤水河流域上游的云南省昭通市有3项、贵州省毕节市有1项，酒文化遗产数量相对较少，而处于中下游的遵义市有15项、泸州市有42项，酒文化遗产数量较多，充分体现了赤水河流域酒文化遗产分布的不均衡性。这种遗产资源分布的不均衡性与赤水河流域酒文化廊道的历史流变过程具有高度的关联性。在赤水河流域酒文化廊道的动态流变与发展历史进程中，酒产业较为发达、酒文化较为繁荣的区域几乎都集中在以仁怀、习水、古蔺、泸州等为代表的中下游区域，因而这些地区积淀和留存下来的酒文化遗产也尤为丰富。

二是从各级非物质文化遗产保护代表性项目的类别上看，赤水河流域酒文化遗产内容具有显著的集中性。在赤水河流域酒文化廊道以酒文化为主题的61项各级非物质文化遗产保护代表性项目中，属传统技艺类的项目共有55

项、民俗类项目3项、传统音乐类项目2项、民间文学类项目1项。可见赤水河流域酒文化廊道以酒文化为主题的非物质文化遗产项目高度集中在传统技艺类，充分反映了曲药制作、酒酿造等传统技艺在赤水河流域酒文化中的重要地位，也彰显了赤水河流域酒文化廊道丰富的酒文化内容。值得注意的是，地处赤水河上游的云南省昭通市以酒文化为主题的各级非物质文化遗产保护代表性项目虽在数量上仅有3项，但是在项目类别上分属传统音乐和民俗两大类，体现出昭通市在酒酿造层面的弱势和不足，在与酒相关的传统音乐与民俗活动方面却尤为凸显，彰显了昭通市独特而丰富的酒文化生活。

二、酒文化遗产保护的基本模式

近年来，赤水河流域酒文化廊道各区域对酒文化遗产保护进行了广泛的探索与实践，逐渐形成了4种较为典型的保护模式。

（一）名录式保护模式

名录式保护是非物质文化遗产保护中的一种较为普遍的模式。2003年，联合国教科文组织在《非物质文化遗产保护国际公约》中首次提出建立《人类非物质文化遗产代表作名录》，对反映人类社会生产生活方式、风俗人情、文化基因、价值观念、精神特质等重要特性的非物质文化遗产进行认定、记录和保护，揭开了非物质文化遗产名录式保护的序幕。2006年，我国正式设立《国家级非物质文化遗产名录》，对国内具有突出价值的非物质文化遗产予以保护。截至目前，共发布了四批非物质文化遗产保护名录，共计1372项（扩展项目除外）。除《国家级非物质文化遗产名录》之外，各地方也纷纷设立各级非物质文化遗产代表性项目名录，形成了国家、省、市（州）、县四级非物质文化遗产代表性项目名录保护体系。赤水河流域酒文化廊道以酒文化为主题的非物质文化遗产作为我国非物质文化遗产的重要组成部分，也被纳入这一四级名录保护体系中予以保护。除了将非物质文化遗产代表性项目纳入各级名录体系予以保护，针对作为非物质文化遗产传承与发展主体的传承人保护也尤为重视，并建立了相应的国家、省、市（州）、县四级非物质文化遗产代表性项目传承人名录对其进行保护。

除非物质文化遗产之外，散布于赤水河流域酒文化廊道各处、以酒文化为主题的物质文化遗产则大多以国家工业遗产认定和各级文物保护单位认定的模式，通过建立并发布国家工业遗产名单、各级文物保护单位名单的形式将其纳入重点保护对象范围。一定程度上而言，这也属于名录式保护模式的范畴。

（二）博物馆静态保护模式

博物馆作为人类文明进步的重要标志，"是一个国家、一个地区历史文化和现代文明的形象代表，被誉为人类文明的宝库、文化的殿堂、智慧的结晶"[①]。赤水河流域酒文化发展历史悠久，积淀了丰厚的酒文化遗产。这些酒文化遗产，尤其是物质文化遗产大多被沿线各区域规模不一的博物馆予以收藏、保护、展示和研究，这些博物馆既有诸如昭通市博物馆、毕节市博物馆、遵义市博物馆、泸州市博物馆等区域综合性博物馆，也有贵州省酒文化博物馆等酒类专业性博物馆，既有各级国有、公益性博物馆，也有春阳岗酒文化博物馆等私有、经营性博物馆。通过各类博物馆馆藏方式，对赤水河流域酒文化遗产进行静态保护，对沿线酒文化遗产的全面收集、系统整理、宣传展示以及科学研究奠定了良好的物质基础，成为赤水河流域酒文化遗产保护的重要模式之一。博物馆静态保护模式不仅仅是对赤水河流域酒文化遗产的收集、陈列与展示，对赤水河流域酒文化的历史进行记录、对赤水河流域酒文化遗产进行保护，更需要对赤水河流域酒文化的形成与发展进行深入研究与阐释，进而使得博物馆不仅仅是酒文化遗产的输入与收藏之地，更是酒文化研究成果的输出与研讨之地，从而构建起包含遗产挖掘、遗产整理、遗产收集、遗产陈列、遗产展示、遗产研究、遗产保护、遗产利用等内容的酒文化遗产保护与研究系统。

（三）立法保护模式

针对文化遗产保护的地方性法规和条例已较为常见，但是针对酒文化遗

---

① 姚伟钧.从文化资源到文化产业［M］.武汉：华中师范大学出版社，2012：98.

产保护的地方性法规和条例却鲜有发布。2018年12月1日，《泸州市白酒历史文化遗产保护和发展条例》（以下简称《条例》）正式实施，"标志着国内首部酒文化遗产保护地方性法规在四川诞生，我国酒文化遗产保护再添一项创新实践"[①]。该《条例》对泸州市白酒历史文化遗产项目的保护范围、保护机制、保护手段、处罚形式、退出机制等各方面进行了明确的规定。泸州作为全国老窖池保存数量最多、分布最集中的地区，在现有酒类持证生产企业中，"有30年以上窖龄的窖池达1.46万口，其中，浓香型窖池为1.39万口，酱香型窖池为686口，涉及企业122家"[②]。随着该《条例》的发布与实施，作为泸州市白酒文化遗产的古老窖池、老作坊以及风格多样的酿造技艺和储酒空间等都将得到进一步的保护、传承和发展，白酒文化遗产的重要价值也将在新的发展时代得以更加凸显。该《条例》的发布与实施，不仅为泸州酒文化遗产保护提供了法律保障，推动了泸州市酒文化遗产的保护、传承与发展，也为赤水河流域，乃至全国酒文化遗产保护与发展作出了积极的探索和有益的尝试。

（四）生产性保护模式

生产性保护是我国非物质文化遗产保护的重要方式之一。所谓生产性保护，是指"通过生产、流通、销售等方式，将非物质文化遗产及其资源转化为生产力和产品，产生经济效益，并促进相关产业的发展，使非物质文化遗产在生产实践中得到积极保护，实现非物质文化遗产保护与经济社会协调发展的良性互动"[③]。从赤水河流域各区域入选各级非物质文化遗产名录的代表性项目来看，这些项目并非仅仅是传承人脑海中的记忆，也不仅仅是被现代技术所记录下来的操作流程，而是实实在在地被应用于当地酒产业发展实践之中。通过白酒生产、流通、交换与消费等一系列产业链环节，实现了无形传统酿造技艺向有形酒类产品的转化。这些以传统酿造技艺为代表的非物质文化遗产在给当地带来巨大经济效益的同时，也实现了自身在当代的传承与发展。可以说，生产性保护实现了非物质文化遗产的活态保护、传承与发展，

① 魏冯.泸州出台国内首部酒文化遗产保护地方性法规［N］.四川日报，2018-12-02.
② 魏冯.泸州出台国内首部酒文化遗产保护地方性法规［N］.四川日报，2018-12-02.
③ 安葵.传统戏剧的生产性保护［N］.中国文化报，2009-11-27.

使得非物质文化遗产的生命力在当代社会得以延续，是赤水河流域以酒文化为主题的非物质文化遗产在当代得以保护、传承与发展最主要，也是最有效的模式之一。

第二节 赤水河流域酒文化资源开发利用的主要形式

赤水河流域酒文化廊道丰厚的酒文化遗产作为历史留给当代社会的宝贵财富，我们要对其进行全面收集、科学整理和有效保护，使其能够延续、传承至后代。同时，这些宝贵的文化遗产又是一种独特的文化资源，成为当代社会借以发展文化产业，满足人们精神文化需求的重要基础。文化资源是"能够突出原生地区的文化特征及其历史进步活动痕迹，具有地域风情和文明传统价值的一类资源，包括历史遗迹、民俗文化、地域文化、乡土风情、文学历史、民族音乐、宗教文化、自然景观等"[①]。文化资源具有独占性和共享性的特征，"其自身具有强烈的本土性，其文化精髓难以被他人模仿和复制"[②]，对文化资源的开发是文化资源生命力得以延续的重要手段，也是实现传统文化传承与发展的重要途径。近年来，赤水河流域酒文化廊道各区域不断加强对本地酒文化资源的深入挖掘与产业转化，充分发挥各地酒文化资源的独特性和稀缺性，创造出一系列独具特色的以酒文化为主题的特色文化产品和文化服务，促进了当地除传统酿酒产业之外的以酒文化为主题的相关业态的形成与发展，实现了当地丰厚的酒文化遗产在当代社会的创造性转化与创新性发展。

一、酒文化演艺

文化演艺是"是经由政府、企业及演艺生产人员对地方文化深入挖掘，并符号化表征的结果，其建构的理论解读，对本土文化的传承与发展具有非

---

① 欧阳友权.文化产业通论［M］.长沙：湖南人民出版社，2006：138-139.
② 范建华.中国文化产业通论［M］.昆明：云南人民出版社，2013：144.

常重要的地方意义"①。文化演艺的生产是"以景观雕塑、房屋建筑以及代表性人群为载体，并借助神话、传说、文献等内容，通过歌舞、视频、特技等形式，在有限的舞台空间塑造宏大的社会空间"的过程②，从而使得文化演艺成为"重新赋魅于地方的全球化代码"，也是"演艺生产者地方性认知的文本再现"。③无论是《印象刘三姐》《印象丽江》《印象西湖》等"印象"系列文化演艺，《又见平遥》《又见五台山》等"又见"系列文化演艺，还是《宋城千古情》《三亚千古情》《桂林千古情》等"千古情"系列文化演艺，抑或如《云南映像》《多彩贵州风》等各地推出的其他内容丰富、主题多元的文化演艺剧目，撇开其产业运营与商业运作层面，就其文化意义而言，无不是对当地独特地方文化的挖掘与舞台转化，是对地方文化的文本再现，对地方文化在当代的展示、传承与发展具有重要的促进作用。

《天酿》是由仁怀市人民政府、贵州茅台酒股份有限公司和广州励丰文化科技股份有限公司共同打造、以茅台酒文化为主题的文化演艺产品。以酱香型白酒酿造者"酉酉"对酱香型白酒酿造技艺的一生追寻为主线，讲述了酱香型白酒从原料来源、酿造技艺、勾调技艺到最终酿造成为高品质酱香型白酒的发展历程。该文化演艺产品的打造是仁怀市充分挖掘地方酒文化资源，通过舞台化创意转化并借助现代歌舞、视频、特技等技术予以呈现的结果，也是展现当地独特而悠久的酒文化发展历史、推动当地酒文化资源产业化转化与发展的重要举措。

《天酿》由序厅、A厅、B厅、C厅和D厅五部分构成，分别展现了"天赐""天遇""天路""天启"和"天宴"五大主题，通过流动式观演的形式，以层层递进的故事展现了茅台酒独特的酿酒工艺及悠久的酱香型酒文化发展历史。其中，序厅又称为"沙之路剧场"，当地将用于酿造酱香型白酒的糯红高粱称为"沙"。该剧场通过360度环屏、数块开合屏、地屏、地侧环屏及可

---

① 陈志钢.文本再现、空间表演与旅游演艺生产者的地方性建构［J］.思想战线，2018（5）：63.

② 陈志钢.文本再现、空间表演与旅游演艺生产者的地方性建构［J］.思想战线，2018（5）：61.

③ 陈志钢.文本再现、空间表演与旅游演艺生产者的地方性建构［J］.思想战线，2018（5）：57.

变形弹力纱幕和各种升降台、灯光设备等现代声、光、电技术，营造出无限宽广、万物生长的宏大视野空间，充分体现了酒是自然界对人类的馈赠与恩赐。无论是早期人类对自然发酵酒的发现，还是人工发酵和蒸馏工艺的形成与发展，酿酒所用之高粱、水、小麦等各种原料皆取自自然。A厅又称为"谷之魂剧场"，通过一位舞者在一粒谷物中间优雅起舞的呈现方式，传达了古代先民认识谷物，并懂得用谷物酿酒的重要进步。B厅也叫"坊之骨剧场"，通过播放由实地取材拍摄制作的酿酒过程影像和酿酒工人热火朝天生产现场的真实表演有机结合，为观众提供了一条犹如身临其境，真切感受从原料到酒的升华之路。C厅也称"窖之魂剧场"，在一排排整齐划一的酒坛阵中，主人翁端坐在酒坛阵中心的巨大酒坛之上，开启了酱香型白酒勾调的关键环节。"结合纱幕投影呈现互动表演，酒坛阵上的结构投影与投影下来的光阵明暗变化"①，以独特的光影技术反映出主人翁内心的变化和勾调的过程，并最终形成独特的"天酿"。D厅也称为"酿之欢剧场"，经过复杂的工序和艰辛的历程酿造出来的"天酿"，实现了由基础原料向琼浆玉液的华丽转变，成为世人借以祭祀鬼神、愉悦身心、抒情明志、社会交往等目的的重要介质。

《天酿》大型文化演艺以现代声、光、电等前沿技术对茅台镇酱香型白酒的原料来源和酿造技艺等进行舞台化创意与转化，实现了对酱香型酒文化的现代演绎，为传统酒文化的现代叙述、表达与呈现提供了一种新的方式和途径。这种舞台化的方式不仅让观众能够更加直观地感受和理解酱香型白酒的酿造过程及其独特的文化内涵，更借助现代科技的氛围营造，让观众有一种身临其境的体验感，从而强化了观众对酱香型酒文化的认识。此外，通过舞台化的演艺转化与呈现，在向观众叙述和表达悠久而独特的酱香型酒文化的同时，也直观而深刻地展现了酱香型白酒酿造过程中酿酒工人的艰辛与用心，无论是酿酒车间里基层工人一铲一铲地拌粮，还是勾调酒师精心细致地勾兑，无不体现出酿酒工人可贵的匠人精神及其在当代白酒产业发展中的重要作用。

---

① 胡勇，李志雄，彭泽巍.《天酿》剧院的创新设计及技术应用解析［J］.演艺科技，2018（4）:17.

二、酒文化节庆

节庆是随节令变换而产生的民俗文化事象，其形式多样、内容丰富，涉及宗教活动、生产活动、社交活动、娱乐活动等多个领域。节庆不仅是对人们日常生产生活的延续，也是人们情感寄托和精神信仰的重要方式，"在满足广大人民群众的精神需求和物质需求、地方文化形象建设、文化品牌打造和文化产业发展方面起到全新的作用"①。节庆活动不仅是"人们进行生产生活寄托精神、表达情感、沟通天地人神的理想化活动，还是人们社会生活中加强沟通、进行交流的重要生活方式"②。随着现代经济的发展，节庆活动变得更加多元化，诸多以现代商贸、文化展示、大众娱乐等为主题的现代节庆活动迅速崛起。

近年来，赤水河流域酒文化廊道沿线区域围绕白酒生产活动，打造了以酒文化为主题的诸多现代节庆活动，其中尤以茅台祭水节最具代表性。茅台祭水节是"以酒文化为核心、以祭祀文化为表征、以水文化为载体的重要文化活动"③，是在21世纪初诞生于中国酒都仁怀市的一项现代节庆活动。自2004年举办首届"茅台祭水节"以来，该活动已走过了15个年头。虽然随着该节庆活动的逐年开展，其主办方、承办方等活动举办主体以及活动名称等都发生了诸多变化，尤其是自2017年以来，通过采取"协会主办、企业主角、市场主导、酱香主场"的方式，赋予了市场和企业更多的主导权，而政府作为该节庆活动的主导者，更多提供一种管理和服务功能，不再直接参与活动的举办。同时，通过"酱香主场"的方式，尤其是在传统祭水节的基础上增加"中国酱香酒节"的内容，更加凸显了茅台镇，甚至整个仁怀市酱香型白酒文化主题。但是，以每年农历九月九日重阳节作为其固定举办时间和以茅台镇为其固定举办地点始终不曾更改，而且无论是活动策划与组织、活动期间的祭祀礼仪以及其他关联活动的开展、活动宣传等方面都有了更大的提升，整个活动的社会影响力日益增长，逐渐发展成为当地老百姓每年都要期待和

① 范建华，郑宇，杜星梅.节庆文化与节庆产业［M］.昆明：云南大学出版社，2014：208.
② 范建华，郑宇，杜星梅.节庆文化与节庆产业［M］.昆明：云南大学出版社，2014：209.
③ 郭旭，周山荣，黄永光."茅台祭水节"的观察与思考［J］.酿酒科技，2017（3）：109.

参与的重要地方性现代节庆活动。

"重阳下沙"是赤水河流域传统的酱香型白酒酿造习俗。"水乃酒之血"，优质的水源是酿造高品质酱香型白酒的重要基础。地处北半球的赤水河流域，其水质伴随着季节变更而呈现出与之相应的变化。每年农历六月至八月是赤水河流域的雨季，大量的降雨冲蚀着流域两岸的山体，使得广泛分布于两岸的沙石泥土随着雨水而汇入赤水河，从而使得赤水河变得浑浊赤红。同时，这一过程也使得赤水河的水流量增大、流速加快，河水得到了彻底的更换，河道也得到了彻底的冲刷，加之散布于两岸的各种山泉水涌入赤水河，更携带来大量矿物质成分。到了农历九月，随着雨季的过去，赤水河流域逐渐变得清澈，水质也达到了一年中最佳的状态，成为当地用于酿造优质白酒的最佳水源选择。长期以来，生活于赤水河两岸的先民们正是充分认识和利用赤水河这一随季节变化呈现出的不同水质变化规律，在充分遵循当地时令交替客观自然规律基础上进行酿酒活动，逐渐形成了在重阳节期间大量取用赤水河河水进行酿酒的传统习俗并一直延续至今。现在，仁怀市通过举办"茅台祭水节"这一现代节庆活动形式，不仅仅是基于现代经济发展、地方形象建设与宣传的目的，更有其广泛的民间生产习俗基础。通过该活动的举办，将当地重阳取水酿酒这一传统酿酒习俗与我国悠久的祭祀文化相结合，是对当地传统酿酒习俗的当代延续和有效强化，让重阳取水酿酒这一传统习俗不仅仅是当地酿酒生产活动的日常行为和操作准则，也借助现代节庆活动的形式赋予其当代意义，并在现代媒介技术的快速、广泛传播之下有效地向外传播。更为重要的是，通过极具仪式感、神圣感的祭水仪式，传达出赤水河流域先民们敬畏自然、尊重自然、顺应自然的朴实自然观和天人合一、道法自然的人生观，而这些重要仪式的举行又在一定程度上强化了人们对酿酒用水重要性的认识，强化了人们对于保护赤水河、保护自然生态环境重要性的认识。从这个意义上而言，"茅台祭水节"的举办，就不仅仅是能在多大程度上吸引游客前往参观和消费、促进当地酒文化宣传、推动酒产业发展的问题，而是能在多大程度上推动生活在当代社会的人们敬畏自然、尊重自然和保护自然自觉意识的形成，也就是人与自然协调发展、可持续发展以及"绿水青山就是金山银山"理念的形成，并成为人们生产生活中的重要理论指导和行为准则。

三、酒文化小镇

住建部、国家发展改革委和财政部曾于2016年联合发布了《关于开展特色小镇培育工作的通知》，决定在全国范围内开展特色小镇培育工作，提出到2020年要培育1000个左右各具特色、富有活力的休闲旅游、商贸物流、现代制造、教育科技、传统文化、美丽宜居的小镇，并于当年10月公布了第一批中国特色小镇名单，地处赤水河畔的茅台镇因其悠久而独特的酒文化发展成功入选。截至目前，住建部共发布了两批特色小镇名单，共计403个特色小镇入选，茅台镇是赤水河流域迄今唯一一个以酒文化为核心的国家级特色小镇。

据有关传说，"茅台"作为一个地名来源于古代濮人部落。赤水河流域沿线相对开阔平坦地区是古代人类活动较为频繁之地，古代濮人曾在今茅台镇地区生活过，并曾在此修筑土台以作祭祀之用，后来该平台上长满了茅草，故而将该地称为"茅台"。然而，"茅台"这一地名究竟起于何时，目前尚无确切定论。较为普遍的说法认为元代行政区划中设置了寨、村、坪、部等基层行政单元，始有"茅台村"。尤其是随着清代赤水河航运的发展和川盐入黔的兴盛，茅台作为川盐入黔四大口岸中仁岸的重要码头，运盐马帮、背夫、舟楫络绎不绝，八方商贾云集。"川盐走贵州，秦商聚茅台"，"家惟储酒卖，船只载盐多"等记录充分描述了当时茅台商业之繁荣和酒文化的发达。

自人类诞生以来，人类与自然界之间的相互作用就开始了，而纯粹的自然界也就不复存在了。人类与自然界之间的不同程度的相互作用，在地表留下了诸多痕迹，成为无处不在的文化景观。美国地理学家索尔是文化景观理论的积极倡导者，被认为是文化景观学派的创始人。在索尔看来，文化景观是"附加在自然景观之上的各种人类活动形态"[1]，这一界定简洁而笼统。我国已故地理学家李旭旦则认为，文化景观是"地球表面文化现象的复合体，它反映了一个地区的地理特征"[2]。也就是说，文化景观作为人类各种活动的结果，是人类与自然界相互作用留下的地表痕迹，是"文化赋予一个地区的特

---

① Sauer Carl O. Recent Development in Cultural Geography［C］// Hayes E C（ed.）. Recent Development in the Social Sciences. New York：Lippincott, 1927.

② 李旭旦.人文地理学［M］.北京：中国大百科全书出版社, 1984：223-224.

性，它能直观地反映出一个地区的文化特征"①。茅台镇作为贵州省遵义市仁怀市下辖镇，在当地居民长期的生产生活历程中，在与自然界不同程度的相互作用过程中形成了诸多以酒文化为核心的地表痕迹，成为当地独具特色的酒文化景观。这里以茅台酒为代表的众多知名白酒品牌云集，一排排整齐划一、错落有致的白酒酿造厂房和车间沿赤水河流域呈带状分布；一片片红彤彤、沉甸甸的糯红高粱也在赤水河两岸的有机种植基地自由舒展；以茅台酒荣获巴拿马万国博览会金奖为主题的1915广场和摔破酒瓶雕塑格外显眼；浓缩我国悠久酒文化历史与精髓、展现茅台悠久酒文化发展历史的中国酒文化城宏大而又精致；呈现酱香酒酿造历史和工艺特色的《天酿》演艺剧场犹如四只巨大的酒坛矗立在西山之巅，俯瞰着茅台镇酒文化的当代书写；出入茅台镇之门户的国酒门以其高大气派、庄重华丽的建筑风格，象征着茅台镇源远流长的酒文化发展历史；被誉为"天下第一瓶"的茅台酒瓶巨型模型代表着茅台镇兼收并蓄的酒文化发展特点；明清时期遗留下来的酿酒设施和设备见证了茅台镇酒文化发展的悠久历史；小镇里依山而建的黔北民居鳞次栉比、错落有致。它们共同构成了茅台镇最为显著而又壮观的酒文化景观。这里还有代代传承、作为我国重要非物质文化遗产的酱香型白酒酿造技艺、广泛而又颇具特色的民间饮酒习俗以及弥漫在整个空气之中、令人陶醉的酒香，等等，它们亦是茅台镇悠久、独特酒文化的重要组成部分。

茅台镇通过以酒文化为主题的特色小镇建设，对当地悠久酒文化发展历史的深入挖掘、全面收集和系统梳理，以及在当代社会的多样化呈现与产业化转换中都产生了诸多积极的贡献。正是通过特色小镇建设，诸多收藏于博物馆、记录在文献中、传承于工匠间的丰富酒文化资源得以通过特色建筑、演艺表演等现代多元化的方式予以呈现，促进了这些历史悠久的传统酒文化内容在当代的新发展。

---

① 周尚意，孔翔，朱竑．文化地理学［M］．北京：高等教育出版社，2004：301．

第三节　赤水河流域酒文化廊道发展面临的主要问题

赤水河流域酒文化廊道作为国内知名的酒文化线性地理分布空间，酒产业发达，酒文化繁盛，具有极高的历史价值、文化价值、科学价值和审美价值。近年来，赤水河流域酒文化廊道在多种复杂因素的共同作用下，面临诸多发展困境，严重制约了酒文化在当代社会的健康与可持续发展。

一、酒企酒文化建设不足

酒类企业是酒文化保护、传承与创新发展的主体。从赤水河流域酒文化廊道发展流变的历史来看，每一次酿酒技艺的改革与创新、包装设计的改进等无不是以酒类企业为主体而开展的，如泸州老窖甘醇曲的研制以及浓香型酿造工艺的形成即是不同历史时期酿酒作坊和企业不断总结、创新和集成的结果；茅台酒酱香型酿造工艺的最终形成亦是当地各大作坊在长期的发展历程中逐渐探索总结而成的。可见酒类企业作为酒文化保护、传承与创新发展的主体，对酒文化的发展方向、发展水平等都具有举足轻重的作用。

然而，从赤水河流域酒文化廊道酒类企业当前的酒文化建设实际来看，主要存在两方面的问题：一是质量文化建设不足。分布于赤水河流域酒文化廊道的一些酒类企业，在面对现代市场经济下丰厚的经济效益时，一味地追求产量的扩大和销量的提升，而对酒体质量文化建设和技术创新的关注与研究不足。更有甚者违法生产假冒伪劣酒，通过低成本生产或是收购一些质量低劣、不利于人体健康的劣质酒，然后通过精美的包装并打着赤水河或者茅台镇、二郎镇等知名白酒产区的名号，高价推向市场以牟取巨额利润。从经济发展的视角看，这样的行为严重扰乱了白酒行业市场秩序，不利于白酒行业的健康发展；从文化发展的视角看，这样的行为是当地酒类企业酒文化建设缺失和不足的表现，尤其是质量文化建设和诚信文化的缺失，使得企业经营者在巨额经济利润面前丧失了其最基本的经营基础和做人准则。同时，这种行为亦是对赤水河流域酒文化廊道这一区域文化品牌的严重抹黑，严重影响了赤水河流域酒文化廊道在广大消费者心中的可信度和忠诚度，不利于赤水河流域酒文化廊道的可持续发展，进而又反过来影响廊道沿线众多酒类企业的可持续发展。

二是酒文化引领作用不足。对于茅台集团、郎酒集团、泸州老窖集团等一些知名酒类企业，酒文化建设是这些企业文化建设中的重要组成部分，然而就目前而言，这类企业在推动自身酒文化建设时，以企业发展历史、窖池展示、酿造技艺、包装设计、获奖荣誉等层面为主要内容，对饮酒功能和礼仪规范的阐释，尤其是对科学、合理、健康饮酒方式和酒文化理念的引领不足，呈现出一种"重历史酒文化沉淀而忽视时代酒文化引领的结构状态"①，这种结构状态是一种"酒文化结构性缺失"②。近年来，位于赤水河畔习水县习酒镇，与郎酒集团隔河相望的习酒公司致力于打造企业君品文化，以"自强、厚德、守度"为其君品文化坐标，将东方君子精神贯穿于酿酒、售酒、饮酒全过程，以君子品德为准绳，塑造人文精神和规范行为准则，以期为广大的消费者提供优质产品。这是赤水河流域酒文化廊道中将酒文化与优秀传统文化相结合，以优秀传统文化指导和引领当代酒文化建设的典型案例，对赤水河流域酒文化的当代建设与可持续发展具有重要的促进作用。然而，类似这样的案例极少，更多的还是以举办各类文化活动为幌子，实现其自身宣传与市场销售的目的，"文化搭台，经济唱戏"的本质特征没有改变。

酒类企业作为当代酒文化保护、传承与发展的主体，在以经济利益为其根本诉求的同时，还应注重酒文化的建设。尤其是随着我国社会主要矛盾由人民日益增长的物质文化需要与落后的社会生产之间的矛盾转向人民日益增长的美好生活需要和不平衡不充分的发展之间的矛盾，表明我国社会已经从"物质经济时代"迈入"文化经济时代"，人们不仅关注温饱问题，更关注生活质量问题，不仅关注物质的需求，更关注精神的需求。对于酒而言，随着人们生活水平的提升以及多元化、多品种酒体的便捷性和易得性，人们不再关注能不能喝到酒，而是关注能喝到什么品质的酒、与谁一起喝酒以及怎么喝酒等问题。一定程度上而言，酒不再是一种单纯的酒精饮料，而是成为一种身份和地位的象征，成为一种社会区隔和人际交往圈层的文化符号。因此，加强酒文化建设，不仅是酒类企业自身发展的需要，更是时代赋予当代酒类

---

① 刘万明.中国酒文化结构失调及优化［J］.四川理工学院学报（社会科学版），2017（2）：31.
② 刘万明.中国酒文化结构失调及优化［J］.四川理工学院学报（社会科学版），2017（2）：31.

企业的使命。能否科学合理地重构企业酒文化内涵和发展体系，引领新时代酒文化发展潮流，对于当代酒类企业的发展具有重要的推动作用。

二、饮酒功能与风俗亟须规范

酒从最初的"酒以祭祀"逐渐走下神坛、走向大众，成为社会大众皆可饮用的酒精饮料，逐渐形成了以酒敬友、以酒宴客、以酒饯行、以酒庆功、以酒作诗、以酒绘画、以酒助兴等多元化的功能。"无酒不成席""无酒不成规"，酒已经深入人们日常生活的方方面面，成为社会大众日常生活中不可或缺的重要饮品，也是社会大众聚会娱乐、社会交往等活动的必备饮品，并在长期的饮酒历史中逐渐形成了相应的饮酒风俗。近年来，随着社会价值观和社会风气的转变，人们饮酒的风俗和功能也发生了巨大的变化，在当代社会，酒的介质作用得到了充分的发挥，酒不仅仅是人们借以满足口腹之欲、实现感官享受的饮品，更成为人们借以进行社会交往、生意谈判，甚至吹嘘拍马等活动的润滑剂，被赋予了更多的文化意义和更广泛的社会功能。饮酒风俗与功能的嬗变既受当代整体社会价值观和社会风气变化的影响，诸如吹嘘拍马、虚伪攀比等一些较为极端和扭曲的饮酒风俗与功能也严重影响了整个社会文化的健康发展，类似这样的饮酒风俗与功能亟须进行科学合理的引导和规范。

三、酒文化开发利用水平有待提升

赤水河流域酒文化廊道跨越云南、贵州和四川三个省，沿线酒文化遗产资源分布不均衡，区域经济发展水平差异性较大，对酒文化遗产资源的开发利用程度也不尽相同，总体上呈现出资源开发程度较低、文化挖掘深度不够的特点，酒文化开发利用的水平有待提升。

（一）酒文化开发模式单一

从当前赤水河流域酒文化开发利用实际情况来看，其开发模式以酒文化旅游为主，这也是沿线酒文化开发最为普遍的一种模式。无论是白酒工业旅游、酒文化节庆、酒文化演艺以及依托当地不同类型、不同规模和不同层次的酒文化景观打造的酒文化观光旅游等，无不是围绕酒文化旅游而开展的。除了酒文化旅游，在深入挖掘当地酒文化资源基础上形成的多元化开发利用模式严重不足。

（二）酒文化资源整合不足

一方面是对赤水河流域酒文化廊道沿线酒文化资源的整合利用与合作发展不足，沿线区域根据现有行政区划各自为政、条块分割现象严重，缺乏以酒文化资源开发利用为抓手的联动发展。以赤水河流域旅游公路为例，该旅游公路系贵州省重点建设和打造的赤水河河谷旅游线，该旅游线自茅台镇始，沿赤水河而下至赤水市结束，将沿线的酒文化资源、红色文化资源、生态文化资源等进行有机串联。然而由于不同行政区划之间的隔阂，地处赤水河畔的四川省古蔺县二郎镇却没有被纳入该旅游线路之中，而二郎镇作为郎酒产地，有着悠久的酿酒历史和丰富的酒文化资源，游客想要去感受和体验二郎镇酒文化的悠久历史和无限魅力，则只能另寻他路。另一方面是对酒文化与当地其他文化资源之间的整合利用程度不够。赤水河流域旅游公路虽然将仁怀市、习水县和赤水市三个县市进行了串联，对公路沿线资源实现了一定的整合利用，但这只是基于地理空间的景观串联与线路设计，缺乏对不同文化资源之间的融合发展。赤水河流域中下游地区不仅有丰富的酒文化资源，更有丰富的盐运文化、红色文化、民族文化等多元化文化资源，如何充分整合利用这些多元化文化资源，是当代赤水河流域文化发展中需要解决的重点问题。

四、自然生态环境保护亟待加强

赤水河流域酒文化廊道独特的自然生态环境是孕育当地繁盛酒文化的客观基础和条件。近年来，随着沿线城市化的持续推进、人口持续增长以及由此带来的水污染、大气污染等环境问题日趋严重，对沿线酒文化发展产生了严重影响。赤水河流域大部分都分布在喀斯特地区，其生态环境十分脆弱，一旦遭遇破坏和退化，要想对其进行修复和治理相对困难。

（一）水污染问题严峻

从赤水河流域产业结构来看，上游地区以煤电行业为主，中游地区以白酒产业为主，下游地区则以旅游和轻化工业为主。赤水河流域酒文化廊道核心区域正好处于以白酒产业为主的中游地区。近年来，赤水河流域受上游地区煤炭、硫铁矿等资源开发影响，赤水河遭受了极大的破坏和污染。虽然贵州省于2011年出台了《贵州省赤水河流域保护条例》，对赤水河沿线生态环境予以保护，但在经济利益驱使之下，很多地区仍然有不同规模的工矿企业继续投入生产。而中游地区数量众多、规模不一的酿酒企业以及各种造纸厂等相关企业的发展，亦不同程度地向赤水河流域排放工业废水。此外，随着城镇化的持续推进，城市垃圾和生活废水日益增多，也对赤水河流域水质产生了不同程度的影响。同时，赤水河流域两岸农业垦殖密度较高，尤其是上游地区坡耕地占比较大，农业生产中所使用化肥、农药等残留"顺坡而下"进入赤水河，亦对赤水河水质产生一定程度的影响。"自2009年起，仁怀市茅台镇段、赤水市复兴段水质从Ⅱ类降为Ⅲ类，干流水污染正逐步加剧"[1]。"水乃酒之血"，优质的水源是酿造高品质白酒的基础和前提。赤水河流域水污染现象的加剧和水质的降低，极大地影响了沿线酿酒产业的发展。

（二）大气污染严重

近年来，随着城市化持续推进，越来越多的人口涌进城市，随之而来的是越来越密集的城市建筑、高度集中的人口分布和大量的汽车尾气排放，必然对大气环境质量产生严重影响。以赤水河流域酒文化廊道核心区的茅台镇为例，"由于城镇工业和民用燃煤废气排放量的增加，虽然茅台酒厂加强了锅炉烟气治理，大气环境质量有所改善，但仍达不到空气环境质量二级标准的要求"[2]。大气环境受到一定程度的污染，必然对微生物群落的生长与繁殖产生相应的影响，进而影响了酒的酿造。

---

① 刘斌，廖志强，赵君，等.赤水河流域水环境质量现状及保护措施［J］.中文信息,2018（7）:246.

② 范光先,吕云怀.赤水河中上游地区生态与环境评价信息系统建立的必要性［J］.酿酒,2005（7）:6.

第六章
赤水河流域酒文化廊道保护与发展的优化策略

　　赤水河流域酒文化廊道具有高度的整体性。无论是古代以川盐入黔为核心的航运经济带动了沿线各区域以盐为核心的产业合作与文化交流，以及由此推动了沿线酒文化的传播和酒文化廊道的快速延展，还是当代以长江经济带建设和黔北—川南经济通道建设为核心的区域经济一体化发展带来的跨区域全面合作，无不体现了赤水河流域对沿线区域经济、文化发展的联动性和廊道性特点，进而形成并强化了沿线区域在经济、社会、文化等方面的整体性特点。对赤水河流域酒文化廊道的保护与发展也离不开其整体性特点，须打破行政区划的条块分割限制，将赤水河流域酒文化廊道作为一个整体进行宏观布局，从整体性、跨区域协作的视角来谋划赤水河流域酒文化廊道在当代社会的保护与发展。

第一节　构建完善多元协同的自然生态环境保护体系

　　自然生态环境是"存在于人类社会周围的对人类的生存和发展产生直接或间接影响的各种天然形成的物质和能量的总体，是自然界中的生物群体和一定空间环境共同组成的具有一定结构和功能的综合体"①。赤水河流域独特的自然生态环境对当地酿酒生产方式和生活方式的形成与发展产生了巨大的影响，并在这一过程中逐渐形成和积淀了独特的酒文化。有学者指出，"贵州出

---

　　①　姜荣国.论自然生态环境与人工社会环境协调发展的方式［J］.石油化工高等学校学报，1994（4）.

产优质酱香型白酒与侏罗纪古气候自然生物种群这一自然关键因素密切相关，精良的传统酿酒工艺和赤水河独特的地理自然气候条件所形成的特殊微生物是贵州酱香型白酒的两大成酒因素。"①赤水河流域独特自然生态环境是赤水河流域酒文化廊道得以形成和发展的客观基础。近年来，随着区域经济发展和城镇化进程不断加快，赤水河流域自然生态环境面临巨大压力，不仅严重影响赤水河流域沿线经济社会的可持续发展，也对赤水河流域酒文化廊道的可持续发展带来了巨大威胁。赤水河流域沿线区域也都采取多元化措施对赤水河流域在本地区的河段进行保护与治理，但是各区域因多方面原因而导致生态环境保护与治理水平、效果等方面存在差异。因此，亟须在现有基础上，尽快构建并进一步完善赤水河流域自然生态环境保护体系，多角度、多层次、多主体协同保护，促进赤水河流域自然生态环境实现可持续发展，进而为赤水河流域酒文化廊道在当代社会的健康与可持续发展提供坚实保障。

一、增强生态环境保护意识

赤水河流域自然生态环境保护是一个涉及不同区域、不同主体的系统工程，需要全社会形成更加自觉而又高度统一的保护意识，将自然生态环境保护意识融入生产生活的方方面面，形成全社会共同保护的良好局面。牢固的生态环境保护意识对人们生态环境保护实践具有重要的能动作用，对于各级行政部门而言，协调好生态环境保护与区域经济发展之间的关系，深入践行生态文明发展理念是其关键。因此，需要充分认识和理解自然生态环境保护与经济社会可持续发展之间的密切关系，将绿色、生态、可持续的发展理念深深融入日常工作之中，尤其是在资源开发与产业布局中，要将生态效益置于经济效益之前，注重自然生态环境的保护，提升区域生态环境对经济发展的承载力。对于各类市场经营主体而言，对生产垃圾的随意排放和处理不当是造成生态环境污染的重要根源。因此，需要进一步提高企业自身发展与生态环境保护和社会可持续发展之间关系的认识，将生态环境保护融入企业发展理念之中，在企业经营与发展之中更加注重增强生态环境保护的责任意识，

---

① 幸克坚.滔滔赤河水 谆谆赤子情——遵义师范学院"赤水河流域区域经济综合研究"概述 [C] // 幸克坚.赤水河流域经济文化综合研究文集.成都：西南交通大学出版社，2012：6.

自觉做好企业生产经营中所产生垃圾的科学处理与排放。对于社会大众而言，对生活垃圾的随意排放是造成生态环境污染的重要根源。为此，需加强对社会大众的生态环境保护宣传，提高社会大众对生态环境保护重要性的认识，增强生态环境保护意识，并通过各种活动逐步培育大众生态环境保护的行为习惯。

二、强化全流域协同保护机制

2016年，云南省昭通市、贵州省毕节市和遵义市、四川省泸州市三省四市政协联合建立了赤水河流域生态保护协作机制，以强化对赤水河流域生态环境的协同保护，并从2017年开始，通过每年举办赤水河流域生态保护治理发展协作推进会的形式，对赤水河流域生态环境保护中的共性问题、难点问题、热点问题等进行讨论。该协作推进会已分别于2017年9月在遵义市仁怀市、2018年11月在毕节市、2019年10月在泸州市举办了三届，并分别发布了《2017年中国赤水河流域生态经济发展仁怀宣言》《2018年中国赤水河流域生态保护治理发展协作推进会毕节共识》和《2019年中国赤水河流域生态文明建设协作推进会泸州共识》。2019年8月，由云南省昭通市、贵州省毕节市和遵义市、四川省泸州市四市政协主席组成的主席联合视察组，对云南省镇雄县赤水源镇银厂村赤水河源头、果珠乡鱼洞村、芒部镇松林上下街村污水处理厂、鱼洞河段、杨泗桥河段和上下街村，毕节市七星关区清水铺镇污水处理厂、橙满园垃圾处理站、橙满园赤水河生态文化广场，遵义市仁怀茅台酒厂（集团）公司污水处理厂、二合镇污水处理厂，四川省泸州市古蔺县二郎镇污水处理厂、合江县醒觉溪水文站及赤水河与长江交汇处等地进行实地视察，详细了解赤水河源头保护治理、流域污水处理及水质治理情况，并就赤水河流域生态环境保护与治理中存在的问题进行讨论。

三省四市政协协同保护机制作为对赤水河流域生态环境进行协同保护与治理机制的有益尝试，对赤水河流域生态环境保护具有重要作用。然而，如何充分发挥该机制对赤水河流域生态环境保护与治理的指导、协商与监督作用，真正将保护与治理赤水河生态环境的具体措施落到实处，并产生一定的积极效果，这是赤水河流域生态保护协作机制未来需要重点解决的问题。尤其是要加强赤水河流域内省、市、县三级政协联动与合作，继续深入开展联合调研、视察、协商、监督，积极解决赤水河流域的一些共性、难点、社会关注点等重大问题，让赤水河流域生态保护协作机制不只是停留在领导视察与开会讨论的层面，而是要通过调研视察发现普遍问题，通过集思广益寻求解决办法，并通过可行的规章制度建设和相关直接机构与部门的合理实践解决问题。

三、加强生态环境污染治理

对赤水河流域生态环境保护与治理，须从污染源头上予以遏制，对业已产生的污染行为，必须依法对造成环境污染的责任者追究相应的责任，并对其进行相应的惩罚。

一是要加强污水排放的源头治理工作，通过采取从严限产、强化技改、集中生产、关闭停产等多元化措施，有针对性地对流域内不同情况的污染源进行治理。如仁怀市、习水县等白酒产业集中区域通过建立"白酒进园区"制度，建立白酒产业工业园，对白酒生产过程中产生的工业废水等进行集中治理和排放，既降低了各企业分散治理的成本，也极大地遏制了工业废水随意排放的情况，通过集中治理使工业废水达到排放标准，避免对赤水河水质带来污染。

二是以"河长"制形成赤水河生态环境保护与治理的长效机制。以赤水河流经的区、县、市为划分依据，由各区域政府主要负责人担任所在辖区内赤水河流域的"河长"，对"河长"按年度进行考核与监督，将生态环境保护与区域经济发展置于同等地位，赋予地方政府负责人更强的生态环境保护与治理权利，增强沿线各区域对生态环境保护与治理的重视程度和行动力度。同时，"河长"制不受地方政府官员变更与流动的影响，每一任地方政府主要负责人在其任期皆为所在辖区赤水河流域的"河长"，对赤水河流域生态环境保护与治理工作负责，这就有效确保了赤水河流域生态环境保护与治理的长效性和稳定性。

三是建立赤水河流域重点水资源保护区。在充分调研考察和科学论证的基础上，制定科学合理的赤水河流域重点水资源保护区，明确保护区的具体范围、治理要求、责任主体和保障措施等内容，确保重点水资源保护区生态环境达到并维持在规定标准之上。

四是针对赤水河上游河流源头、河谷区、炼磺区以及矿产开采区等重点地区，严格控制矿产资源开发规模与数量，加强矿产资源开发过程中的环境污染评估与治理制度建设，加大对以上区域在地貌与植被破坏、水土流失等方面的治理力度。

五是成立赤水河流域生态环境保护与治理联合监管小组，强化对沿线生态环境质量的监管。由云南省昭通市、贵州省毕节市和遵义市、四川省泸州市三省四市相关部分联合成立赤水河流域生态环境保护与治理联合监管小组，定期检查赤水河流域生态环境保护与治理情况，对违法违规行为予以严肃查处。

六是进一步完善生态环境保护与治理法治建设，强化生态环境保护与治理的法治保障。完善的联合治理法治建设是推动赤水河流域沿线区域联合开展生态环境保护与治理工作的法治基础。2018年11月，贵州省、重庆市、四川省和云南省三省一市检察机关签订了《关于建立赤水河、乌江流域跨区域生态环境保护检察协作机制的意见》，为赤水河流域生态环境保护提供司法保障。2019年6月，仁怀市和古蔺县两地法院院长联合签发了《赤水河流域生态环境保护审判工作协作意见（试行）》，对涉及赤水河流域环境保护的相关民事、行政、刑事案件按照管辖规定共同行使审判权，相互支持、相互配合，为联合开展赤水河流域生态环境保护与治理工作提供了良好的法治基础和依据，为赤水河流域生态环境保护与治理的联动与协作奠定了坚实的政策保障。

四、加大生态工程建设力度

赤水河流域流经区域喀斯特地貌分布广泛，生态环境脆弱，一旦遭遇破坏，其环境恢复难度极大。为此，除了持续加强对赤水河流域存在的各类环境污染情况进行源头遏制与污染治理之外，还应强化赤水河流域生态环境保护工程建设，以遏制赤水河流域生态环境恶化趋势。一是要加强林业生态建设，加快流域内封山育林、荒山造林、退耕还林还竹和天然林保护建设，建成赤水河绿色通道和竹林廊道。二是加强石漠化治理，通过天然林保护、退耕还林、经济林建设、石漠化综合整治、小型水利工程等多元化措施，不断强化赤水河流域石漠化治理，遏制赤水河流域水土流失加重的趋势。

五、大力发展生态经济

生态经济是一种既发展经济又维系环境的经济形态，是当代生态文明建设和可持续发展理论的具体实践。改革开放以来，我国"生态经济的形成经历了以经济建设为中心的生态保护形成时期，科学发展观指导下的生态和经济并重时期以及以绿色发展为导向的生态文明新时代升华时期"[①]。"绿水青山就是金山银山"的重要论述表明了生态与经济之间的辩证关系，生态本身就是一种经济发展资源，而绿色化、生态化的经济发展方式更是维系人类可持续发展，实现人类、社会、自然协调统一的根本路径。因此，大力发展生态经济，就是既要充分利用赤水河流域独特的生态资源，又要坚持走绿色生态的可持续发展之路，实现赤水河流域生态环境的有效保护与可持续发展。

赤水河流域不仅是长江上游的生态功能区，还是西南贫困地区，生态保护责任重，脱贫攻坚压力大，发展生态经济正是实现该区域多元目标的有效途径。"通过发展生态农业、生态工业以及生态服务业，形成适应区域特点的生态产业体系，在经济发展的同时，实现对生态资源环境的保护以及区域的精准扶贫精准脱贫目标。"[②]为此，赤水河流域各区域应充分结合本地资源基础和产业发展条件，因地制宜地发展生态经济，重点发展生态有机农业、生态酿酒产业、生态康养产业、生态旅游产业等一系列生态经济新业态，实现社会效益、经济效益和生态效益的统一。以白酒产业为例，作为赤水河流域的特色产业和优势产业，通过发展以提供生态酒产品为核心，构建循环经济新模式的生态酿酒产业，是赤水河流域白酒产业在生态文明时代实现转型的重要方向，也是实现赤水河流域生态环境保护、促进赤水河流域酒文化转型与发展的重要途径。所谓生态酿造，是指"保护与建设适宜酿酒微生物生长、繁殖的生态环境，以安全、优质、高产、低耗为目标，最终实现资源的最大

①　柳兰芳.改革开放以来中国生态经济形成的逻辑分析［J］.天津行政学院学报，2019（11）：28.

②　于法稳，于贤储.加强我国山区可持续发展的战略研究［J］.贵州社会科学，2015（8）：149.

利益和循环使用"①的现代白酒酿造模式。生态酿酒模式旨在促进经济效益、社会效益和生态效益的协调统一，实现人类、社会和自然生态环境三者的协调发展。

六、完善生态补偿机制

生态补偿作为连接经济发展与生态环境保护的重要纽带，是解决相邻区域之间以及更高层次上生态保育问题的关键，是一种"以保护和可持续利用生态系统服务为目的，通过经济手段，调节相关各方之间利益关系的制度措施，是一项基于'保护者受益，利用者补偿，污染者受罚'原则的环境经济政策"②。赤水河流域不同区域之间经济发展水平的差异性、生态环境的脆弱性以及以中下游酿酒产业为代表的对生态环境的高度依赖性充分凸显了赤水河流域生态环境保护的紧迫性和完善生态补偿机制的重要性。建立和完善赤水河流域生态补偿机制，有助于协调各利益相关方的利益，促进沿线各区域、各利益相关方共同参与、协同保护，实现赤水河流域沿线生态环境保护与社会经济发展有机统一。

早在2014年，贵州省人民政府就出台了《贵州省赤水河流域水污染防治生态补偿暂行办法》，对赤水河流域在贵州省境内所流经的毕节市七星关区、金沙县、大方县、仁怀市、习水县、赤水市等区域生态环境考核与补偿进行了规定。若赤水河在毕节市的出境断面水质优于Ⅱ类水质标准，下游受益的遵义市需缴纳生态补偿资金；若毕节市的出境断面水质未达到Ⅱ类水质标准，则毕节市需缴纳生态补偿资金。该标准也用于对赤水河流域流经各区、县的考核与补偿规定。近年来，该生态补偿办法已逐步推广到整个赤水河流域生态补偿的运行工作中。2018年3月，云南省、贵州省和四川省三省共同出资2亿元设立赤水河流域生态环境横向补偿资金，三省根据各自断面水质情况以获取或扣除相应的生态补偿资金。

赤水河流域沿线各省市在前期开展的流域生态补偿实践，积累了诸多有

① 李家民.从生态酿酒到生态经营——酿酒文明的进程［J］.酿酒科技，2010（4）：111.
② 张洋，肖德安，余韬，等.赤水河流域跨省横向水环境补偿机制研究［J］.环保科技，2019（4）：24.

益的经验和做法，对赤水河流域不同区域在补偿金额、考核办法、权责关系等方面都作了规定，一定程度上调动了不同区域保护生态环境的积极性，促进了沿线各区域之间的协同保护和赤水河流域生态环境的改善。但就目前赤水河流域生态补偿机制建设和实施来看，还存在对生态环境的理解仅限于水环境、补偿标准核定不尽合理、利益相关方权责关系不够明确等问题，亟待进一步完善生态补偿机制，真正确保各利益相关方的权利和义务，促进赤水河流域生态环境的全流域、多层次保护与治理。一是完善赤水河流域生态环境评价体系，对赤水河流域生态环境的评价不应局限于水质是否达标问题，还应包括赤水河水量、干流及其主要支流汇水面积内的陆域的水土流失状况、流域内动植物多样化状况以及流域植被覆盖率、石漠化面积等。二是要通过多方征求意见和科学论证，尽快建立相对公平公正的生态补偿标准。生态补偿标准的确立需要利益相关方的共同参与和讨论，以确保各利益相关方的诉求都得到充分表达和重视，并通过合理的补偿标准得以体现。三是对于赤水河作为贵州省和四川省界河的中游河段，由于没有明确的上下游关系，而是左右岸共享关系，需要根据流域面积和河岸长度对两省的权责进行明确区分。

第二节　积极申报以酒文化为主题的世界文化遗产

世界文化遗产保护是由联合国发起，旨在对全世界人类具有普遍性价值的自然或文化区域进行保护的国际性活动，被称为文化保护与传承的最高等级。根据《保护世界文化和自然遗产公约》的界定，世界文化遗产涵盖了以下三方面：一是从历史、艺术或科学角度看具有突出的普遍价值的建筑物、碑雕和碑画、具有考古性质成分或结构、铭文、窟洞以及联合体；二是从历史、艺术或科学角度看在建筑式样、分布均匀或与环境景色结合方面具有突出的普遍价值的单位或连接的建筑群；三是从历史、审美、人种学或人类学角度看具有突出的普遍价值的人类工程或自然与人联合工程以及考古地址等地方。从以上关于世界文化遗产的界定来看，世界文化遗产以物质文化遗产为主。赤水河流域酒文化廊道在悠久的发展流变历史中形成并留下了诸多以酒文化为主题的物质文化遗存，具有较高的历史价值、科学价值、审美价值等，成为古代先民们留给当代人类的宝贵遗产。通过对赤水河流域酒文化遗产进行整合，将赤水河流域酒文化廊道作为一个以酒文化为主题的世界文化遗产进行整体申报，是保护赤水河流域酒文化，推动赤水河流域酒文化廊道可持续发展的有效途径。

一、以酒文化为主题的世界文化遗产概况

以酒文化为主题的世界文化遗产并非无先例可循。早在1997年，意大利的波托维内尔、五渔村及其群岛地区就以悠久的葡萄酒酿造历史和多元的酒文化景观而被认定为世界文化遗产。截至目前，全球共有以酒文化为主题的世界文化遗产项目17项，这些世界文化遗产项目绝大多数都以葡萄酒文化为主题，以其悠久的酿造历史、突出的普遍价值和独特的文化景观而成为世界文化遗产。

表6.1　以酒文化为主题的世界文化遗产名录

序号	遗产名称	遗产特征	入选时间	所属国家
1	波托维内尔、五渔村及其群岛（Portovenere, Cinque Terre, and the Islands）	悠久的葡萄酒酿造历史、大面积的葡萄种植梯田和古老建筑	1997年	意大利
2	圣爱米伦（Saint-Emilion）	拥有上千年的葡萄栽培与葡萄酒酿造历史	1999年	法国
3	卢瓦尔河谷（Loire Valley）	整齐壮观的葡萄园、始于5世纪的葡萄酒文化历史和古老的城堡建筑	2000年	法国
4	瓦赫奥（Wachau）	保存完整的陡峭葡萄种植梯田和雷司令（Riesling）葡萄酒产区	2000年	奥地利
5	杜罗河上游河谷（Douro River）	悠久的酿酒历史、独特的葡萄园景观和古老建筑	2001年	葡萄牙

续表

序号	遗产名称	遗产特征	入选时间	所属国家
6	菲尔特湖（Fertö /Neusiedlersee Cultural Landscape）	悠久的酿酒文化和古老的特色建筑	2001年	奥地利、匈牙利
7	莱茵河中游河谷（Middle Rhine）	古堡、小城与葡萄园相得益彰、中世纪的酒交易中心	2002年	德国
8	托卡伊（Tokaj）	大面积的葡萄园、古代酒窖遗存	2002年	匈牙利
9	皮库岛葡萄园文化景观（Landscape of the Pico Island Vineyard Culture）	较为完整的庄园、酒窖、仓库等	2004年	葡萄牙
10	龙舌兰景观及古代工业设施（Agave Landscape and Ancient Industrial Facilities of Tequila）	龙舌兰种植基地和古代龙舌兰酒酿造设施	2006年	墨西哥
11	拉沃葡萄园梯田（Lavaux）	见证千年来酿酒方式演变的独特景观	2007年	瑞士
12	波尔多月亮港（Bordeaux，Port of the Moon）	世界知名葡萄酒生产基地和贸易中心	2007年	法国
13	史塔瑞格雷德平原（Stari Grand Plain）	悠久的葡萄酒酿造历史和古代建筑	2008年	克罗地亚
14	皮埃蒙特景观（Vineyard Landscape of Piedmont: Langhe-Roero and Monferrato）	集独特建筑风格、悠久文化历史和葡萄园风景于一体	2014年	意大利
15	勃艮第（Burgundy）	突出反映了自中世纪以来葡萄种植与葡萄酒发展历史	2015年	法国
16	香槟产区（Champagne Hillsides, Houses and Cellars）	大规模的葡萄种植基地、地下酒窖等	2015年	法国

续表

序号	遗产名称	遗产特征	入选时间	所属国家
17	普罗塞克葡萄酒产区（Prosecco）	大片的葡萄种植梯田、酒庄等	2019年	意大利

来源：根据世界文化遗产官方网站资料整理。

从以上17处以酒文化为主题的世界文化遗产地的认定与分布来看，主要具有以下几方面的特点。

一是从遗产认定标准上看，主要符合世界文化遗产认定标准的第三条和第五条，即能为文化传统提供一种见证和可作为传统的人类居住地或使用地的杰出范例，代表一种或几种文化。如法国圣艾米伦、卢瓦尔河谷、匈牙利托卡伊以及瑞士拉沃等遗产地，充分体现和见证了这些地区悠久葡萄酒文化的发展演变历程。而葡萄或龙舌兰种植景观、酒窖、酒庄、仓库以及各种独具特色的古代建筑等充分展现了当地居民在与自然界相互作用过程中的独特创造，是人类利用土地的杰出范例，体现了独特的酒文化、建筑文化等多元文化内涵。

二是从遗产地理空间分布上看，主要集中在北纬35°到北纬50°这一范围之内，且主要集中在欧洲南部区域。这与欧洲南部独特的地理环境和气候条件密切相关，尤其是希腊半岛和意大利半岛及其周边的岛屿，其气候条件都更适宜种植葡萄，也与葡萄种植和葡萄酒酿造技术在整个欧洲地区的传播密切相关。事实上，早期的葡萄栽培和葡萄酒酿造技艺主要流行于希腊地区，"公元前400年至公元前300年，希腊已经建立了一个真正意义上的葡萄酒产业，其规模是前所未有的"，随着葡萄酒产业的发展，葡萄酒也迅速发展成为"地中海区域三种主要贸易货品之一，与橄榄油和粮食齐名"[①]。公元前300年左右，希腊人在埃及地区新建了很多葡萄种植园，还将葡萄栽培技术推广到法国南部、西西里岛和意大利本土的南部地区，葡萄种植在南欧地区迅速扩展开来。相较于希腊人，罗马人对葡萄种植和葡萄酒酿造技艺在欧洲的传播

---

① 罗德·菲利普斯.酒：一部文化史［M］.马百亮，译.上海：上海人民出版社，2019：27.

作了更大贡献，"罗马人不仅将他们自己生产的葡萄酒出口，还将葡萄种植和葡萄酒的生产推广到了整个欧洲……到了基督纪元之初，罗马人赞助了今天法国许多著名的葡萄酒产地（包括波尔多、罗纳河谷和勃艮第），以及英格兰与中欧、东欧很多地方的葡萄园"①。正是以葡萄种植、葡萄酒酿造以及饮酒习俗等为核心的葡萄酒文化在欧洲地区的长期发展演变和区域汇聚，创造了独特的文化景观，积淀了丰厚的文化遗产，成为当代以酒文化，尤其是以葡萄酒文化为主题的世界文化遗产集中分布区域。

三是从遗产主要构成内容上看，以葡萄园或龙舌兰种植基地景观、酒窖、仓库以及与之相关的当地独特、古老建筑等物质文化遗产为核心物项。这些与酒相关的物质文化遗存充分体现了当地独特的制酒饮酒文化和悠久的发展历史，见证了当地酒文化发展演变的悠久历史和复杂历程。

二、赤水河流域酒文化在世界酒文化体系中的突出地位

赤水河流域作为中国白酒文化的重要发祥地，流域酒文化历史源远流长，酒文化内容丰富多彩且独具特色，在空间分布上呈现出沿赤水河流域分布的集中性、廊道性发展格局，构成了世界酒文化体系中以白酒文化为核心内容、以赤水河为核心轴线的酒文化廊道。赤水河流域酒文化以其悠久的发展历史、丰富的文化内涵、多元的文化价值以及独特的空间分布特点而成为中国乃至世界酒文化体系中独具特色且意义重大的组成部分。

从国内来看，赤水河流域是我国白酒文化的重要发祥地。赤水河流域酒文化历史悠久，早在秦汉时期，赤水河流域就已出产令汉武帝称赞"甘美之"的枸酱酒，沿线区域出土的各类秦汉时期酒文物则进一步证实了这一区域在秦汉时期就已形成了相对繁盛的酒文化。到了两宋时期，以今赤水河畔习水县土城镇为核心的古滋州不仅是当时的政治、经济和军事中心，也是一片酒文化繁盛之地，滋州风曲法酒曾盛极一时，今习水县土城镇留存的两处宋代酿酒窖池遗址成为该地区悠久酒文化发展历史的重要见证。元代蒸馏技术的传入以及甘醇曲的成功研制，更是揭开了我国浓香型白酒文化发展的序幕。

①　罗德·菲利普斯.酒：一部文化史［M］.马百亮，译.上海：上海人民出版社，2019：34.

明清以来，赤水河流域酒文化在历史发展基础上，不仅突破了前代沿赤水河流域点状化、分散化的空间分布格局，逐渐沿赤水河流域线性拓展而形成独具特色的酒文化廊道，更在文化的交流、融合与创新发展过程中形成了多元化的酒文化形态，构成了当代浓香型、酱香型、药香型和兼香型四大典型白酒文化类型。其中，明清时期，以舒聚源、温永盛等为代表的传统酿酒作坊不断总结和提升酿酒技艺，在酿酒原料、水源、窖池、发酵、酿制、储存等方面都形成了全面而成熟的规范要求，将浓香型大曲酒文化发展推向了新的高度，今泸州老窖正是对舒聚源、温永盛的当代传承与发展，在整合泸州市其他传统酿酒作坊的基础上，逐渐形成了较为成熟完善的浓香型酒文化内容，成为当代浓香型白酒文化的典型代表。酱香型白酒文化的引领者——茅台酒则是源于清末仁怀县茅台村之成义烧房与荣和烧房以及民国时期的恒兴烧房，三家烧房在历史的发展进程中逐渐总结形成了独特的回沙工艺，形成了当代酱香型酒文化的独特内涵，共同构成了茅台酱香型酒文化的基础和源头，被称为"茅酒之源"。遵义市北郊董公寺所产董酒，在继承大曲工艺的基础上，融入小曲工艺，形成了小曲产酒、大曲发酵生香的独特串蒸工艺，尤其是上百味中药材的加入，为所酿之酒增添了独特的药香成分和保健价值，开创了药香型白酒的先河，成为药香型白酒文化的典型代表。而地处赤水河畔古蔺县二郎镇的郎酒，既与酱香型茅台酒有着深刻的历史渊源，其酱香型白酒文化与茅台酒一脉相承，也受泸州老窖浓香型酒文化的深刻影响，在对两种不同酒文化形态融合创新基础上，开创了独特的浓酱兼香型酒文化形态，进一步丰富了我国酒文化体系。可以说，赤水河流域不仅有着悠久的酒文化历史和丰富的酒文化内容，更开创了我国浓香型、酱香型、药香型和兼香型白酒文化，是我国白酒文化的重要发祥地。同时，赤水河流域也是我国浓香型、酱香型、药香型和兼香型白酒文化的集中分布区，尤其是我国酱香型酒文化最主要的分布区和酱香型白酒的原产地，全国绝大部分酱香型白酒皆产自赤水河流域的金沙、遵义、仁怀、习水、赤水、古蔺等地。

从国际上看，赤水河流域酒文化作为中国酒文化的重要构成内容之一，与西方酒文化差异显著，是世界酒文化体系中独具特色而又极为重要的组成部分。中西方酒文化有着显著的差异性，这种差异性与中西方所处地理环境、文化背景等有着密切的关联。在酒体层面，古代中国人主要沿黄河流域分布，独特的地理环境和气候条件促进了各类谷物的生长，孕育了发达的农耕文明，进而形成了以谷物为原料的各种谷物酒，形成了以黄酒、白酒为主要代表的中华酒文化。而以欧洲大陆为主的西方属于地中海气候，非常适宜葡萄的种植，进而形成了以葡萄为原料的各种葡萄酒，形成了以葡萄酒为主要代表的西方酒文化。在酒器层面，酒器作为盛放美酒的重要器具和酒文化的重要组成部分，在古今中外都颇受重视。中国的酒器不仅在质地、造型等方面独具特色，更是一种地位的象征。尤其是在古代社会，"王公贵族以龙爵凤斝标明主宰黎民的威严，酒器的精细粗糙似乎也有着等级的区分"①，身处不同社会阶层、拥有不同社会地位的人，享有不同的待遇，使用不同的酒器。而西方酒器以玻璃材质为主，讲究轻薄透明以便观赏酒体的色泽，进而判断杯中所盛酒体的质量。在造型上，西方酒器以高脚杯著称，这主要是为了避免手掌温度传递到酒体中，破坏酒体的口感。此外，西方酒器的主要功能在于盛酒与饮酒，与中国酒器作为身份地位象征的文化符号功能具有显著的差异。在酒功层面，中国人强调"醉翁之意不在酒"，常常以酒明志、借酒抒情，成为人们个人情感宣泄的载体和社会交往的工具。酒不仅成为人们物质生活的一部分，也是人们精神生活的重要润滑剂，是一种"物我合一"的状态。而西方人与酒之间更多的是一种"物我分离"的状态，人们饮酒的目的主要在于享受酒体本身的美味及其给人带来的愉悦与放松，强调酒的物质性，酒在人们情感宣泄、社会交往等精神层面的功能相对较弱。在酒礼层面，受以儒家文化为代表的中国传统文化影响，中国人形成了一整套复杂的饮酒礼仪，从酒器选择、座次安排、饮酒程序以及各种行酒令、划酒拳、唱酒歌乃至劝酒等，无不体现出中国丰富多彩而又纷繁复杂的酒礼文化。而西方人饮酒却没有如此多的礼节和规矩，而是在一种更加自由、自在的氛围中品饮，虽然也有观色、闻香、品味等一套饮酒规范，但远不及中国酒礼文化的繁杂。总之，中西方受地理环境、文化背景等多元因素的影响，不仅塑造了不同的民族性格，也形成了差异化的酒文化内容。赤水河流域作为中国酒文化的重要发祥地之

---

① 昌杨.中西酒文化差异探析［J］.辽宁行政学院学报，2014（3）：115.

一，不仅分布着与西方酒文化有显著差异性的白酒文化，更以其悠久的历史和沿流域高度集中的带状分布而成为世所罕见的白酒文化廊道。赤水河流域酒文化不仅是中国酒文化体系中的重要构成，也是世界酒文化体系中的重要组成部分。

三、以赤水河流域酒文化廊道申报世界文化遗产的内容构成

赤水河流域酒文化廊道有着悠久的酒文化发展历史和独具特色的酒文化景观，见证了人类发展历史上白酒（谷物蒸馏酒）的重要发展历程，成为以赤水河流域酒文化廊道作为整体申报以酒文化为主题的世界文化遗产的主要构成内容。

（一）酿酒窖池

酿酒窖池是固态法白酒酿造过程中发酵容器的一种，是粮食进行糖化发酵的场所。酿酒窖池是赤水河流域白酒酿造最主要的生产设施之一，也是赤水河流域酒文化的重要组成内容之一。窖池发酵是赤水河流域酒文化发展的重要特点之一，那些一口口整齐划一的窖池正是当地白酒酿造的发酵空间。正所谓"千年老窖万年糟，酒好全凭窖池老"，使用年限越长的窖池，对白酒酿造越是具有积极的促进作用。因为在窖池的窖泥中聚集了长期驯化、数量繁多的酿酒微生物，这些微生物有助于将粮食中的淀粉、蛋白质等物质转换成为酒精及各种香气成分，进而促进白酒香气的形成和口感的稳定。"窖池使用时间越长，其中微生物菌落越多，越稳定，对于窖池环境也更适应，能在酿酒过程中发挥出最佳作用。"[①]赤水河流域分布着众多历史悠久的古老窖池，这些古老窖池基于不同的建筑材料和不同的风格特征，成为酿造不同香型白酒的重要基础，见证了赤水河流域酒文化悠久而复杂的发展演变历程。如位于泸州市的上千口百年以上老窖池，尤其是建于1573年并持续使用至今的4口老窖池，突出反映了泸州市酒窖修筑的独特创造，代表了泸州市酒文化发展的悠久历史，见证了泸州市浓香型酒文化形成与发展的复杂历程，具有极

---

① 孙宝国.国酒［M］.北京：化学工业出版社，2019：21.

高的历史价值、文化价值、科学价值和审美价值。位于习水县春阳岗博物馆和宋窖博物馆中的宋代窖池作为宋代酒文化的遗存和见证，充分反映了该区域悠久的酒文化发展历史，体现了该区域酒文化在宋代已达到了较为繁盛的发展阶段。

（二）酿酒作坊及相关设施

酿酒作坊作为白酒的生产场所和酿造空间，是白酒酿造的核心区域。酿酒作坊及其相关的酿酒设施设备不仅是白酒酿造所赖以开展的物理空间和物质载体，也是酒文化的重要构成及其发展演变的重要见证。茅台酒酿酒作坊作为我国第二批国家工业遗产，其核心物项主要包括"成义烧房"烤酒房旧址；"荣和烧房"干曲仓旧址、踩曲房旧址，烤酒房旧址；"恒兴烧房"烤酒房旧址；制曲一片区发酵仓；制曲二片区踩曲房、发酵仓；制曲二片区石磨坊、干曲仓；勾贮车间下酒库第五栋酒库、第八栋酒库等内容。它们作为茅台酒酿造的重要生产空间和发展历史的重要见证，体现了历史时期茅台酒酿造与发展的时代特点。同为我国第二批国家工业遗产的泸州老窖酿酒作坊共有16处酿酒古作坊，散布于泸州市各地，亦是泸州市悠久酒文化的历史见证。

（三）储酒空间

对新酿造出来的基酒进行分级分类储存是赤水河流域白酒生产中的重要环节，进而形成了多元化的储酒方式和储酒空间。在早期的酿酒生产过程中，由于产量较低，以自酿自饮为主，对储酒要求不高。随着酿造技术逐渐改进提升，酿酒产业逐渐形成并扩大规模，酒的产量也越来越大，对酒进行有效的、长时间的储存要求也就越来越高。早期用于储酒的器具主要是当地烧制的陶制酒罐和酒坛，根据用于储存基酒的体积而定。存放之地，亦即储存空间以酿酒作坊内部空置地方为主。近现代以来，随着酒业规模的扩大，以大型铝制储酒罐作为储酒器具日渐成为当地主要的储酒方式，并将这些大型储酒罐整齐划一、因地制宜地存放在厂区内部或周边的空地上，或如郎酒集团沿山谷排放，抑或如隔河相望的习酒集团依托斜坡山势分台阶排放等地。其中最具特色的当数以陶制酒坛为储存器具、以天然溶洞为储存空间的独特储存方式，如用于储存泸州老窖的纯阳洞、龙泉洞和醉翁洞三个天然藏酒洞，用于储存郎酒的天宝洞、地宝洞与仁和洞等，此外还有诸多大小不一、分散于赤水河流域不同区域的天然溶洞被用于储酒，成为独具特色的储酒空间。以郎酒储存空间天宝洞和地宝洞为例，天宝洞与地宝洞一上一下、上下相连，其总面积达1.42万平方米，洞内整齐有序地排放着上万只陶制酒坛，储存基酒数万吨，是赤水河流域规模最大的天然储酒空间，1999年被列入上海吉尼斯世界纪录，有着"中国酒坛兵马俑"的美誉。以散布于赤水河沿线各地的天然溶洞为天然储酒空间，不仅有助于降低生产成本，更能借助天然溶洞中的独特环境，尤其是相对恒定的湿度和温度，对储存其中的酒体成熟老化具有重要的作用。这些不同规模、不同风格的储酒空间，充分体现了赤水河流域地区因地制宜、充分认识和利用当地喀斯特地貌独特地理环境的智慧创造。

（四）酿酒水源地

"水乃酒之血"，优质的水源是酿造高品质白酒的重要保障。赤水河流域古代先民们主要以当地优质的井水作为酿酒用水，如泸州老窖酒水源地为龙泉井、郎酒水源地为郎泉井、茅台酒水源地为杨柳湾古井等。这些提供优质水源的古井，有的持续沿用至今，成为当地酿酒用水的主要来源，有的因干涸或其他因素而不再用于酿酒。这些古井作为当地酿酒水源地，始终伴随着赤水河流域酒文化的历史发展，见证了赤水河流域酒产业的日益壮大和酒文化的日趋繁荣。

不仅如此，在历史发展过程中还围绕这些提供优质酿酒水源的古井形成了各种各样的民间传说，被赋予了更多的文化价值和文化符号。以泸州老窖酒水源地龙泉井为例，相传在很久以前，泸州城南郊凤凰山下住着一位樵夫。有一天，樵夫跟往常一样上山砍柴，不料在山上看见一条大蟒蛇在追咬一条小青蛇，小青蛇被咬得遍体鳞伤，无处躲藏。樵夫一直都见不得恃强凌弱的做法，一见此景，随即抄起一根木棍朝大蟒蛇狠狠地打去，蟒蛇经不住樵夫抽打，只得灰溜溜地逃跑了，小青蛇感激地看着樵夫，依依不舍地离去。后来，在樵夫挑起柴回家时，路过一眼清泉，泉水清澈见底。樵夫便将肩上的柴放下，用手捧起泉水一喝解渴。突然，清泉中出现了一条红色大道，樵夫一路迷迷糊糊、踉踉跄跄地沿着大道往下走。天色已晚，眼看上山砍柴的父亲迟迟不归，樵夫的女儿便举着火把沿着小道一路上山寻找砍柴的父亲。当女儿来到这眼清泉处，只见父亲醉卧在清泉旁边，手里还按着一个酒坛。原来被父亲所救的小青蛇是龙王儿子的化身，龙王得知樵夫救了自己儿子，便以美酒相赠，以表达对樵夫的谢意。女儿见父亲醉卧在地，便急忙前去叫醒。不料樵夫被女儿突然一叫，竟将酒坛打翻在泉水里了。眼见美酒倒进了泉水里，樵夫非常惋惜，随即用手捧起泉水喝起来。不想这泉水美味异常，喝后令人神清气爽。后来樵夫便将此泉眼命名为龙泉井，并稍作修缮，将井中的泉水舀出来酿酒，所酿之酒味美无比，回味悠长，人们交口称赞，美名传遍了整个泸州城。

四、以赤水河流域酒文化廊道申报世界文化遗产的标准比对

根据世界文化遗产项目申报要求，凡是申请列入世界文化遗产的项目，必须符合以下六项标准中的一项或几项方能获得批准：第一，代表一种独特的艺术成就，一种创造性的天才杰作；第二，在一定时期内或世界某一文化区域内，对建筑艺术、纪念物艺术、城镇规划或景观设计方面的发展产生过重大影响；第三，能为一种文明或文化传统提供一种独特的至少是特殊的见证；第四，可作为一种建筑或建筑群或景观的杰出范例，展示出人类历史一个或几个重要阶段；第五，可以作为传统的人类居住地或使用地的杰出范例，代表一种或几种文化，尤其在不可逆转之变化的影响下变得易于损坏；第六，与具有特殊普遍意义的事件或现行传统或思想或信仰或文学艺术作品有直接或实质的联系。

从以上审批标准来看，拟申请世界文化遗产的项目需要具有突出的历史价值、文化价值或艺术价值等多元化特征，代表了人类发展历史进程中的重大而杰出的文化创造，见证了人类发展历史中的重要事件或文化发展历程。以赤水河流域酒文化廊道申报世界文化遗产，主要涵盖酿酒窖池、酿酒作坊及相关设施、储酒空间以及酿酒水源地等核心物项，从这些核心物项的发展历史及其特征来看，至少与以上审批标准之第三条和第四条相符合。无论是数量众多的古代酿酒窖池、酿酒作坊遗址还是古井以及出土的相关酒文物，

都是对赤水河流域悠久酒文化发展历史的最好见证。这些历史遗址遗迹直观而生动地反映了赤水河流域不同历史时期酒文化发展水平，充分彰显了该区域悠久酒文化发展演变的客观事实，亦即真实性问题。不同于已经成功入选世界文化遗产的各大葡萄酒产区葡萄种植基地景观的突出性和杰出性范例特征，赤水河流域酿酒所用原料系高粱和小麦，每一季成熟之后都需要收割后重新种植，不同于葡萄架和葡萄藤的长期性和易于塑造特色景观。但是赤水河流域依托当地喀斯特地貌独特地理环境而形成的天然溶洞储酒景观，反映了人类充分认识和利用独特地理环境的重大创造，天然溶洞储酒作为赤水河流域普遍存在、规模宏大的独特酒文化景观，充分彰显了当地居民敬畏自然、尊重自然、天人合一的发展理念和与自然和谐相处，实现人类可持续发展的具体实践。作为一种物质景观，它是中国酒文化发展中的杰出景观范例；作为一种发展理念，它是践行绿色发展，推动人类社会可持续发展的生动案例。以赤水河流域具有其真实、丰富而独特的酒文化遗存，且沿线不同区域酒文化之间以及酒文化与建筑、民俗等其他文化之间有着密切的关联，形成了一个复杂的、以酒文化为主题的文化系统，符合世界文化遗产申报的相关审批标准。因此，以赤水河流域酒文化廊道申报以酒文化为主题的世界文化遗产是完全可行的，而将赤水河流域酒文化廊道纳入以酒文化为主题的世界文化遗产保护范畴，必将进一步强化赤水河流域酒文化保护的科学性、整体性和有效性。

第三节　以赤水河流域文化旅游带建设为依托的
多元化开发

文化旅游是"人们为了获取新的信息和体验以满足自己的文化需求而向其常住地之外的城乡文化吸引物所做的空间运动，以及人们向常住国之外的城市的遗产地、艺术与文化展示、艺术与戏剧等特定文化吸引物所做的运动"①。赤水河流域酒文化廊道不仅有着丰富而独特的酒文化资源，还广泛分

---

① 希拉里·迪克罗，鲍勃·麦克彻.文化旅游［M］.朱路平，译.北京：商务印书馆，2017：5-6.

布着长征文化、盐运文化、生态文化、民俗文化等多元文化资源，它们共同构成了赤水河流域多元丰富的文化资源体系，它们共同构成了发展赤水河流域文化旅游的文化吸引物和旅游吸引物。文化旅游作为一种旅游形式，它高度依赖于旅游目的地的文化资源，并能够将这些文化资源转化为可供消费者消费的文化旅游产品和服务。因此，对赤水河流域酒文化廊道的保护与发展，不仅仅要关注酒文化本身的保护与发展，还应充分整合赤水河流域沿线多元化的文化资源，通过深入挖掘赤水河流域酒文化廊道多元化文化资源价值，以赤水河流域酒文化廊道空间结构为基础，建设赤水河流域文化旅游带，①将酒文化的保护与发展纳入赤水河流域多元文化保护与发展的整体视野与宏观布局之中，从而推动赤水河流域酒文化廊道多元化文化内容与旅游产业融合发展，促进赤水河流域酒文化廊道各区域实现资源共享与协同发展，最终实现赤水河流域酒文化廊道在当代社会的可持续发展。

一、赤水河流域文化旅游带的资源禀赋

赤水河文化旅游带在空间结构上与赤水河流域酒文化廊道一致，沿线包含酒文化资源在内的多元文化资源是该文化旅游带建设的内在基础。通过对沿线丰富而多元的文化资源进行深入挖掘与综合开发，为消费者提供更加多元化、高质量的文化旅游产品和服务，以满足消费者不断增长的精神文化需求及其对美好生活的向往。同时，也通过文化旅游带建设和文化旅游发展模式，促进沿线文化资源在当代社会实现创造性转化与创新性发展。

（一）赤水河流经县、市文化旅游资源

赤水河起源于云南省镇雄县，随后自西向东经云南省威信县、贵州省毕节市七星关区、金沙县、仁怀市，继而向北延伸，经四川省古蔺县、贵州省习水县、赤水市和四川省叙永县、合江县而汇入滚滚长江。赤水河流经区县文化资源丰富且各具特色，是赤水河文化旅游带建设的重要支撑。

---

① 赤水河流域文化旅游带在空间走向上与赤水河流域酒文化廊道完全一致，其区别在于通过深入挖掘和充分开发利用沿线包含酒文化资源在内的多元文化资源，以旅游带建设带动沿线区域多元文化资源的开发利用。

表6.2　赤水河流经县、市主要文化旅游资源概况

序号	所属县、市	主要文化旅游资源
1	镇雄县	罗甸风光、镇雄小山峡等。
2	威信县	瓦石僰人悬棺、扎西会议会址、扎西纪念馆等。
3	毕节市七星关区	川滇黔省革命委员会旧址、大屯土司庄园等
4	金沙县	契默土司庄园、冷水河自然保护区等。
5	仁怀市	茅台古镇、中国酒文化城、美酒河石刻、茅台渡口纪念碑等
6	古蔺县	郎酒庄园、天地宝洞、四渡赤水太平渡陈列馆、黄荆老林等
7	习水县	四渡赤水纪念馆、女红军纪念馆、土城古镇、习酒文化城等
8	赤水市	赤水丹霞地貌、四渡赤水渡口、丙安古镇、大同古镇等
9	叙永县	桃花坞、画稿溪、江门峡、丹山、赤水河乌蒙花海等
10	合江县	福宝古镇、尧坝古镇、佛宝森林公园、神臂城遗址、笔架山等

来源：根据各区域文化旅游资源整理。

（二）赤水河流域枢纽城市文化旅游资源

赤水河流域枢纽城市主要是指云南省昭通市、贵州省毕节市、遵义市和四川省泸州市，以上4个城市作为赤水河流域主干道流经区域地级政治、经济与文化中心，对赤水河流域文化旅游带的建设与管理具有重要的指导意义，而且以上4个城市本身有着丰富的文化旅游资源，是赤水河流域文化旅游带建设的重要组成部分。

表6.3　赤水河流域枢纽城市主要文化旅游资源概况

序号	所属城市	主要文化旅游资源
1	昭通市	西部大峡谷、铜锣坝森林公园、豆沙关古镇、大山包等
2	毕节市	慕俄格古城、百里杜鹃、织金洞、阿西里西韭菜坪等
3	遵义市	遵义会议会址、苟坝会议会址、娄山关战役遗址、海龙屯等
4	泸州市	泸州老窖旅游区、泸州酒城乐园、花田酒地、古郎洞等

来源：根据各区域文化旅游资源整理

从以上赤水河流经县、市及枢纽城市主要文化旅游资源构成情况来看，赤水河流域文化旅游带沿线文化旅游资源类型多样、数量丰富，且有着较多高品质的文化旅游景区，成为构建文化旅游带的核心。总体而言，赤水河文化旅游带文化旅游资源具有显著的特点。

一是文化旅游资源种类多元。赤水河文化旅游带沿线分布着以西部大峡谷为代表的高山峡谷、以黄荆老林为代表的原始森林、以织金洞为代表的天然溶洞、以各种古镇和遗址等为代表的历史遗迹以及以海龙屯为代表的文化遗产等多元文化资源类型，有助于为消费者提供多元化文化旅游产品和服务，满足不同消费者多元化、个性化的消费需求。

二是人文旅游资源内涵深厚。无论是古代南方丝绸之路和川盐入黔古道留下的深刻历史痕迹、西南地区土司管理制度及"改土归流"形成的各种遗迹和习俗，还是近现代以来中国工农红军长征留下的诸多遗址遗迹，抑或沿线酒文化发展与流变过程中留下的各种人文景观以及沿线多元化的民族风情与民间习俗等，无不默默地讲述着赤水河流域悠久的文化发展历史和多元的文化类型，构成了当代赤水河流域文化旅游带建设的深刻内涵。

三是生态文化旅游资源品质较高。赤水河发源于云贵高原，穿越崇山峻岭，经四川盆地南缘汇入滚滚长江，沿线串联起诸多独特的生态文化旅游资源。不仅有独具特色的原始森林、高山峡谷、溶洞奇观等高品质资源，更有赤水丹霞地貌世界自然遗产地以及赤水桫椤国家级自然保护区、威宁草海国家级自然保护区等高品质、稀缺性的生态文化旅游资源和旅游景区。

二、赤水河流域文化旅游带的线路设计

早在20世纪70年代，Hills 和 Lundgren[1]、Britton[2]等人就提出了"核心—边缘理论"。该理论通过旅游圈层的形式将旅游空间划分为核心区、边缘区和腹地区，核心区是拥有丰富旅游资源和较好的旅游业发展优势的区域，边缘区

① Hills T L, Lundgren J. The Impacts of Tourism in the Caribbean, A Method Logical Study [J]. Annals of Travel Research, 1977, 4(5).

② Britton S G. The Spatial Organization of Tourism in a Neo-colonial Economy: A Fiji Case Study [J]. Pacific View Point, 1980, 21(2).

则是旅游业发展条件相对较差的区域，介于两者之间的区域则是腹地区。我国学者陆大道曾提出"点轴理论"①。根据该理论，"点"是各级中心地，或由地区旅游经济要素内聚而形成的中心节点，主要体现为"旅游聚集体"；"轴"是在一定方向联结"点"的旅游产业带，又称为开发轴线或者发展轴线。陆大道所强调的"点"事实上就是核心区，或者也叫增长极，正是通过发展轴线上不同核心区的要素汇聚与产业带动，充分发挥其集聚与辐射功能，逐渐形成点状密集、面状辐射、线状延伸的旅游产品与服务的生产、消费、流通一体化的带状区域，亦即旅游产业带。

赤水河流域文化旅游带建设应以赤水河为发展轴线，借助现代交通基础设施建设形成的各级路网进行串联，依托轴线上不同核心区域的产业带动与辐射，将其建设成为以不同核心城市带动、由不同文化旅游主题和旅游圈构成的线性文化旅游空间。

（一）以遵义市为核心的长征文化旅游圈

从赤水河流域红色文化旅游资源和旅游景区分布情况来看，主要集中在赤水河流域中上游地区，尤以遵义地区最为集中，无论是红色文化旅游资源的品质还是数量，都以遵义地区最具优势。为此，应以遵义市为核心节点，充分整合赤水河流域上游的鸡鸣三省之地、扎西会议会址、扎西纪念馆、川滇黔省革命委员会旧址、红二六军团政治部旧址、遵义会议会址、苟坝会议会址、娄山关战斗遗址以及中游的四渡赤水渡口、四渡赤水纪念馆等红色文化资源，建设以遵义市为核心的长征文化旅游圈。借助遵义市相对完善的旅游基础设施建设和较高的经济发展水平，充分发挥其旅游集散中心和产业辐射联动作用，带动沿线地区长征文化旅游资源开发与文化旅游产业发展。

（二）以仁怀市为核心的酒文化旅游圈

以仁怀市、习水县、古蔺县为代表的中游地区是赤水河流域酒文化最为富集的区域，尤其是仁怀市，无论是白酒产业发展规模、酒文化旅游景观还

---

① 陆大道.我国工业生产力布局总图的科学基础［J］.地理科学，1986（2）：110–118.

是酒文化的社会影响力，都是这三个县市中最具优势的。同时，该区域也是我国酱香型白酒酿造最为集中的区域，是我国酱香型酒文化的核心区。因此，赤水河中游地区应重点建设以仁怀市为核心的酒文化旅游圈，在现有赤水河谷旅游公路基础上，充分整合沿线以茅台镇、二郎镇和习酒镇为核心的酒文化旅游资源，研发和打造高品质的酒文化旅游产品和服务，将这一区域建设成为世界知名的酱香型酒文化旅游区。

（三）以赤水市为核心的生态文化旅游圈

赤水河下游地区有着以世界自然遗产赤水丹霞地貌、赤水竹海、赤水桫椤国家级自然保护区、叙永县桃花坞、画稿溪、江门峡、丹山、赤水河乌蒙花海以及合江县佛宝国家森林公园等为代表的高品质生态文化旅游资源和旅游景区。为此，以赤水市为核心城市，充分整合赤水市、叙永县、合江县生态文化旅游资源和旅游景区，构建以自然观光和生态康养为主题的生态文化旅游圈应是该区域文化旅游建设与发展的不二选择。

三、赤水河流域文化旅游带建设的保障措施

赤水河流域文化旅游带的建设与发展是一个跨越云南、贵州、四川三省，涉及13个县、市，涵盖长征文化、酒文化、生态文化等多元文化形态的系统工程，需要沿线各区域打破传统行政区划限制，达成协同开发与联动发展的区域共识，并通过建立合理有效的合作机制，从战略规划、政策保障、资金支持、人才保障等多方面着手，协同创新，联合共建，建设一条高品质的赤水河流域文化旅游带。

（一）建立合作机制，统一发展规划

鉴于赤水河流域文化旅游带沿线各区域在地理环境、经济发展水平等方面不尽相同，尤其是各地区旅游产业发展水平以及在旅游产业发展定位上的差异性，各区域在发展旅游产业过程中的主要关切点依旧停留在本区域所拥有的资源基础、产业基础、政策要求等层面，从而导致沿线各区域各自为政，使得很多具有相似性、互补性但跨区域分布的资源没有得到有效整合。这就需要沿线各区域达成文化旅游带共建共赢的高度共识，打破传统行政区划和条块分割限

制，通过建立赤水河文化旅游带建设与发展联盟，签订战略合作框架协议，建立战略合作机制，统一编制科学有效且可操作的文化旅游带建设与发展规划，对旅游带沿线的景观布局、线路设计、基础设施建设、对外宣传等进行全面统筹规划，并构建统一化、标准化的旅游服务规则和要求，从而促进赤水河文化旅游带建设与发展的协同化、统一化、规范化和特色化。

（二）创新旅游产品，丰富文化内涵

随着社会经济的发展和大众生活水平的提升，当代主流文化旅游形态已从传统的"观光游"向现代"体验游"转变，以功能价值为基础的大众化旅游需求正转化为个性化的精神和文化需求。因而，不断创新旅游产品和服务，丰富旅游产品和服务的文化内涵，优化旅游产品和服务的体验方式，以满足现代文化旅游消费者多元化、个性化的精神文化需求就成为当前文化旅游产业发展的迫切需要。然而，就目前而言，赤水河流域文化旅游带沿线旅游产品开发层次仍然较低，且同质化现象严重。以长征文化旅游为例，现有长征文化旅游产品和服务以各种遗址遗迹参观、博物馆或纪念馆展陈为主，同时伴有一些以长征文化为主题的文化旅游商品，这些旅游商品几乎都以各种茶杯、保温杯、贴画、纪念币、笔记本等为主，缺乏创新，尤其是缺乏针对不同年龄阶层消费群体，具有较强针对性的文化旅游商品。而且现有的文化旅游商品大多是普通商品与长征文化元素的简单拼接与叠加，长征文化的深刻内涵没能得到有效的呈现，消费者也没能真正体验到长征文化的本质含义，仅仅成为一种符号化的展示和视觉上的认知。因此，赤水河文化旅游带建设亟须创新旅游产品，深入挖掘当地独特文化资源内涵，强化创意研发，以多元化的方式为消费者提供具有针对性、体验性的高品质文化旅游产品和服务。

（三）强化人才培养，提升人才素质

文化旅游人才是在文化旅游产业经营与发展过程中，从事文化旅游产品和服务的创意策划、生产制作、销售管理等环节工作的专业化人才。文化旅游人才素质的高低会对游客的旅游体验带来直接影响，从而影响整个地区、整个行业的发展。赤水河流域多元化的文化形态和悠久的文化发展历史，需

要文化旅游从事人员不仅具备扎实的旅游产业基础知识和技能，还需要综合掌握当地长征文化、酒文化、生态文化、土司文化等多元化的文化形态和发展历史。唯有这样才能依托当地悠久多元的文化资源基础，打造出既彰显当地文化内涵和文化特色，又符合当代文化旅游需求的高品质文化旅游产品和服务。因此，强化高素质、复合型文化旅游人才的培养与引进，打造一支综合素养高、专业技能强的现代文化旅游人才队伍，是推动赤水河流域文化旅游带建设与发展的重要基础和智慧保障。

（四）健全融资体系，保障资金需求

畅通而多元的投融资渠道是建设赤水河流域文化旅游带的资金保障，对文化旅游产业的规模化、集约化和专业化发展具有重要作用。为此，可通过设立赤水河流域文化旅游带建设专项基金，扶持沿线优质文化旅游项目和文化旅游企业的发展；积极推进国有文化旅游企业改革，推动国有企业跨行业、跨所有制、跨区域重组与兼并，组建大型国有文化旅游集团，推动赤水河流域文化旅游产业的规模化发展；鼓励国外资本、民营资本投资开发文化旅游项目；拓宽文化旅游企业融资渠道，鼓励企业通过上市、质押贷款等方式进行融资；通过各级文化产业发展专项资金、税收优惠等政策减轻文化旅游企业的资金压力，扶持文化旅游企业的发展等。

（五）注重资源保护，促进和谐共生

赤水河流域文化旅游带沿线文化旅游资源多样，有海龙屯世界文化遗产、茅台酒酿酒作坊、泸州老窖窖池群及酿酒作坊等国家工业遗产及相关酒文化旅游资源，以遵义会议会址、四渡赤水纪念馆等为代表的长征文化旅游资源，以大屯土司庄园为代表的土司文化旅游资源以及各种古镇、古街区等多元化人文旅游资源，还有赤水丹霞地貌世界自然遗产、赤水桫椤国家级自然保护区、黄荆老林自然保护区、铜锣坝国家森林公园等一大批高品质生态文化旅游资源。在建设赤水河文化旅游带时，必须坚持保护第一的原则，注重资源保护与开发的合理统筹，不能因为文化旅游产业的发展而破坏原有的资源环境，避免文化旅游开发中的"建设性破坏"和"开发性破坏"。

结　语

　　中华酿酒历史源远流长，但是酿酒究竟源于何时、起于何地，至今尚无定论。酒星造酒、猿猴造酒、仪狄造酒、杜康造酒等千百年流传下来的、绘声绘色的传说故事成为人们探寻酿酒源头的朦胧线索。考古学家跋山涉水，在茫茫原野上发掘与酒相关的古代遗迹，历史学家苦苦追寻，在浩瀚史籍中探索与酒相关的蛛丝马迹。正是无数先辈们一丝不苟、锲而不舍的探索，将我国悠久酒文化发展史不断推向更加遥远的时代，也将古代丰富的酒文化内容重现在世人面前，那些形状各异的古代酿酒与饮酒器具、独具特色的古代饮酒风俗与功能、持续改进的古代酿酒技艺与特点……让我们得以一窥古人酿酒之方、饮酒之俗，感慨古人之聪明智慧，找到当代酒文化发展的历史渊源，构建当代酒文化发展的文化自觉与文化自信。

　　赤水河流域地处祖国西南腹地，在古代被称作蛮夷之地，沿线主要居住着濮、僚等古代先民，历史上曾被夜郎、鳖、鰼、蜀等古代方国或部落管辖。赤水河流域酒文化始于何时至今亦无定论，据《史记》等历史文献记载，至迟在西汉时期，赤水河流域酒文化就已萌芽，达到一定的发展水平。尤其是随着西汉"开西南夷"，大量汉人的进入带来了先进的汉文化，推动了赤水河流域多元文化的交流与发展，也促进了赤水河流域酒文化的进一步发展。随着历史的车轮滚滚向前，赤水河流域对外文化与经济交流日渐频繁，逐渐成为西南地区重要的政治、军事、经济和文化通道，多元文化的交流和商贸经济的发展，不断推动着赤水河流域酒文化自身的发展及其沿赤水河流域的对外传播，从零星的点状突破到全面的线性延展，不仅孕育了当代驰名中外的众多白酒品牌，更逐渐形成了沿赤水河流域线性分布的酒文化廊道。

　　赤水河流域酒文化廊道是独具特色的中华酒文化线性分布空间。赤水河流域酒文化多姿多彩，茅台酒传统酿造技艺、郎酒传统酿造技艺和泸州老窖酒传统酿造技艺以其特殊的工艺入选国家级非物质文化遗产名录；以茅台酒为代表的酱香型、以郎酒为代表的兼香型、以泸州老窖酒为代表的浓香型和以董酒为代表的药香型是我国白酒香型结构中的重要代表；茅台酒酿酒作坊、泸州老窖窖池群及酿酒作坊作为历史见证和白酒工业遗存，是我国白酒领域为数不多的工业遗产；郎酒天宝洞、地宝洞与仁和洞独特的储酒空间，反映了郎酒人与自然和谐相处的发展观，形成了独具特色的酒文化空间；宋窖博物馆与春阳岗博物馆中的宋代窖池遗存、泸州老窖国宝窖池群以及各类酒文物的出土，见证了赤水河流域悠久的酒文化发展历史，构成了赤水河流域丰富多元的酒文化内容。此外，这里还有独具特色的酒俗、各色各样的酒具以及与酒相关的各种诗歌、书画、传说等文化内容，它们共同构成了沿赤水河流域线性分布、丰富多彩而又独具特色的酒文化内容体系，成为多元一体的中华酒文化体系中不可或缺的重要组成部分。

　　赤水河流域酒文化廊道的动态流变历史是中国酒文化发展历史的重要构成。赤水河流域有着悠久的酒文化发展历史，沿线酒文化交流频繁、酒文化遗产丰富、酒产业高度发达，是一条铺陈在祖国西南云贵高原向四川盆地过渡地带的酒文化廊道。赤水河流域酒文化廊道的形成与发展是一个渐进而缓慢的过程，在上千年的历史进程中，赤水河流域酒文化廊道历经了从赤水河下游地区零散的点状突破到逐渐沿流域向中上游地区的线性延展，再到全面发展、向外辐射的地理空间延展历程。伴随着赤水河流域酒文化廊道的地理空间延展历程，赤水河流域酒文化本身也呈现出不断变迁与发展的历程。无论是从发酵酒到蒸馏酒，以及不同香型蒸馏酒的确定等酿造技艺的历史演进，从古代酒坛、酒罐等简易酒具到标准化酒瓶，再到现代多样化酒具设计的盛行，还是从无包装到现代精美包装设计的迈进，从无商标到现代复杂的产权保护体系建设以及从传统酿造小作坊到现代白酒企业集团的规模化发展等，无不体现了赤水河流域酒文化不断发展的历史步伐。而赤水河流域酒文化的历史发展进程是寓于中华酒文化发展历史进程之中的，赤水河流域酒文化的发展历史构成并见证了中华酒文化的发展历史。

赤水河流域酒文化廊道的保护与发展是赤水河流域酒文化传承与酒产业发展的根本要求。酒文化是我国传统文化的重要组成内容，也是赤水河流域多元文化内容中极具特色的一种文化形态，白酒产业作为赤水河流域普遍的产业形态之一，是仁怀市、习水县等赤水河流域酒文化廊道核心区的特色产业和主导产业。酒文化与酒产业之间是密切关联的，酒产业的发展实现了对酒文化的传承与发展，而酒文化又赋予了酒产业独特的文化内涵，提升了酒类产品独特的文化附加值。因此，保护、传承和发展赤水河流域酒文化，既是推动赤水河流域酒文化可持续发展的必然要求，也是促进赤水河流域酒产业可持续发展的客观需要。

随着历史不断前行而形成和发展起来的赤水河流域酒文化，在时间的长河中不断交流、组合与精进，方才建构出如今我们所见的赤水河流域酒文化廊道。在全球化持续推进、不断深化的国际环境下，在国内社会主要矛盾已发生根本转变、精神文化需求日益成为社会大众主要诉求的时代背景之下，如何既做好赤水河流域优秀传统酒文化的保护、传承与发展，塑造新时代我国白酒文化的新风尚，又不断增强赤水河流域优秀传统酒文化的国际影响力，提升优秀传统酒文化的国际形象，成为赤水河流域酒文化未来发展亟待解决的重大课题。首先，赤水河流域酒文化是以赤水河流域酒文化廊道为承载的多元一体的复杂体系，无论是文化渊源密切、地理空间邻近还是共享生态环境、产业发展合作等，赤水河流域各区域酒文化之间都是一种紧密联结的一体化关系，在这种一体化关系下，各区域、各主体之间又存在着多元化的差异性。因此，赤水河流域酒文化的保护、传承与发展须从赤水河流域酒文化廊道整体性、全局性的宏观视野下展开探讨，既要对赤水河流域酒文化廊道上类型多样、形态多元的酒文化载体进行充分整合，又要从更加多元化的视角对酒文化予以阐释，赋予赤水河流域酒文化更加丰富的内涵和外延，更要持续加强和深化赤水河流域各区域之间的协作，从而促进赤水河流域酒文化廊道及其文化的可持续发展。其次，赤水河流域酒文化廊道不仅是中国酒文化版图上浓墨重彩的一笔，也是世界酒文化格局中独具特色的组成部分。在全球化不断深化的当下，赤水河流域酒文化廊道不能仅仅局限于国内，更不能仅仅局限于西南地区崇山峻岭之间孤芳自赏，而是应该积极走出国门、走向世界，不断加强与国际多元化酒文化之间的交流与分享，尤其是要加强对世界酒文化价值建构逻辑与阐释方式的理解与驾驭，真正融入世界酒文化阐释、建构、保护与发展的权威话语体系之中，以国际化的语言和范式，将赤水河流域酒文化廊道乃至整个中华悠久而独特的酒文化内容推向世界，促进我国酒文化在当代的国际化传播与发展，塑造并提升我国酒文化的国际形象和国际地位。

参考文献

一、著作类

[1] 司马迁.史记［M］.北京：中华书局，1982.

[2] 班固.汉书［M］.北京：中华书局，1962.

[3] 贾思勰.齐民要术［M］.北京：中华书局，1956.

[4] 常璩.华阳国志［M］.成都：巴蜀书社，1984.

[5] 曹寅，彭定求.全唐诗［M］.北京：中华书局，1960.

[6] 脱脱，阿鲁图.宋史［M］.北京：中华书局，1977.

[7] 朱肱.酒经［M］.南京：江苏凤凰科学技术出版社，2016.

[8] 宋会要辑稿·食货［M］.北京：中华书局，1957.

[9] 李时珍.本草纲目［M］.北京：人民卫生出版社，1982.

[10] 崇俊，等.增修仁怀厅志：木政［M］.刻本.遵义：张正奎，1902（光绪二十八年）.

[11] 郑珍，莫友芝.遵义府志［M］.成都：巴蜀书社，2013.

[12] 周恭寿.续遵义府志［M］.成都：巴蜀书社，2014.

[13] 奚雪松.实现整体保护与可持续利用的大运河遗产廊道构建——概念、途径与设想［M］.北京：电子工业出版社，2012.

[14] 黄淑娉，龚佩华.文化人类学理论方法研究［M］.广州：广东高等教育出版社，1998.

[15] 司马云杰.文化社会学［M］.北京：中国社会科学出版社，2001.

[16] 戢斗勇.文化生态学［M］.兰州：甘肃人民出版社，2006.

［17］阿贝尔·德芒戎.人文地理学问题［M］.葛以德，译.北京：商务印书馆，1993.

［18］邹广文.当代文化哲学［M］.北京：人民出版社，2007.

［19］周尚意，孔翔，朱竑.文化地理学［M］.北京：高等教育出版社，2004.

［20］普列汉诺夫.普列汉诺夫哲学著作选集：第一卷［M］.北京：三联书店，1959.

［21］韩行瑞，陈定容，等.岩溶单元流域综合开发与治理［M］.桂林：广西师范大学出版社，1997.

［22］罗尔纲.太平天国诗文选［M］.北京：中华书局，1960.

［23］凯文·莱恩·凯勒.战略品牌管理［M］.卢泰宏，吴水龙，译.北京：中国人民大学出版社，2009.

［24］姚伟钧.从文化资源到文化产业［M］.武汉：华中师范大学出版社，2012.

［25］欧阳友权.文化产业通论［M］.长沙：湖南人民出版社，2006.

［26］范建华.中国文化产业通论［M］.昆明：云南人民出版社，2013.

［27］范建华，郑宇，杜星梅.节庆文化与节庆产业［M］.昆明：云南大学出版社，2014.

［28］李旭旦.人文地理学［M］.北京：中国大百科全书出版社，1984.

［29］希拉里·迪克罗，鲍勃·麦克彻.文化旅游［M］.朱路平，译.北京：商务印书馆，2017.

［30］谭智勇.千里赤水河行［M］.贵阳：贵州人民出版社，1994.

［31］张改课.大河上下——赤水河考古记［M］.贵阳：贵州人民出版社，2014.

［32］王禄昌.泸县志：卷三［M］.台北：台湾学生书局，1989.

［33］贵州省金沙县地方志编纂委员会.金沙县志（1993—2013）［M］.北京：方志出版社，2016.

［34］贵州省地方志编纂委员会.贵州省志：轻纺工业志［M］.贵阳：贵州人民出版社，1993.

［35］贵州省习水县地方志编纂委员会.习水县志（1991—2010）［M］.北京：方志出版社，2012.

［36］云南省镇雄县志编纂委员会.镇雄县志［M］.昆明：云南人民出版社，1987.

［37］云南省威信县志编纂委员会.威信县志［M］.昆明：云南人民出版社，2000.

［38］四川省古蔺县志编纂委员会.古蔺县志［M］.成都：四川科学技术出版社，1993.

［39］张文学，赖登燡，余有贵.中国酒概述［M］.北京：化学工业出版社，2011.

［40］季克良，郭昆亮.周恩来与国酒茅台［M］.北京：世界知识出版社，2005.

［41］王赛时.中国酒史［M］.济南：山东画报出版社，2018.

［42］杨辰.可以品味的历史［M］.西安：陕西师范大学出版社，2012.

［43］贵州酒百科全书编辑委员会.贵州酒百科全书［M］.贵阳：贵州人民出版社，2016.

［44］中国贵州茅台酒厂有限责任公司.中国贵州茅台酒厂有限责任公司志［M］.北京：方志出版社，2011.

［45］罗德·菲利普斯.酒：一部文化史［M］.马百亮，译.上海：上海人民出版社，2019.

［46］胡山源.古今酒事［M］.上海：上海书店，1987.

［47］孙宝国.国酒［M］.北京：化学工业出版社，2019.

［48］宫崎正胜.酒杯里的世界史［M］.陈柏瑶，译.北京：中信出版集团，2018.

［49］周重林.茶与酒 两生花［M］.武汉：华中科技大学出版社，2018.

［50］贵州通史编委会.贵州通史［M］.北京：当代中国出版社，2003

［51］刘魁立，张旭.民间酒俗［M］.北京：中国社会出版社，2008.

二、文集、档案类

［1］张铭，李娟娟.赤水河在"南方丝绸之路"中的支柱意义研究［C］//
刘一鸣.赤水河流域历史文化研究论文集（一）.成都：四川大学出
版社，2018.

［2］禹明先.美酒河探源［C］//刘一鸣.赤水河流域历史文化研究论文集
（一）.成都：四川大学出版社，2018.

［3］吴文藻.吴文藻人类学社会学研究文集［C］.北京：民族出版社，
1990年.

［4］佛朗西斯科·路易斯.何家村来通与中国角形酒器（觥）——醉人的
珍稀品及其集藏史［C］//陕西历史博物馆.陕西历史博物馆馆刊：第
24辑.西安：三秦出版社，2017.

［5］科彼得.丝绸之路与欧亚酒文化遗产［C］//中国人民对外友好协会对
外交流部，南京市人民政府外事办公室，南京大学文化与自然遗产
研究所.长江文化论丛：第10辑.南京：江苏人民出版社，2017.

［6］李膺.益州记［C］//郭允蹈.蜀鉴.北京：中华书局，1985.

［7］谭智勇.美酒河诗话［C］//贵州酒文化博物馆.贵州酒文化文集.遵
义：遵义市人民印刷厂，1990.

［8］陈天俊.贵州酒文化探源［C］//贵州酒文化博物馆.贵州酒文化文
集.遵义：遵义人民印刷厂，1990.

［9］凯·米尔顿.多种生态学：人类学、文化与环境［C］//中国社会科学
杂志社.人类学的趋势.北京：社会科学文献出版社，2000.

［10］贵州省茅台酒总结工作组.贵州茅台酒整理总结报告（档案号：77-
1-109）［A］.贵阳：贵州省档案馆，1959.

［11］胡基权.郎酒"四宝"［C］//向章明.郎酒酒史研究.泸州：泸州华美
彩色印制有限公司，2008.

［12］贵州茅台酒异地试验科研项目材料（档案号：77-1-769）［A］.贵
阳：贵州省档案馆，1985.

［13］禹明先.宋代酒政与土城的滋州风曲法酒［C］//习水县历史文化研

究会.习水历史文化.重庆：重庆创越印务有限公司，2015.

［14］陈应洋.美酒河畔窖之源——贵州习水宋代春阳岗酒窖旧址考述
［C］//习水县历史文化研究会.习水历史文化.重庆：重庆创越印务
有限公司，2015.

［15］袁廷华.赤水酿酒工业概述［C］//中国人民政治协商会议贵州省
赤水县委员会.赤水文史资料：第七期.合江：国营合江县印刷厂，
1986.

［16］李正山.郎酒述论［C］//向章明.郎酒酒史研究.泸州：泸州华美彩
色印制有限公司，2008.

［17］黄渊洪.古蔺百年郎酒发展史观［C］//中国人民政治协商会议四川
省古蔺县委员会，文史资料委员会.古蔺文史资料选辑：第四辑.古
蔺：国营古蔺县印刷厂，1991.

［18］周梦生.茅台酒厂今昔见闻［C］//贵州省仁怀县政协文史资料工作
委员会.仁怀县文史资料：第六辑，1989.

［19］姜修龄.合江酿酒工业的五十年［C］//中国人民政治协商会议四
川省合江县委员会社会事业发展委员会.合江县文史资料选辑：第
十八辑.合江：合江县新华印务有限责任公司，1999.

［20］国际工业遗产保护联合会.关于工业遗产的下塔吉尔宪章［C］//
国家文物局，等.国际文化遗产保护文件选编.北京：文物出版社，
2007.

［21］幸克坚.滔滔赤河水 谆谆赤子情——遵义师范学院"赤水河流域区
域经济综合研究"概述［C］//幸克坚.赤水河流域经济文化综合研
究文集.成都：西南交通大学出版社，2012.

三、期刊类

［1］黄真理.自由流淌的赤水河——长江上游一条独具特色和保护价值的
河流［J］.中国三峡建设，2008（3）.

［2］龚若栋.试论中国酒文化的"礼"与"德"［J］.民俗研究，1993（2）.

［3］李聪聪，熊康宁，苏孝良，等.贵州茅台酒独特酿造环境的研究［J］.

中国酿造，2017（1）.

［4］王恺.茅台酒的不可复制："天""人"纠葛［J］.今日科苑,2007(13).

［5］范光先，王和玉，崔同弼，等.茅台酒生产过程中的微生物研究进展［J］.酿酒科技，2006（10）.

［6］黄萍.景观遗产与旅游应用——国酒茅台的区域案例［J］.文化遗产研究，2011（9）.

［7］赵金松，张宿义，周志宏.泸州老窖酒传统酿造技艺的历史文化溯源［J］.食品与发酵科技，2009（4）.

［8］沈毅，许忠，王西，等.论酱香型郎酒酿造时令的科学性［J］.酿酒科技，2013（9）.

［9］贵州遵义董酒厂.董酒工艺、香型和风格研究——"董型"酒探讨［J］.酿酒，1992（5）.

［10］杨大金，蒋英丽，邓皖玉，等.浓酱兼香型新郎酒的发展及工艺创新［J］.酿酒科技，2011（4）.

［11］刘超凤，郭风平，杨乙丹.宋代酒类买扑制度的演变逻辑［J］.兰台世界，2016（24）.

［12］胡云燕.茅台酒的文化记忆［J］.酿酒科技，2009（4）.

［13］蔡炳云.加强酒瓶文化研究，促进白酒产业发展［J］.泸州职业技术学院学报，2011（3）.

［14］李聪聪，熊康宁，向延杰.贵州茅台酿酒区域的世界文化遗产价值［J］.酿酒科技，2016（12）.

［15］何琼.文化生态视野下茅台古镇文化保护与发展研究［J］.酿酒科技，2016（10）.

［16］杨娟.赤水河流域酒文化旅游开发研究［J］.传承，2011（9）.

［17］吴晓东.中国"白酒金三角"的酒文化旅游开发策略［J］.中国商贸，2011（10）.

［18］郭旭，周山荣，黄永光.基于酒文化的中国酒都仁怀旅游发展策略［J］.酿酒科技，2016（4）.

［19］刘姗，吴红梅.白酒企业工业旅游开发研究——以贵州茅台酒厂为

例〔J〕.酿酒科技，2013（10）.

〔20〕陶犁.“文化廊道”及旅游开发：一种新的线性遗产区域旅游开发思路〔J〕.思想战线，2012（2）.

〔21〕李伟，俞孔坚.世界文化遗产保护的新动向——文化线路〔J〕.城市问题，2005（4）.

〔22〕姚雅欣，李小青.“文化线路”的多维度内涵〔J〕.文物世界，2006（1）.

〔23〕吴建国.以世界文化遗产的视角看南方丝绸之路——兼谈南方丝路申报世界文化线路遗产问题〔J〕.中华文化论坛，2008（12）.

〔24〕章剑华.江苏文化线路遗产及其保护〔J〕.东南文化，2009（4）.

〔25〕王丽萍.文化线路：理论演进、内容体系与研究意义〔J〕人文地理，2011（5）.

〔26〕崔鹏.试论茶马古道对浮梁茶文化线路构建的意义〔J〕.农业考古，2011（2）.

〔27〕李博，韩诗洁，黄梓茜.万里茶道湖南段文化线路遗产结构初探〔J〕.湖南社会科学，2016（4）.

〔28〕吕舟.文化线路构建文化遗产保护网络〔J〕.中国文物科学研究，2006（1）.

〔29〕李林.“文化线路”与“丝绸之路”文化遗产保护探析〔J〕.新疆社会科学，2008（3）.

〔30〕单霁翔.关注新型文化遗产：文化线路遗产的保护〔J〕.中国名城，2009（5）.

〔31〕杨福泉.茶马古道研究和文化保护的几个问题〔J〕.云南社会科学，2011（4）.

〔32〕都铭.大尺度遗产与现代城市的有机共生：趋势、问题与策略〔J〕.规划师，2014（2）.

〔33〕邓军.文化线路视阈下川黔古盐道遗产体系与协同保护〔J〕.长江师范学院学报，2016（6）.

〔34〕温泉，董莉莉.文化线路视角下的重庆工业遗产保护与利用〔J〕.工

业建筑，2017（增刊）.

［35］钟灵芳，郑生.线性文化遗产的保护研究——以红军长征路线为例［J］.中外建筑，2018（12）.

［36］李芳，李庆雷，李亮亮.论交通遗产的旅游开发：以滇越铁路为例［J］.城市发展研究，2015（10）.

［37］王志芳，孙鹏.遗产廊道———一种较新的遗产保护方法［J］.中国园林，2001（5）.

［38］李伟，俞孔坚，李迪华.遗产廊道与大运河整体保护的理论框架［J］.城市问题，2004（1）.

［39］俞孔坚，李迪华，李伟.京杭大运河的完全价值观［J］.地理科学进展，2008（2）.

［40］吴其付.藏彝走廊与遗产廊道构建［J］.贵州民族研究，2007（4）.

［41］袁姝丽.构建藏彝走廊民族民间传统手工艺文化遗产廊道的可行性研究［J］.西南民族大学学报（人文社会科学版），2014（11）.

［42］王丽萍.遗产廊道视域中滇藏茶马古道价值认识［J］.云南民族大学学报（哲学社会科学版），2012（4）.

［43］俞孔坚，朱强，李迪华.中国大运河工业遗产廊道构建：设想及原理（上篇）［J］.建设科技，2007（11）.

［44］李春波，朱强.基于遗产分布的运河遗产廊道宽度研究——以天津段运河为例［J］.城市问题，2007（9）.

［45］王肖宇，陈伯超，毛兵.京沈清文化遗产廊道研究初探［J］.重庆建筑大学学报，2007（2）.

［46］詹嘉，何炳钦，胡伟.景德镇陶瓷之路和遗产廊道的保护与利用［J］.陶瓷学报，2009（4）.

［47］王雁.齐长城遗产廊道构建初探［J］.理论学刊，2015（11）.

［48］王新文，毕景龙.大西安"八水"遗产廊道构建初探［J］.西北大学学报（自然科学版），2015（5）.

［49］张定青，冯涂强，张捷.大西安渭河水系遗产廊道系统构建［J］.中国园林，2016（1）.

［50］王亚南，张晓佳，卢曼青.基于遗产廊道构建的城市绿地系统规划探索［J］.中国园林，2010（12）.

［51］王丽萍.滇藏茶马古道文化遗产廊道保护层次研究［J］.生态经济，2012（12）.

［52］奚雪松，陈琳.美国伊利运河国家遗产廊道的保护与可持续利用方法及其启示［J］.国际城市规划，2013（4）.

［53］龚道德，张青萍.美国国家遗产廊道的动态管理对中国大运河保护与管理的启示［J］.中国园林，2015（3）.

［54］吕龙，黄震方.遗产廊道旅游价值评价体系构建及其应用研究——以古运河江苏段为例［J］.中国人口·资源与环境，2007（6）.

［55］王敏，王龙.遗产廊道旅游竞合模式探析［J］.西南民族大学学报（人文社会科学版），2014（4）.

［56］邓先瑞.试论文化生态及其研究意义［J］.华中师范大学学报（人文社会科学版），2003（1）.

［57］罗康隆，刘旭.文化生态观新识［J］.云南师范大学学报，2015（7）.

［58］江金波.论文化生态学的理论发展与新构架［J］.人文地理，2005（4）.

［59］黎德扬，孙兆刚.论文化生态系统的演化［J］.武汉理工大学学报（社会科学版），2003（2）.

［60］孙兆刚.论文化生态系统［J］.系统辩证学学报，2003（3）.

［61］方李莉.文化生态失衡问题的提出［J］.北京大学学报（哲学社会科学版），2001（3）.

［62］刘春花.文化生态视野下的大学校园文化建设［J］.湖南文理学院学报，2007（5）.

［63］王长乐.论"文化生态"［J］.哈尔滨师专学报，1999（1）.

［64］邓先瑞.试论长江文化生态的主要特征［J］.长江流域资源与环境，2002（5）.

［65］谢洪恩，孙林.论当代中国小康社会的文化生态［J］.中华文化论坛，2003（4）.

［66］黄云霞.论文化生态的可持续发展［J］.南京林业大学学报（人文社

会科学版），2004（9）.

［67］徐建.论文化生态建设与文化和谐的逻辑互动［J］.胜利油田党校学
报，2008（6）.

［68］李乘贵.当代文化建设的生态视域［J］.求实，2003（10）.

［69］胡惠林.文化生态安全：国家文化安全现代性的新认知系统［J］.国
际安全研究，2017（3）.

［70］宋俊华.关于国家文化生态保护区建设的几点思考［J］.文化遗产，
2011（3）.

［71］黄永林."文化生态"视野下的非物质文化遗产保护［J］.文化遗产，
2013（5）.

［72］赵艳喜.论非物质文化遗产的生态系统［J］.民族艺术，2008（4）.

［73］刘慧群.文化生态学视野下非物质文化的自适应与发展［J］.求索，
2010（3）.

［74］刘春玲.文化生态学视角下非物质文化遗产产业化路径选择——以
内蒙古非物质文化遗产为例［J］.山西档案，2017（1）.

［75］角媛梅.哈尼梯田文化生态系统研究［J］.人文地理，1999（7）.

［76］姚莉.文化生态学视域下乡村聚落生成与发展的影响因素研究［J］.
六盘水师范学院学报，2017（10）.

［77］吴合显.文化生态视野下的传统村落保护研究［J］.原生态民族文化
学刊，2017（1）.

［78］李支援.黑井古镇的文化生态系统变迁［J］.辽宁科技学院学报，
2016（4）.

［79］左攀，郭嗑."沧浪之水"今何在？——文化生态系统视域下的文
化生成、传播与实证研究［J］.广西民族研究，2017（3）.

［80］纪江明，葛羽屏.长三角区域都市文化生态圈构建研究［J］.现代城
市研究，2008（7）.

［81］仰和芝.试论农村文化生态系统［J］.江西社会科学，2009（9）.

［82］张晓琴.乡村文化生态的历史变迁及现代治理转型［J］.河海大学学
报（哲学社会科学版），2016（12）.

［83］杨亭.中国文化生态化演进的历史透察［J］.理论月刊，2007（3）.

［84］周桂英.文化生态观照下的全球文化互动图式研究［J］.江西社会科学，2012（10）.

［85］田丽，唐渠.中西酒文化差异对比［J］.湖北函授大学学报，2015（20）.

［86］王晨辉.英国1830年《啤酒法》刍议［J］.历史教学，2016（8）.

［87］林有鸿.禁酒运动中的英国茶文化刍议［J］.茶叶，2017（1）.

［88］杜光强，张斌贤.教育与美国禁酒运动（1880—1920年）［J］.清华大学教育研究，2016（6）.

［89］程同顺，邝利芬.美国女权运动与禁酒运动的共振效应［J］.中华女子学院学报，2017（1）.

［90］左志军.欧洲人推崇葡萄酒的历史原因［J］.经济社会史评论，2017（3）.

［91］陈珍.论哈代小说中的酒神精神——以《德伯家的苔丝》为中心［J］.西南科技大学学报（哲学社会科学版），2016（3）.

［92］国际古迹遗址理事会文化线路科学委员会（CIIC）.国际古迹遗址理事会（ICOMOS）文化线路宪章［J］.中国名城，2009（5）.

［93］萧家成.传统文化与现代化的新视角：酒文化研究［J］.云南社会科学，2000（5）.

［94］张国豪，武振业，蔡玉波.中国白酒文化的剖析［J］.酿酒科技，2008（2）.

［95］万伟成.中华酒文化的内涵、形态及其趋势特征初探［J］.酿酒科技，2007（9）.

［96］张铭，李娟娟.赤水河在"南方丝绸之路"中的支柱意义研究［J］.贵州文史丛刊，2017（1）.

［97］黄真理.论赤水河流域资源环境的开发与保护［J］.长江流域资源与环境，2003（4）.

［98］苗伟.文化时间与文化空间：文化环境的本体论维度［J］.思想战线，2010（1）.

［99］向云驹.论"文化空间"［J］.中央民族大学学报（哲学社会科学版），2008（3）.

［100］沈毅，许忠，王西，等.论酱香型郎酒酿造时令的科学性［J］.酿酒科技，2013（9）.

［101］冯健，赵微.川南黔北名酒区的历史成因和特征考［J］.西南大学学报（社会科学版），2008（11）.

［102］蔡炳云.加强酒瓶文化研究，促进白酒产业发展［J］.泸州职业技术学院学报，2011（3）.

［103］蔡炳云，张爽.泸州建立"中国白酒金三角"酒瓶文化博物馆的必要性和可行性研究［J］.泸州职业技术学院学报，2011（2）.

［104］袁同凯.人类、文化与环境——生态人类学的视角［J］.西北第二民族学院学报（哲学社会科学版），2008（5）.

［105］江金波.论文化生态学的理论发展与新构架［J］.人文地理，2005（4）.

［106］姜荣国.论自然生态环境与人工社会环境协调发展的方式［J］.石油化工高等学校学报，1994（4）.

［107］余有贵，曾豪.生态酿酒及其蕴含的产业思想溯源［J］.食品与机械，2017（1）.

［108］李双建，肖开华.湘西、黔北地区志留系稀土元素地球化学特征及其地质意义［J］.现代地质，2008（4）.

［109］刘超凤，郭风平，杨乙丹.宋代酒类买扑制度的演变逻辑［J］.兰台世界，2016（24）.

［110］谢尊修，谭智勇.赤水河航道开发史略［J］.贵州文史丛刊，1982（4）.

［111］陈文.泸州博物馆藏酒文物与泸州酒史浅论［J］.四川文物，1993（1）.

［112］刘平忠.董酒论［J］.中国酿造，1995（2）.

［113］张国强.对董酒的再认识［J］.酿酒，2019（1）.

［114］贵州遵义董酒厂.董酒工艺、香型和风格研究——"董型"酒探讨

［J］.酿酒，1992（10）.

［115］徐波.百年老企中兴路——四川郎酒集团改制转型的思考［J］.求是，2004（7）.

［116］刘瑞，余书敏.工业遗产的保护展示探索——以水井街酒坊遗址为例［J］.中华文化论坛，2015（9）.

［117］黄泗亭.遵义酿酒史若干问题研究［C］//贵州酒文化博物馆.贵州酒文化文集.遵义：遵义市人民印刷厂，1990.

［118］陈志钢.文本再现、空间表演与旅游演艺生产者的地方性建构［J］.思想战线，2018（5）.

［119］胡勇，李志雄，彭泽巍.《天酿》剧院的创新设计及技术应用解析［J］.演艺科技，2018（4）.

［120］郭旭，周山荣，黄永光."茅台祭水节"的观察与思考［J］.酿酒科技，2017（3）.

［121］刘万明.中国酒文化结构失调及优化［J］.四川理工学院学报（社会科学版），2017（2）.

［122］杨小川.中国酒文化变迁的影响因素研究［J］.酿酒科技，2014（8）.

［123］刘斌，廖志强，赵君，等.赤水河流域水环境质量现状及保护措施［J］.中文信息，2018（7）.

［124］范光先，吕云怀.赤水河中上游地区生态与环境评价信息系统建立的必要性［J］.酿酒，2005（7）.

［125］陆大道.我国工业生产力布局总图的科学基础［J］.地理科学，1986（2）.

［126］姜荣国.论自然生态环境与人工社会环境协调发展的方式［J］.石油化工高等学校学报，1994（4）.

［127］柳兰芳.改革开放以来中国生态经济形成的逻辑分析［J］.天津行政学院学报，2019（11）.

［128］于法稳，于贤储.加强我国山区可持续发展的战略研究［J］.贵州社会科学，2015（8）.

［129］李家民.从生态酿酒到生态经营——酿酒文明的进程［J］.酿酒科

技，2010（4）.

[130] 张洋，肖德安，余韬，等.赤水河流域跨省横向水环境补偿机制研究[J].环保科技，2019（4）.

[131] 裴恒涛，谢东莉.赤水河流域川盐入黔的历史变迁及其开发[J].西华大学学报（哲学社会科学版），2012（6）.

[132] 刘丽.赤水河流域的文化生态探究[J].教育文化论坛，2015（6）.

[133] 王爱华，彭恩.赤水河流域地理环境与文化共生探析[J].安徽农业科学，2011（31）.

[134] 陈明华，张玻华，朱勤.赤水河流域经济社会发展方式研究[J].人民长江，2013（5）.

[135] 彭恩，陈美艳.川盐入黔与赤水河流域特色产业文化的形成[J].品牌，2015（6）.

[136] 杨丽芳.贵州赤水河流域白酒产业经济现况及可持续发展途径分析[J].酿酒科技，2014（8）.

[137] 张丛林，王毅，乔海娟，等.酒类企业对赤水河流域水环境的影响[J].水资源保护，2015（7）.

[138] 张平真.中华酒文化（三）——赤水河畔话白酒[J].中国酿造，2001（3）.

[139] 张荣卉，常普，张丽.浅谈镇雄县赤水河环境保护对策研究[J].云南科技管理，2011（4）.

[140] 宋娜，金钱.论清代川盐入黔对赤水地区经济的影响[J].遵义师范学院学报，2016（12）.

[141] 王佳翠，胥思省，梁萍萍.论川盐入黔的历史变迁及其对黔北社会的影响[J].遵义师范学院学报，2015（4）.

[142] 魏登云.论赤水河流域红色文化资源概况及其特点[J].遵义师范学院学报，2011（12）.

[143] 任晓冬，黄明杰.赤水河流域产业状况与综合流域管理策略[J].长江流域资源与环境，2009（2）.

[144] 卢纯.区域文化视野下的广西文化生态保护区建设研究[J].歌海，

2018（6）.

［145］冯天瑜.中国文化史的发展脉络［J］.中州学刊，1985（2）.

［146］张姜涛.区域文化在区域经济发展中的作用［J］.现代交际，2018（23）.

［147］钱丽芸，朱竑.地方性与传承：宜兴紫砂文化的地理品牌与变迁［J］.地理科学，2011（10）.

［148］张胜冰.从区域文化资源利用看地方文化产业发展观——以中国为例［J］.中国海洋大学学报（社会科学版），2012（1）.

［149］丁新军，阙维民，孙怡，等."地方性"与城市工业遗产适应性再利用研究——以英国曼彻斯特凯瑟菲尔德城市遗产公元为例［J］.城市发展研究，2014（11）.

［150］赵海洲.从酒的故事看民间习俗的嬗变［J］.吉首大学学报（社会科学版），1990（3）.

［151］何琼.贵州特有生态下酒文化与酒业经济发展的联动［J］.酿酒科技，2016（12）.

［152］余华青，张廷皓.汉代酿酒业探讨［J］.历史研究，1980（5）.

［153］张德全.汉代四川酿酒业研究［J］.四川文物，2003（3）.

［154］赵曦琳，周永奎，乔宗伟，等.五粮液产地气候环境的独特性研究［J］.酿酒，2013（9）.

［155］黄均红.五粮液酒文化的特征与历史文化价值研究［J］.中华文化论坛，2009（4）.

［156］张治刚，张彪，赵书民，等.中国白酒香型演变及发展趋势［J］.中国酿造，2018（2）.

［157］肖俊生，马芸芸.中国酿酒史研究的现状、问题及展望［J］.中华文化论坛，2018（12）.

［158］丁文.茶酒新论——茶、酒两个文化符号的解读［J］.农业考古，2013（5）.

［159］王黔.从生物酿造到文化酿造——文化微生物的概念和意义［J］.酿酒科技，2014（3）.

［160］傅金泉.古今论酿酒用水［J］.酿酒科技，2010（8）.

［161］傅金泉.中国酒曲的起源与发展史探讨［J］.中国酿造，2010（6）.

［162］彭贵川，宋歌.管论酒文化研究的薄弱点与着力点——以四川酒文
　　　化研究为例［J］.酿酒科技，2014（1）.

［163］谷满意.国外文化产业发展对我国酒文化产业的借鉴意义［J］.河
　　　南商业高等专科学校学报，2013（4）.

［164］周睿.基于酒文化旅游的文化创意产品开发策略研究［J］.美食研
　　　究，2015（4）.

［165］王洪渊，程盈莹.交融与共生：中国经典酒文化的国际传播［J］.
　　　中华文化论坛，2015（12）.

［166］潘林.论唐代巴蜀地区酒业［J］.重庆工商大学学报（社会科学版），
　　　2008（4）.

［167］傅金泉.酿酒用粮古今谈［J］.酿酒，2010（9）.

［168］董超旭.浅析酒文化的人文意识因素［J］.文教资料，2016（24）.

［169］王洪渊，唐健禾.文化安全视阈下的中国酒文化国际传播路径研究
　　　［J］.酿酒科技，2014（9）.

［170］刘婧，张培.文化旅游与川酒产业软实力提升［J］.四川旅游学院
　　　学报，2014（5）.

［171］李宇贤.文化相对论视阈下的中西酒文化比较研究［J］.重庆科技
　　　学院学报（社会科学版），2016（7）.

［172］文杰，黄良伟，周发明.我国酒文化研究进展［J］.农村经济与科
　　　技，2018（1）.

［173］段渝.五千年中华文明史 孕育出蜀都水井坊——水井坊 天下白酒
　　　第一坊［J］.四川文物，2001（6）.

［174］张茜.中国传统岁时食俗中酒文化的功能［J］.酿酒科技，2014(12).

［175］徐少华.中国酒文化研究五十年［J］.中国酿造，1999（5）.

［176］徐少华.中国酒政概说［J］.中国酿造，1998（2）.

［177］孟乃昌.中国蒸馏酒年代考［J］.中国科技史料，1985（6）.

［178］周嘉华.中国蒸馏酒源起的史料辨析［J］.自然科学史研究，1995

（3）.

［179］贾翘彦.确立董酒为"董型"白酒的研究报告［J］.酿酒科技，
1999（5）.

［180］范文来，胡光源，徐岩，等.药香型董酒的香气成分分析［J］.食
品与生物技术学报，2012（8）.

［181］李其书.中国董酒的价值与意义［J］.酿酒，2018（1）.

［182］韦兴儒.酒文化与茅台酒故事［J］.文史天地，2005（5）.

［183］桑付鱼.茅台地名文化：一个有待拓展的学术空间［J］.安顺学院
学报，2016（10）.

［184］李淳风.中国习酒的中国叙事［J］.南风窗，2015（18）.

［185］王小龙.习水县酱香型白酒产业发展研究［J］.酿酒，2016（9）.

［186］郭旭、姜萤、黄永光.论"君品习酒"的文化内涵［J］.酿酒科技，
2011（12）.

［187］陈强，付娜.酒文化的地域性诠释——四川古蔺郎酒陶坛库及酒文
化体验中心创作［J］.城市建筑，2011（7）.

［188］杨大金，蒋英丽，邓皖玉，等.浓酱兼香型郎酒的发展及工艺创新
［J］.酿酒科技，2011（4）.

［189］汪智洋，郭璇，张兴国.郎酒集团古蔺新厂区设计中传统文化的表
现［J］.工业建筑，2015（2）.

［190］柏珂，唐开秀.责任担当 神采飞扬——郎酒与地方文化解析［J］.
中国集体经济，2014（9）.

［191］李大和.泸州老窖 国之瑰宝——泸州老窖大曲酒五十年代查定纪实
［J］.酿酒，2001（1）.

［192］冯仁杰，谢荔.泸州大曲老窖池考［J］.四川文物，1993（3）.

［193］赵永康.泸州老窖大曲源流［J］.中国农史，1997（4）.

［194］孙运君.泸州老窖窖池使用年限考［J］.兰台世界，2013（7）.

［195］胡永松.泸州老窖国宝窖池的宝贵价值［J］.酿酒，2000（5）.

［196］赵金松，张宿义，周志宏.泸州老窖酒传统酿造技艺的历史文化源
流［J］.食品与发酵科技，2009（4）.

［197］范广璞，张安宁，王传荣，等.论浓香型白酒的流派［J］.酿酒科技，2004（1）.

［198］李恒昌.浓香"鼻祖"酒史丰碑——国家级重点保护文物泸州老窖池［J］.酿酒，2000（6）.

［199］熊子书.中国第一窖的起源与发展——泸州老窖大曲酒的总结纪实［J］.酿酒科技，2001（2）.

［200］林丽，胡绍中.白酒包装之瓶体设计研究［J］.包装工程，2006(10).

［201］陈达强.谈酒包装装潢设计的文化意味［J］.包装世界，2001（4）.

［202］孙炬，刘立刚，陆尧.酒镇转型发展路径浅析［J］.小城镇建设，2012（11）.

［203］李志英.近代中国传统酿酒业的发展［J］.近代史研究，1991（12）.

［204］马相金.民国时期我国酒业的发展及其分布特征［J］.唐山师范学院学报，2011（5）.

［205］周星亚.从竹枝词看巴蜀酒的区域分布和文化传播方式［J］.四川理工学院学报，2012（2）.

［206］陈艳飞.宋朝酿酒业及酒文化探析［J］.华中人文论丛，2013（6）.

［207］卢华语，潘林.唐代西南地区酒业初探［J］.中国社会经济史研究，2008（1）.

［208］高书杰，郑南.酒事生活视角下的宋代酒文化［J］.长江师范学院学报，2017（4）.

［209］孔佳.非物质文化遗产视野下川酒的历史文化价值［J］.湖北工程学院学报，2014（7）.

［210］冯健，陈文.川酒传统酿造中的文化遗产因素分析［J］.中华文化论坛，2009（1）.

［211］孟宝，郭五林，尹奇凤，等.国内酒文化旅游研究现状分析及展望［J］.酿酒科技，2014（11）.

［212］康珺.基于川酒文化的"中国白酒金三角"旅游发展策略［J］.四川理工学院学报，2012（2）.

［213］耿子扬，张莉.基于品牌符号的川酒文化资源开发模式研究［J］.

酿酒科技，2014（5）.

［214］李林，洪雅文，罗仕伟.酒文化旅游资源的分类研究［J］.酿酒科技，2015（5）.

［215］唐康，史宝华.酒文化与旅游的关系漫谈［J］.渤海大学学报（哲学社会科学版），2006（7）.

［216］肖先治.论酒文化与红色资源的有机结合——以贵州仁怀为个案［J］.理论与当代，2008（2）.

［217］余东华，王仕佐.中西方酒文化差异与现代旅游［J］.酿酒科技，2014（12）.

四、学位论文类

［1］郭旭.中国近代酒业发展与社会文化变迁研究［D］.无锡：江南大学，2015.

［2］周剑虹.文化线路保护管理研究［D］.西安：西北大学，2011.

［3］莫晟.文化线路视域下的清江流域商路研究［D］.武汉：华中师范大学，2012.

［4］陈静秋.从文化线路的角度看明清大运河的演变与价值研究［D］.北京：北京理工大学，2015.

［5］王薇.文化线路视野中梅关古道的历史演变及其保护研究［D］.上海：复旦大学，2014.

［6］王啸.西北丝绸之路旅游的文化价值及其开发［D］.西安：陕西师范大学，2004.

［7］刘小方.中国文化线路遗产的保护与旅游开发［D］.成都：四川师范大学，2007.

［8］赵娜.基于蜀道文化遗产线路的秦岭山地生态度假旅游发展与布局研究［D］.西安：西安外国语大学，2014.

［9］施然.遗产廊道的旅游开发模式研究［D］.厦门：厦门大学，2009.

［10］刘力波.文化视域中的马克思主义中国化［D］.西安：陕西师范大学，2007.

［11］韩振丽.文化生态的哲学探析［D］.乌鲁木齐：新疆大学，2008.

［12］马相金.历史地理视角下的中国酒业经济及酒文化研究［D］.南京：南京师范大学，2011.

［13］王道鸿.茅台镇白酒文化与旅游开发研究［D］.武汉：华中师范大学，2014.

［14］袁美.中国白酒包装设计与酒文化的研究［D］.苏州：苏州大学，2009.

［15］田亚男.酒文化博物馆的初步研究［D］.长春：吉林大学，2017.

［16］杜锦凡.民国时期的酒政研究［D］.济南：山东师范大学，2013.

［17］姚兰.汉代巴蜀酿酒业研究［D］.南昌：江西师范大学，2017.

［18］李兆.酒与两汉社会［D］.太原：山西大学，2014.

［19］黄嬿蓉.宋元时期瓷瓶酒具的纹样演变及文化影响因素分析［D］.杭州：浙江工业大学，2016.

［20］孙婷婷.先秦时期酒文化探析［D］.哈尔滨：哈尔滨师范大学，2012.

五、外文类

［1］María S. A new category of heritage for understanding, cooperation and sustainable development, Their significance within the macrostructure of cultural heritage; the role of the CIIC of ICOMOS: Principles and methodology［M］. Xi'an: Xi'an World Publishing Corporation, 2005.

［2］Sugio K. A consolidation on the definition of the setting and management/protection measures for cultural routes［M］. Xi'an: Xi'an World Publishing Corporation, 2005.

［3］Ono W. A case study of a practical method of defining the setting for a cultural route［M］. Xi'an: Xi'an World Publishing Corporation, 2005.

［4］Louis C W. Conservation and management of ceramic archaeological sites along the Maritime Silk Road［M］. Xi'an: Xi'an World Publishing Corporation, 2005.

［5］Charles A F. Greenways［M］. Washington: Island Press，1993.

［6］Barrett B. National heritage areas: Places on the land，Places in the mind ［J］.The George Wright Forum，2005,22(1).

［7］Curt C. The South Carolina National Heritage Corridor Taps Heritage Tourism Market［J］. Forum Journal，2003（8）.

［8］Terence H. Taj Heritage Corridor: Intersections between History and Culture on the Yamuna Riverfront［J］. Places，2004,16（2）.

［9］Conzen，Michael P . Metropolitan Chicago's Regional Cultural Park: Assessing the Development of the Illinois and Michigan Canal National Heritage Corridor［J］. The Journal of Geography，2001,100（3）.

［10］Laven D N，Ventriss C，Manning R et al. Evaluating U.S.National Heritage Areas：Theory，methods，and application［J］.Environment Management，2010（46）.

［11］Daly J. Heritage Areas：Connecting people to their place and history［J］. Forum Journal，2003，17（4）.

［12］Charles A F. Greenways［M］.Washington：Island Press，1993.

［13］Barrett B. National heritage areas: Places on the land，Places in the mind［J］. The George Wright Forum，2005，22（1）.

［14］Ingold T. Culture and the Perception of the Environment［C］//Croll C，Parkin D. Bush Base：Forest Farm.London：Routledge，1992.

［15］Rappap R. Ritual Regulation of Environmental Relations Among A New Guinea People［J］.Ethnology，1967（6）.

［16］Sauer Carl O. Recent Development in Cultural Geography［C］//In Hayes E C（ed.）. Recent Development in the Social Sciences. New York：Lippincott，1927.

［17］Hills T L，Lundgren J. The Impacts of Tourism in the Caribbean，A Method Logical Study［J］. Annals of Travel Research，1977，4(5).

［18］Britton S G.The Spatial Organization of Tourism in a Neo-colonial Economy：A Fiji Case Study［J］. Pacific Viewpoint，1980，21(2).

六、网站类

［1］茅台酒酿制技艺［DB/OL］.中国非物质文化遗产数字博物馆网站，2006-05-20.

［2］泸州老窖酒酿制技艺［DB/OL］.中国非物质文化遗产数字博物馆网站，2006-05-20.

［3］蒸馏酒传统酿造技艺（古蔺郎酒传统酿造技艺）［DB/OL］.中国非物质文化遗产数字博物馆网站，2006-05-20.

［4］赤水河流域生态保护做什么［DB/OL］.国际环保在线，2019-02-21.

七、报纸类

［1］魏冯.泸州出台国内首部酒文化遗产保护地方性法规［N］.四川日报，2018-12-02.

［2］安葵.传统戏剧的生产性保护［N］.中国文化报，2009-11-27.

［3］陈政.穿越历史的赤水河文化［N］.贵州政协报，2018-01-05.

后　记

　　赤水河流域酒文化廊道作为中国酒文化的重要发祥地之一，是世界酱香型白酒的发源地、核心区与主产区，位于中国西南腹地，自古以来就是中国西南地区重要的政治、经济、军事和文化通道，流域外部与流域内部、流域沿线各区域之间有着广泛、持续而长期的交流与互动。区域内自然生态环境独特、酿酒历史悠久、酒文化底蕴浓厚、酒文化交流持续且广泛、酒文化遗产资源多元而丰厚、酒文化景观独具特色、知名酒文化品牌数量众多，在世界酒文化区域和酒文化体系中都具有突出地位。

　　每当别人问起我的家乡时，我都"很不自信"地说来自茅台酒的故乡。这种"不自信"来源于"不能喝"。因为在很多人看来，来自茅台酒故乡的人，从小闻着酒香长大，肯定是很能喝的，而我却是个例外。在茅台镇，在仁怀市，喝酒已经成为每个人的必备技能，"不会喝酒就交不到朋友"，酒已经深深镌刻到每个人的基因中了。我虽不能喝酒，但是对酒文化颇感兴趣，或许是酒在我这里发生了"基因突变"所致。我受不了饮酒带来的感官刺激，却又喜欢围绕白酒形成的文化内容。左手执酒，右手品茶。一边品茶，一边研究酒文化，是我生活的一部分。茶与酒，一个清浅，一个浓烈；一个让人清醒，一个让人沉醉。酿造酒、研究酒、包装酒、运输酒、销售酒、品饮酒……在茅台镇，几乎每个家庭都与酒分不开，都与酒有着不同程度、不同领域的关联。一个不能喝酒的人来研究酒文化，而且是研究自己家乡的酒文化，这是要冒着极大"风险"的。即便如此，作为酒乡的一员，我有义务做好酒文化的挖掘、研究与传播，让更多的人了解赤水河流域的酒文化。每当别人再问起我的家乡时，我可以"很自信"地说来自茅台酒的故乡，并向他们介绍家乡丰富多彩的酒文化。

　　本书得以顺利出版，首先要感谢我的导师范建华研究员的悉心指导。其次要感谢肖远平教授、黄永林教授、刘玉堂教授、詹一虹教授等给予的宝贵意见和建议。还要感谢赵宇飞社长的关心和帮助，以及在调研与写作过程中给予我帮助的遵义师范学院孔辉教授、贵州茅台集团股份有限公司陈相、贵州习酒投资控股集团李建红、贵州黔庄酒业集团陈东京、古蔺县文化和旅游局黄雪城、泸州老窖股份有限公司杨华峰、贵州师范学院陈志永教授、贵州民族大学龚德全教授和王临川副研究员、贵州省社科院邢启顺研究员以及西南医科大学王启凤教授等人，为前期的调研及写作提供了莫大的帮助。此外，还有我历次在赤水河流域调研时，耐心地为我提供相关资料的云南省图书馆、贵州省图书馆、贵州师范学院图书馆、遵义师范学院图书馆、仁怀市图书馆、仁怀市博物馆、中国酒文化城、习水县图书馆、宋窖博物馆、赤水市图书馆、赤水市博物馆、古蔺县图书馆、泸州市图书馆、泸州市博物馆、泸州老窖博物馆等相关机构工作人员，正是你们的热情支持，为我的写作提供了大量宝贵的资料，在此一并表示感谢！

　　本书是系统研究赤水河流域酒文化生成、流变与发展的专著，是基于大量文献资料和实地考察基础上撰写而成的。涉及面广、内容多，书中难免有错误和疏漏，恳请专家、读者批评指正。

黄小刚

2023 年 1 月于赤水河畔